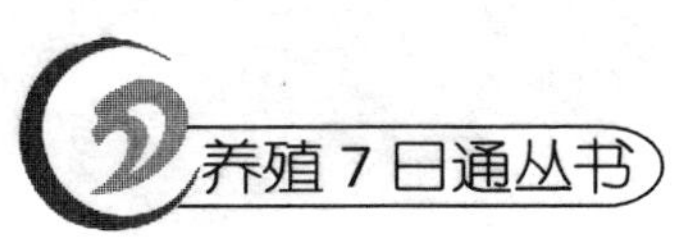

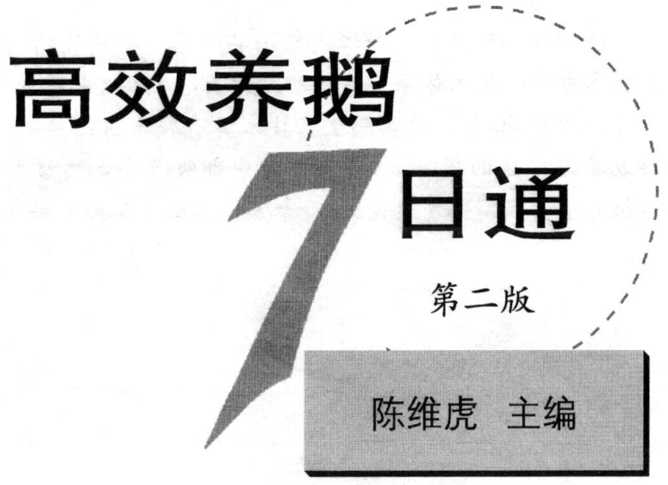

中国农业出版社

作　者　简　介

陈维虎，研究员，浙江省象山县浙东白鹅研究所所长，国家水禽产业技术体系宁波试验站站长，从事畜牧兽医技术研究与推广30年，对养鹅生产技术具有较丰富的经验，主持或参与完成的项目30多个，其中部级3个，省级8个，市级8个，撰写并发表论文50余篇，主编或参编专著6部。

编　委　会

主　　编　陈维虎

副 主 编　沙玉圣　卢立志

编 著 者　陈维虎　沙玉圣　卢立志　孙红霞

林满堂　陆建伟　沈军达　石吉天

董　路　王永成

本书有关用药的声明

兽医科学是一门不断发展的学问。用药安全注意事项必须遵守，但随着最新研究及临床经验的发展，知识也不断更新，治疗方法及用药也必须或有必要做相应的调整。建议读者在使用每一种药物之前，参阅厂家提供的产品说明以确认推荐的药物用量、用药方法、用药的时间及禁忌等。医生有责任根据经验和对患病动物的了解决定用药量及选择最佳治疗方案。出版社和作者对任何在治疗中所发生的，对患病动物和/或财产所造成的损害不承担任何责任。

中国农业出版社

前　言

我国的养鹅历史悠久。据考证，早在距今约6 000年前的新石器时代，鹅的驯养就已开始。大量古书中都有关于鹅的驯化、饲养、选种、繁殖、管理、加工、食用、流通及与鹅相关的人文记载。我国人民积累了十分丰富的养鹅技术和传统的生产经验。发展至现代，养鹅业已具有产品用途广、耗粮少、生产周转快、投入低和产出高等特点。我国经济的发展及人民生活水平的不断提高，动物性食物消费比例的增加和消费习惯的改变，促进了农业产业结构的调整和畜牧业生产地位的提高，养鹅的社会经济效益和鹅产品的独特品质进一步得到社会的认可，养鹅生产迅速发展。据统计，新中国成立前我国仅养鹅1 700万只，20世纪50年代增加到6 000万只，80年代初为1.2亿只，80年代末发展到3亿只，2001年达到6.7亿只，占世界饲养量的86.3%，年产鹅肉125万吨，相当于全国兔肉产量的4倍和牛、羊肉产量的40%，成为名符其实的世界养鹅大国。

俗话说"能吃飞禽一口，不吃走兽半斤"。鹅肉不但味道鲜美，风味独特，营养价值高，而且鹅饲料以新鲜饲草为主，肉中的有毒有害物质残留量少，是一种不可多得的营养保健和绿色食品。鹅肉消费量逐年增加，据报道，南京、扬州等城市的鹅肉年人均消费量达6只以上，上海年消费超过2 000万只，南京1 800万只，香港日消费量达2万只。此外，我国已加入WTO，肉类出口将会增加，但可能受某些疾病与技术贸易壁垒等限制，而鹅因抵抗力强、疾病少、用药少，其产品出口相对限制较少。除鹅肉外，鹅肥肝、羽绒等副产品的国内外消费市场也很大。

养鹅投入产出比大，鹅产品种类丰富，能促进种植业结构调整，决定了养鹅业具有广阔的市场和发展前景，养鹅业的规模化、产业化生产格局已开始形成。例如，扬州市的风鹅加工发展迅速，近几年来年加工量已达到8 000万只以上，产品销往全国20多个省、自治区、直辖市。

各地政府把养鹅业作为发展畜牧业的重点产业来抓，进一步促进了养鹅生产的发展。江苏、安徽、浙江、江西、河南、广东、广西等省、自治区已成为我国的养鹅主产区，鹅业在当地农村的农民增收、农业增效中起到了重要作用。

本书共分七讲，分别介绍了鹅的特性、主要品种、选育繁殖、饲料营养、饲养管理、疾病防治和鹅产品加工等内容，书中内容尽量做到通俗易懂，贴近养鹅工作实际，可作为广大农民发展养鹅生产的参考。再版之中，根据部分读者要求和作者的实践经验，虽经些许修改，但片面或不妥之处仍在所难免，敬请广大读者批评指正。

作　者

2012年2月

7日通

目　录

7日通——第一讲

鹅的特性

摘要

鹅具有食草性、喜水性、合群性、耐寒性、摄食性、敏感性、择偶性、就巢性、夜间产蛋性和生活规律性等生活习性。其体形外貌与鸡、鸭等家禽有较大区别，品种之间也有差异。本讲通过对鹅的外貌特征、消化特点、繁殖特性的了解，对鹅的生产特点形成初步认识，基本掌握鹅消化、繁殖、生活的主要特性，以便在生产实际中充分应用鹅的食草耐粗饲和耐粗放生产的优点，并注意和改进鹅的就巢、配对和水上交配等缺陷，不断提高鹅的繁殖性能，增加养鹅效益。

一、外貌特征

鹅是体重较大的草食水禽，躯体大，体形与雁相似，在外貌上与鸡、鸭、火鸡等家禽相似，但又有较大区别。鹅的生理状况、品种类型、年龄、性别和生产性能不同，其外貌也有差异。鹅按解剖部位，一般可分为头部、颈部、躯干部、翼部和后肢部（图 1-1）。

（一）头部

鹅头比其他家禽大，鹅头形状不同，品种差异较大，前额高大是鹅的主要特征。头部包括颅和面两部分。颅部位于眼眶背侧，分头前区、头顶区和头后区。中国鹅起源于鸿雁，在头顶区喙基上部

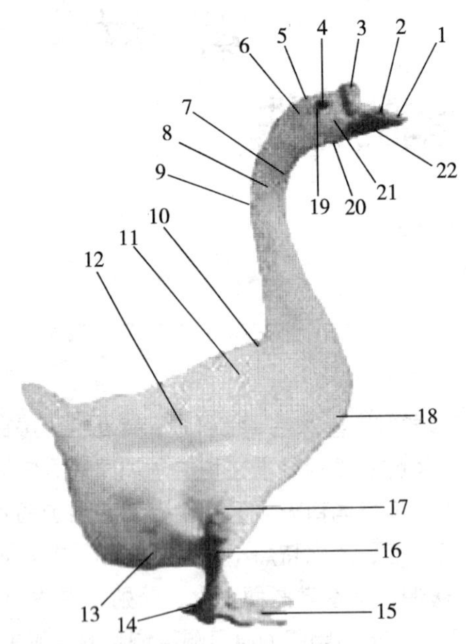

图 1-1　鹅体表部位名称

1. 上喙　2. 鼻孔　3. 肉瘤　4. 眼　5. 颅顶区
6. 耳　7. 颈腹区　8. 颈侧区　9. 颈背区
10. 背区　11. 翼区　12. 初级翼羽　13. 腹区
14. 趾区　15. 蹼　16. 蹠区　17. 股区
18. 胸骨区　19. 眶下区　20. 垂皮
21. 颊区　22. 下喙

长有呈半球形的肉瘤，肉瘤随年龄增大而增大，公鹅比母鹅大，品种不同，则肉瘤形状有较大差异；而起源于灰雁的欧洲鹅和我国新疆伊犁鹅一般无肉瘤。面部位于眼眶下方及前方，分上喙区、下喙区、眶下区、颊区和垂皮区。鹅喙由上下颌组成，略扁、宽，呈楔形，角质较软，表面覆有蜡膜，下喙有50～80个、数量不等的锯齿，舌面乳头发达，鹅喙呈橘黄色或橘红色，有的呈黑褐色。有的品种垂皮发达松弛，向颈部延伸，形成咽袋，有少数鹅种在下颌处形成肉垂。鹅的肉瘤和喙的颜色分为橘红色和黑色两类。

（二）颈部

颈部较粗长，并有弯曲，可分颈背区、颈侧区（两侧）和颈腹区，各占1/4。中国鹅颈细长，弯长如弓，能挺伸，颈背微曲。以浙东白鹅为代表，颈部长度可达37厘米以上，超过体长的20%。国外鹅品种颈较粗短。一般前者产蛋性能较好，后者育肥性能较好，但也有例外，如浙东白鹅颈细长，而早期生长速度较快。

（三）躯干部

除头、颈、翼和后肢外都属于躯干部。鹅的体躯比其他家禽长而宽，且紧凑结实，呈船形。躯干部分为背区、腹区和左右两肋区，也可分为背、腰、荐、胸、肋、腹和尾部等部分。鹅的品种、年龄、性别不同，体躯大小形态有别。一般大中型鹅体躯颀长、骨架大、体质粗，生长快，产肉性能好；小型鹅体躯较小，骨骼细、结构紧凑。有些品种产蛋母鹅腹部皮肤下垂形成1～2个袋状皱褶，称皮褶或腹褶，俗称“蛋窝”或“蛋袋”。

（四）翼部

翼部又称翅部，分为肩区、臂区、前臂区和掌指区。臂区与前臂区之间有一薄而宽的三角形皮肤褶，即前翼膜；长而宽的后翼膜连接前臂区和掌指区后缘。鹅翼部比其他家禽大而有力，少数品种还具有一定的飞翔能力。

（五）后肢部

后肢部分为股区、小腿区、蹠区和趾区。鹅腿部粗壮有力，肌肉发达。蹠区和趾区无羽毛覆盖，为角质化鳞片状。蹠区又称胫部，公鹅较长，母鹅较短，其长短和粗细品种间差异较大。鹅共有4趾，趾端有爪，各趾之间有皮肤褶相连，形成蹼。胫蹼颜色与喙瘤一样可分为为橘黄、橘红和黑褐色。

（六）羽毛

鹅的体表覆盖羽毛，羽毛有白色、灰色2种，灰色品种鹅一般腹部羽毛呈灰白或白色。按形态结构可分为真羽、绒羽和纤羽。颈部由细小羽毛覆盖。翼部的翼羽较长，有主翼羽10根，副翼羽12～14根，主、副翼羽间有1根较短的轴羽。尾部有尾羽，略上翘，公鹅尾部无雄性羽。体躯背腹部和颈的中下部羽毛内层、翅下绒羽着生紧密。

二、消化特点

鹅是草食家禽，具有与其他家禽不同的消化特点。鹅在生活和生产过程中，需要各种营养物质，包括蛋白质、脂类、无机盐、维生素和水等，这些营养物质都存在于饲料中，饲料在消化器官中要经过消化和吸收两个过程（图1-2）。

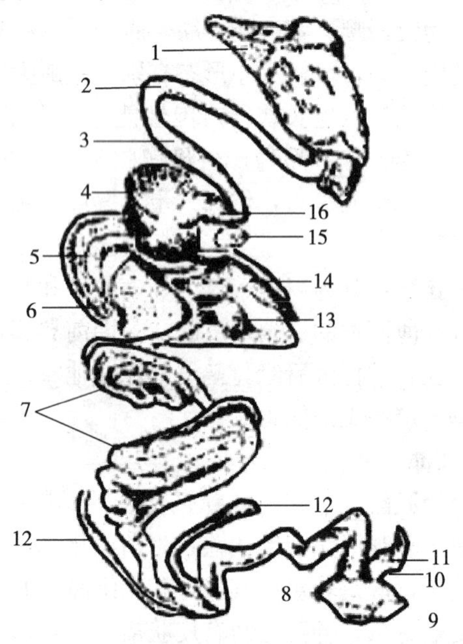

图1-2　鹅的消化系统

1. 喙　2. 食管　3. 食管膨大部　4. 肌胃
5. 胰腺　6. 十二指肠　7. 空肠　8. 直肠
9. 肛门　10. 泄殖腔　11. 输卵管（部分）
12. 盲肠　13. 胆囊　14. 肝　15. 脾　16. 腺胃

（一）鹅消化系统的解剖构造

鹅的消化系统包括消化道和消化腺两部分：消化道由喙、口咽、食管（包括食管膨大部）、胃（腺胃和肌胃）、小肠、大肠和泄殖腔组成；消化腺包括肝脏和胰腺等。

1. 喙　喙即嘴，由上喙和下喙组成，上喙长于下喙，质地坚硬，扁而长，呈凿子状，便于采食草类。喙边缘呈锯齿状，上下喙的锯齿互相嵌合，在水中觅食时具有滤水保食的作用。

2. 口咽　鹅口咽是一个整体，没有将其分开的软腭，口腔器官也较简单，没有齿，唇颊部很短，活动性不大的舌，能帮助采食和吞咽。口咽黏膜下有丰富的唾液腺，这些腺体很小，但数量很多，能分泌黏液，有导管开口于口咽的黏膜面。

3. 食管　鹅食管较宽大，是一条富有弹性的长管，起于口咽腔，与气管并行，略偏于颈的右侧，在胸前口与腺胃相连。鹅无嗉囊，在食管后段形成纺锤形的食管膨大部，功能与嗉囊相似。

4. 胃　鹅的胃由腺胃（前胃）和肌胃（又称砂囊或肫）两部分组成。腺胃呈纺锤形，位于左右肝叶之间的背侧，胃壁黏膜上有许多乳头，乳头虽比鸡的小，但数量较多，腺胃分泌含有盐酸和胃蛋白酶的胃液，通过乳头排到腺胃腔中。肌胃呈扁圆形，位于腺胃后方，胃壁由厚而坚实的肌肉构成，两块特别厚的叫侧肌，位于背侧和腹侧，两块较薄的叫中间肌，位于前部和后部，背腹面各肌肉连接处有一厚而致密的中央腱膜，称腱镜。肌胃内有1层坚韧的黄色类角质膜保护胃壁。肌胃腔内有较多的砂石，对食物起研磨作用。鹅肌胃的收缩力很强，是鸡的3倍、鸭的2倍，适于对青饲料的磨碎。

5. 小肠　鹅的小肠相当于体长的8倍左右。小肠粗细均匀，肠系膜宽大，并分布大量的血管形成网状。小肠又可分为十二指肠、空肠和回肠。

十二指肠开始于肌胃幽门口，在右侧腹壁形成一长袢，由一降支和一升支组成，胰腺夹在其中。十二指肠有胆管和胰管的开口，并常以此为界向后延伸为空肠。空肠较长，形成5～8圈长袢，由肠系膜悬挂于腹腔顶壁，空肠中部有一盲突状卵黄囊憩室，是胚胎期间卵黄囊柄的遗迹。回肠短而直，仅指系膜与两盲肠相连系的一段。

小肠的肠壁由黏膜层、肌层和浆膜层3层构成，除十二指肠外黏膜内有很多肠腺，分泌含有消化酶的肠液，小肠黏膜上有肠绒毛，但无中央乳糜管。肌壁的肌层由2层平滑肌构成。浆膜是1层结缔组织。

6. 大肠　大肠由1对盲肠和1条短而直的直肠构成，鹅没有结肠。盲肠呈盲管状，盲端游离，长约25厘米，比鸡鸭的都长，它具有一定的消化粗纤维的作用。距大小肠连接处约1厘米处的盲肠壁上有一膨大部，由位于盲肠内的大量淋巴结组成，称盲肠扁桃体。

7. 泄殖腔　泄殖腔略呈球形，内腔面有3个横向的环形黏膜褶，将泄殖腔分为3部分：前部为粪道，与直肠相通；中部叫泄殖道，输尿管、输精管或输卵管开口在这里；后部叫肛道，直接向肛门，肛道壁内有肛腺，分泌黏液，背侧壁还有腔上囊（法氏囊）开口。

8. 肝脏　肝脏是鹅体内最大的腺体，呈黄褐色或暗红色，分左右两叶，各有一个肝门。右叶有一胆囊，右叶分泌的胆汁先贮存于胆囊中，然后通过胆管开口于十二指肠。左叶肝脏分泌的胆汁从肝管直接进入十二指肠。

9. 胰腺　胰腺是长条形、淡粉色的腺体，位于十二指肠的肠袢内，分背叶、腹叶和脾叶3部分。胰腺实质分为外分泌部和内分泌部。外分泌部分泌的胰液经2条开口于十二指肠末端的导管进入十二指肠腔消化食物。内分泌部称胰岛，呈团块状分布于胰腺腺泡中，分泌胰岛素等激素，随静脉血循环。

（二）鹅的消化生理

饲料由喙采食通过消化道直至排出泄殖腔，在各段消化道中消化程度和侧重点各不相同，比如肌胃是机械消化的主要部位，小肠以化学消化和养分吸收为主，而微生物消化主要发生在盲肠。

1. 胃前消化　鹅的胃前消化比较简单，食物入口后不经咀嚼，被唾液稍微润湿，即借舌的帮助而迅速吞咽。鹅的唾液中含有少量淀粉酶，有一定的分解淀粉作用。食物贮存于食管假嗉囊（膨大部）中，由微生物和食物本身酶对其部分分解。

2. 胃内消化

（1）腺胃消化　鹅腺胃分泌的消化液（即胃液）含有盐酸和胃蛋白酶，不含淀粉酶、脂肪酶和纤维素酶。腺胃中蛋白酶能对食糜起初步的消化作用，但因腺胃体积小，食糜在其中停留时间短，胃液的消化作用主要在肌胃而不是在腺胃。

（2）肌胃消化　鹅肌胃很大，肌胃率（肌胃重除以体重的百分率）约为5%，远高于鸡的1.65%，而鹅肌胃容积与体重的比例仅是鸡的一半，表明鹅肌胃肌肉紧密厚实。同时，肌胃内的沙砾在肌胃强有力的收缩下可以磨碎粗硬的饲料，尤其是浙东白鹅肌胃特别发达，重量达180～200克，是其他品种鹅不能比拟的，因此其青粗饲料消化力特别强。

在机械消化的同时，来自腺胃的胃液借助肌胃的运动得以与食糜充分混合，胃液中盐酸和蛋白酶协同作用，把蛋白质初步分解为蛋白胨及少量的肽和氨基酸。

鹅肌胃对水和无机盐有少量的吸收作用。

3. 小肠消化　鹅与其他畜禽相似，小肠消化主要靠胰液、胆汁和肠液的化学性消化作用，在空肠段的消化最为重要。

胰液和肠液含有胰淀粉酶、胰蛋白酶、肠肽酶、胰脂肪酶、肠脂肪酶等多种消化酶，能使食糜中蛋白质、糖类（淀粉和糖原）、脂肪逐步分解，最终成为氨基酸、单糖、脂肪酸等。而肝脏分泌的胆汁则主要促进对脂肪及脂溶性维生素的消化吸收。此外，小肠运动也对消化吸收有一定的辅助作用。小肠的逆蠕动能使食糜往返运行，增加在肠内停留时间，便于食物更好地消化吸收。

小肠中经过消化的养分绝大部分在小肠吸收，食物经消化成为可吸收的养分，通过肠黏膜绒毛丰富的毛细血管吸收入血液进入肝脏贮存或送往身体各部。

4. 大肠消化　大肠由盲肠和直肠构成，盲肠是纤维素的消化场所，除食糜中带来的消化酶对盲肠消化起一定作用外，盲肠消化主要是依靠栖居在盲肠的微生物的发酵作用。盲肠中有大量的细菌，1克盲肠内容物细菌有10亿个左右，最主要的是严格厌氧的革兰氏阴性杆菌。这些细菌能将粗纤维发酵，最终产生挥发性脂肪酸、氨、胺类和乳酸。同时，盲肠内细菌还能合成B族维生素和维生素K。

盲肠能吸收部分营养物质，特别是对挥发性脂肪酸的吸收有较大实际意义。直肠很短，食糜停留时间也很短，消化作用不大，主要是吸收一部分水分和盐类，形成粪便，排入泄殖腔，与尿液混合排出体外。

（三）对鹅消化特点的利用

青饲料是鹅主要的营养来源，完全依赖青饲料也能很好生存。鹅之所以能单靠吃草而活，主要是依靠肌胃强有力的机械消化、小肠对非粗纤维成分的化学性消化及盲肠对粗纤维的微生物消化三者协同作用的结果。与鸡鸭相比，虽然鹅的盲肠微生物能更好地消化利用粗纤维，但由于盲肠内食糜量很少，而盲肠又处于消化道的后端，很多食糜并不经过盲肠。因此，粗纤维的营养意义不如想象中的那样重要。许多研究表明，只有当饲料品质十分低劣时，盲肠对粗纤维的消化才有较重要的意义。事实上鹅的消化道相对较短，是依赖频频采食，采食量大而获得大量养分的。农谚“家无万石粮，莫饲长颈项”，“鹅者饿也，肠直便粪，常食难饱”，“边吃边拉，六十天好卖”，反映了这一消化特点。因此，在制订鹅饲料配方和饲养规程时，可采取降低饲料质量（营养浓度），增加饲喂次数和饲喂数量，来适应鹅的消化特点，提高经济效益。

三、繁殖特性

（一）母鹅的生殖系统

母鹅的生殖系统和绝大多数禽类一样，也只有左侧的发育完全，右侧的虽在胚胎时期曾经出现过，但随后退化。生殖系统包括卵巢和输卵管两大部分（图1-3）。

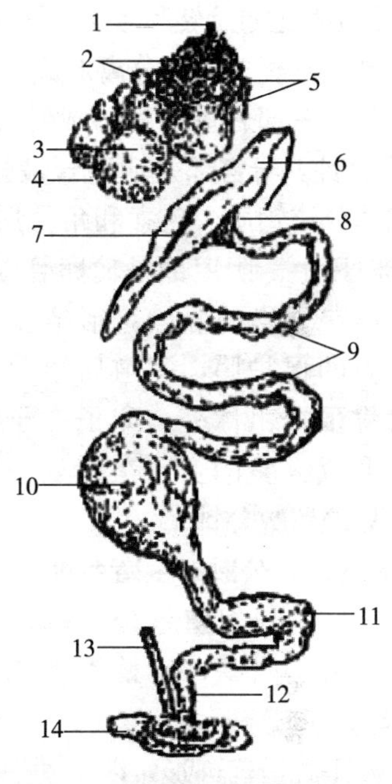

图1-3　母鹅的生殖系统

1. 卵巢基　2. 发育中的卵泡　3. 成熟的卵泡　4. 卵泡缝痕　5. 排卵后的卵泡　6. 喇叭部　7. 喇叭部入口　8. 喇叭部颈部　9. 蛋白分泌部　10. 峡部（内有形成过程中的蛋）　11. 子宫部　12. 阴道部　13. 退化的右侧输卵管　14. 泄殖腔

1. 卵巢　卵巢位于左肾前叶的下方，借卵巢系膜固定于腹腔顶壁，同时又以腹膜褶与输卵管相连。卵巢分为皮质部和髓质部，皮质部在外层，含有大量不同发育阶段的各级卵泡，突出于表面，大小不等，呈一串葡萄状，大的肉眼可见。髓质部在皮质部内，具有丰富的血管。到产蛋期，卵泡开始发育，逐渐积聚卵黄而增大，逐渐成熟，成熟的卵泡（蛋黄）以卵泡柄与卵巢相连，并全部突出于卵巢表面，直径可达5厘米。

卵巢还合成和分泌性激素，维持母鹅生殖系统的发育，促进排卵，调节生殖功能。

2. 输卵管　输卵管是一条长而弯曲的管道，从卵巢向后一直延伸到泄殖腔，按其形态和功能，可分5段：漏斗部、蛋白分泌部、峡部、子宫部和阴道部。漏斗部边缘呈不整齐的指状突起，叫输卵管伞，当卵巢排卵时，它将卵卷入输卵管中。漏斗颈有管状腺，可贮存精子，卵在此受精。一般卵子在漏斗部停留 18 分钟。蛋白分泌部又叫膨大部，是输卵管最曲最长的部分，黏膜内有大量的分支管状腺体，分泌蛋白和盐类，形成蛋白，卵子在此处一般停留 3 小时，卵子下移通过旋转和运动，形成蛋白的浓稀层次，蛋白内层黏蛋白纤维受机械扭转和分离形成卵黄系带。峡部细而短，黏膜内的腺体分泌一部分蛋白和形成纤维性内外壳膜，卵子在此处停留约 75 分钟。子宫部是输卵管最膨大的部分，肌层较厚，黏膜内的腺体分泌钙质、色素和角质层，形成蛋壳，卵子在此处停留 18 小时以上。阴道部是输卵管末段，呈 S 形，开口于泄殖腔的左侧，它分泌的黏液，形成蛋壳表面的保护膜，阴道肌层收缩时将蛋排出体外。卵子在子宫中形成完整的蛋，在此处一般则只停留数分钟。

（二）公鹅的生殖系统

公鹅的生殖系统包括两侧的睾丸、附睾、输精管和阴茎（图 1 - 4）。

睾丸呈椭圆形，以 1 片短的睾丸系膜悬挂在肾前叶的前下方。睾丸外面被覆一层白膜，内为实质，由许多弯曲的精细管构成，性成熟时在精细管内形成精子。精细管之间分散着间质细胞，产生雄激素，以维持性功能。

鹅的附睾不很明显，主要是由睾丸输出管盘曲构成，最后汇成很短的附睾管。

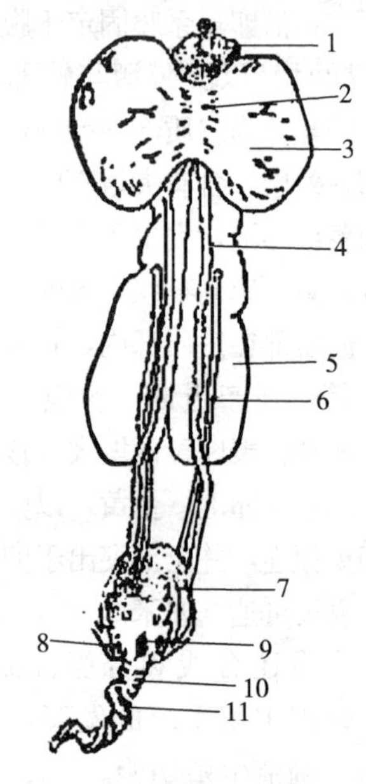

图 1 - 4　公鹅的生殖系统

1. 肾上腺　2. 睾丸系膜　3. 左睾丸　4. 输精管　5. 左肾　6. 输尿管　7. 泄殖腔口　8. 肛外侧腺　9. 射精窝　10. 阴茎（勃起并伸出）　11. 精沟

输精管由附睾管延续而来，与输尿管基本平行向前延伸，末端稍膨大形成储精囊，开口于泄殖腔内的具有勃起性能的输精管乳头（阴茎）上。输精管既是精子通过的管道，又是分泌液体成分和主要储存精子的地方。

阴茎是雄鹅交配器官，与其他家禽相比更发达，位于泄殖腔肛道底壁的左侧，回缩时阴茎在基部形成球状，勃起时，基部胀大而填塞整个肛道，游离部呈螺旋状，伸出长达5厘米以上。阴茎表面有一螺旋状的射精沟，勃起时边缘闭合而形成管状，可将精液输入母鹅生殖道内。

（三）鹅繁殖性能的特点

1. 季节性　鹅繁殖存在明显的季节性，绝大多数品种在气温升高、日照延长的6～9月间，卵黄生长和排卵都停止，接着卵巢萎缩，进入休产期，一直至秋末天气转凉时才开产，主要产蛋期在冬春两季，即9～10月开始至次年4～5月结束。

2. 就巢性（赖抱性）　我国鹅种一般就巢性很强，除四川白鹅、太湖鹅、豁眼鹅、籽鹅等品种外，绝大多数大中型鹅种及部分小型鹅种都有就巢性，在一个繁殖周期中，每产一窝蛋（8～12个）后，就要停产抱窝，直至小鹅孵出。

3. 择偶性　在小群饲养时，每只公鹅常与几只固定的母鹅配种，当重新组群后，公鹅与不熟识的母鹅互相分离，互不交配，这在年龄较大的种鹅中更为突出。在不同个体、品种、年龄和群体之间都有选择性，这一特性严重影响受精率。因此，组群要早，让它们年轻时就生活在一起，产生“感情”，形成默契，能提高受精率。但不同品种择偶性的严格程度是有差异的。大群饲养则择偶性下降。

4. 迟熟性　鹅是长寿动物，成熟期和利用年限都比较长。一般中小型鹅的性成熟期为6～8个月，大型鹅种则更长。但浙东白鹅则具有早熟性，120～135日龄就能产蛋。母鹅利用年限一般可达5年左右，公鹅也可以利用3年以上。

四、生活习性

鹅的驯化程度比鸡鸭低，有些生活习性与鸿雁相似。熟悉鹅的生活习性，制订出适宜的日常管理制度，才能做到科学养鹅。

（一）食草耐粗饲性

鹅是体形较大和容易饲养的一类草食水禽，凡在有草地和水源的地方均可饲养，尤其是水较多、水草丰富的地方，更适宜成群放牧饲养，对集约化生产，还可实行旱养。鹅喜食青草，不存在与人、畜争粮的矛盾，在我国现今人均占有粮食较低、饲料粮紧张的条件下，大力发展养鹅等草食动物生产，是实现畜牧业战略性结构调整的一项重要举措。

鹅具有强健的肌胃、比身体长10倍的消化道以及发达的盲肠。鹅的肌胃压力比鸡大2倍。胃内有两层厚角质膜，内中砂石可把食物磨碎。鹅的肠道较长，盲肠发达，对青草中粗纤维的消化率可达45%～50%。特别是消化青饲料中蛋白质的能力很强。鹅的颈粗长而有力，对青草芽、草尖和果穗有很强的衔食性。同绵羊相似，鹅吃百样草，除莎草科苔草属青草及有毒、有特殊气味的草外，它都可采食，群众称之为“青草换肥鹅”。

值得一提的是，我国江河纵横，湖泊、池塘星罗棋布，丘陵山地多，水草茂盛，适于鹅群放牧饲养。在播种前的休闲地和收割后没有翻耕的土地上放牧鹅群，可采食各种青嫩杂草或已结实的草穗。在果园里放牧鹅群，既可以利用其除草，节省人力，保护果树，增加土壤肥力，又可省下大量饲料。田间放牧，既能消除杂草，又能除害灭虫，促进作物丰收。当然，养鹅既可放牧，也宜舍饲。种草养鹅还能节约土地，提高土地利用率。据调查，饲喂7千克左右的青草、1～1.2千克精料，鹅体重即可增加1千克。鹅这种食草耐粗饲的特性，对于降低饲养成本、提高经济效益十分有利。

（二）喜水性

鹅是水禽，喜欢在水中寻食、嬉戏和求偶交配。因此，宽阔的水域、良好的水源是养鹅的重要环境条件之一。鹅很喜欢水，阴天下雨后，在水面上游泳时像一只小船，趾上有蹼似船桨，躯体比重约为0.85，气囊内充满气体，轻浮如梭，时而潜入水下，扑觅淘食。喙上有触觉，并有许多横向的角质沟，当衔到带杂质的食物，可不断呷水滤水留食，可充分利用水中食物及矿物质满足生长和生产的需要。

鹅有水中交配的习性，特别是在早晨和傍晚，水中交配次数占60%以上。鹅喜欢清洁，羽毛总是油亮干净，经常用嘴梳理羽毛，不断以嘴和下颌从尾脂腺处蘸取脂油，涂以全身羽毛，下水可防水，上岸抖身可干，防止污物沾染。朗德鹅等国外引入品种虽可以旱养，如有水则更好。我国台湾省从丹麦引入罗曼鹅，尝试笼养已获得成功。

（三）合群性

鹅在野生状态下，天性喜群居和成群飞行。这种本性在驯化家养之后仍未改变，因而家鹅至今仍表现出很强的合群性。经过训练的鹅在放牧条件下可以成群远行数里而不乱。如有鹅离群独处，则会高声鸣叫，一旦得到同伴的应和，孤鹅则循声而归群。鹅相互间也不喜殴斗。因此，这种合群性使鹅适于大群放牧饲养和圈养，管理也比较容易。

（四）耐寒性

鹅全身覆盖羽毛，起着隔热保温作用，成年鹅的羽毛比鸡的羽毛更紧密贴身，且鹅的绒羽浓密，保温性能更好，较鸡具有更强的抗寒能力。鹅与鸡的脂肪沉积比较，鸡的脂肪主要贮积在腹部，皮下脂肪层较薄，因而鸡脂肪对于调节体温起的作用不大；而鹅的皮下脂肪则比鸡厚，因而耐寒性好。鹅的尾脂腺发达，尾脂腺分泌物中含有脂肪、卵磷脂和高级醇，鹅在梳理羽毛时，经常用喙压迫尾脂腺，挤出分泌物，再用喙涂擦全身羽毛，来润湿羽毛，使羽毛不被水所浸湿，起到防水御寒的作用。故鹅即使是在0℃左右冬季低温下，仍能在水中活动，在10℃左右的气温条件下，即可保持较高的产蛋率。相对而言，鹅比较怕热，在炎热的夏季，喜欢整天泡在水中，或者在树荫下纳凉休息，觅食时间减少，采食量下降，产蛋量也下降。许多鹅种往往在夏季停止产蛋。

（五）摄食性

鹅喙呈扁平铲状，进食时不像鸡那样啄食，而是铲食，铲进一口后，抬头吞下，然后再重复上述动作，一口一口地进行。这就要求补饲时，食槽要有一定高度，平底，且有一定宽度。放牧采食采草以摄食方式为主。鹅没有鸡那样的嗉囊，每天鹅必须有足够的采食次数，防止饥饿，每间隔2小时需采食1次，小鹅就更短一些，每天必须在7次以上，特别是夜间补饲更为重要。俗话说，鹅不吃夜草不肥，不吃夜食不产蛋。

（六）反应敏捷性

鹅有较好的反应能力，比较容易接受训练和调教，但它们性急、胆小，容易受惊而高声鸣叫，导致互相挤压。鹅的这种应激行为一般在雏鹅早期就开始表现，雏鹅对人、畜及偶然出现的鲜艳色泽物或声、光等刺激均有害怕感觉。甚至因某只鹅无意间弄翻食盆发出声响，其他鹅也会异常惊慌，迅速站起惊叫，并拥挤于一角。因此，应尽可能保持鹅舍的安静，避免惊群，造成损失。人接近鹅群时，也要事先做出鹅熟悉的声音，以免使鹅骤然受惊而影响采食或产蛋。同时，也要防止猫、犬、老鼠等动物进入圈舍。

（七）择偶性

鹅有"一夫一妻"的特性，且随着驯化有所加强。一般公、母鹅比例为1∶4～6，公鹅认准的母鹅可经常进行交配，而对群体中的其他鹅则视而不配。大群饲养能减轻其择偶性。

（八）就巢性

鹅虽经过人类的长期选育，有的品种已经丧失了抱孵的本能（如太湖鹅、豁眼鹅、朗德鹅等），但较多的鹅种由于人为选择了鹅的就巢性，致使这一习性保持至今，这就明显减少了鹅产蛋的时间，造成鹅的产蛋性能远远低于鸡和鸭。一般鹅产蛋8～12枚时，就自然就巢，每窝可抱鹅蛋13～15枚。

（九）夜间产蛋性

禽类大多数是白天产蛋，而母鹅是夜间产蛋，这一特性为种鹅的白天放牧提供了方便。夜间鹅不会在产蛋窝内休息，仅在产蛋前0.5小时左右才进入产蛋窝，产蛋后稍歇片刻才离去，有一定的恋巢性。鹅产蛋一般集中在凌晨，若多数窝被占用，有些鹅宁可推迟产蛋时间，这样就影响了鹅的正常产蛋。因此，鹅舍内窝位要足，垫草要勤换。

（十）生活规律性

鹅具有良好的条件反射能力。活动节奏表现出极强的规律性。如在放牧饲养时，一天之中的放牧、收牧、交配、采食、洗羽、歇息、产蛋等都有比较固定的时间，而且这种生活节奏一经形成便不易改变。如原来每天喂4次的，突然改为3次，鹅会很不习惯，并会在原来喂食的时候，自动群集鸣叫、骚乱；如原来的产蛋窝被移动后，鹅会拒绝产蛋或随地产蛋；如早晨放牧过早，有的鹅还未产蛋即跟着出牧，当到产蛋时这些鹅会急急忙忙赶回舍内自己的窝内产蛋。因此，在养鹅生产中，一经制定的操作管理规程要保持稳定，不要轻易改变。

重点、难点提示

1.鹅在体形外貌上与鸡、鸭等有明显不同，品种之间也有差异。鹅体分头部、颈部、躯干部、翼部、后肢部5部分。

2.鹅具有发达的肌胃和比其他家禽发达的盲肠，因此能消化一定量的纤维素；鹅产蛋有季节性。

3.鹅具有食草耐粗饲性、喜水性、合群性、耐寒性、摄食性、反应敏捷性、择偶性、夜间产蛋性和生活规律性等生活特性。

7日通——第二讲 鹅的品种

摘要

本讲介绍主要品种类型和国内外鹅的品种。鹅的品种是养鹅的基本生产资料，直接影响到鹅生产性能的发挥和经济效益的好坏。通过本讲不同品种鹅的外貌特征、生产性能的了解和比较，能根据实际生产中的自然地理环境、生产条件、市场需求和生产目的，因地制宜地选择饲养品种，以达到提高养鹅生产率，增加经济效益的目的。

一、品种类型

（一）养鹅历史与起源

根据考证，鹅的起源较早，且不限于一时一地。亚洲、非洲、欧洲均已发现有鹅驯化的文化遗迹。我国驯养鹅最早于距今6 000年的新石器时代。公元前2 000多年在埃及留下的壁画里，出现了养鹅和填饲画面。一般认为中国的大多数鹅品种起源于鸿雁，欧洲的大部分鹅品种和我国新疆的伊犁鹅则起源于灰雁。两大品种体系由于饲养环境、选育目的的不同，在外貌和生产性能上产生了较明显的区别，见表2-1。灰雁和鸿雁同属不同种，由这两个不同雁种驯化而来的家鹅品种能相互杂交，其杂交产生的后代具有正常繁殖力，且有较强的杂交优势。

表 2-1　中国鹅与欧洲鹅的区别

项　　目	中 国 鹅	欧 洲 鹅
头部	有肉瘤	无肉瘤
颈部	头颈清秀、细长	头颈短粗
颈羽	平滑不卷曲	卷曲
体态	体态高昂，体形较小	背宽、胸深、体形较大而矮胖
成熟期	成熟早	成熟晚
生产性能	产蛋多	产蛋少，肥肝性能好
品种示例	中国太湖鹅	朗德鹅

我国一直是世界上的养鹅大国，其饲养历史悠久，数量居首位。据史料记载，养鹅从初时的观赏、警戒等用途逐渐发展成现代的以肉用为主。距今1 600多年，晋朝大书法家王羲之在其居地会稽、剡县（今浙江省的绍兴、奉化市）等养鹅，《晋书·王羲之传》中提到“山阴有一道士，好养鹅，羲之往观焉，悦，因求市之，道士云，为写德道经，当举群相赠耳，羲之欣然，写毕，笼鹅而归，甚以为乐”。元代陈子翚的诗“一曲溪从古剡分，溪边朝食晋将军，砚埋尘土鹅群少，六朝空山自白云”也提及了王羲之养鹅。之后的很多地方志中都有养鹅的记载，《嘉靖象山县志》中载有该县在唐神龙年间就有白鹅饲养，记载明永乐年间以来“岁办杂色毛软皮五百一十张，鹅翎四千六百三十根……”，并一直流传着“童子驱鹅女侍羊”的象山古代民谣，表明当时养鹅已形成规模。随着社会的需要和地理环境的影响，全国形成了大量的具有独特性状的鹅地方品种，这为目前掀起我国新一轮高潮提供了品种保障。

（二）品种分类

养鹅的目的，主要是根据人们需求，获得多而好的鹅肉、蛋、肥肝、羽绒等鹅产品，因此，在不同的生态环境和一定的社会经济条件下形成了鹅的品种类型，并根据生产发展方向和品种利用目的，从不同角度对鹅的品种进行分类。目前一般从地理特性、经济用途、体形、产蛋性能、性成熟年龄和羽色等进行分类。

1. 按地理特征分类　以往对鹅的品种多从地理环境分布分类，如中国鹅、法国图卢兹鹅、英国埃姆登鹅、埃及鹅、加拿大鹅、东南欧鹅、德国鹅等等，这仅是世界上部分国家鹅种中的一些代表品种，其性状具有一定的代表性。中国鹅就包括众多的地方品种，各品种均有自身的特点，但也有很多相似性状，有的品种间本身就有相近的遗传基因。

2. 按经济用途分类　随着人们对鹅产品的需求不同，选育产生了一些优秀的专用品种。如法国的朗德鹅、图卢兹鹅，匈牙利的玛加尔鹅，意大利的奥拉斯白鹅等是进行肥肝生产的专用品种。如我国的狮头鹅，德国的莱茵鹅等属于生长速度快，料肉比高的肉用品种，又如我国的浙东白鹅在分布地特定优良环境条件下，根据人们食鹅的喜好（当地民众喜食不加任何调味品、直接用清水烹饪的“白斩鹅”），经不断选育，不但具有早期生长速度快、料肉比高、耐粗饲等优良特性，还形成了肉质细嫩鲜美的独特性状。此外，还有产蛋率高的，如我国的籽鹅、豁眼鹅、太湖鹅等品种，也有羽绒性状好或对当地环境适应性强等的专门化品种。

3. 按体形分类　这是目前最常用的分类方法，它根据鹅的体重大小分大型、中型、小型三类，小型品种鹅的公鹅体重为3.7～5.0千克，母鹅3.1～4.0千克，如我国的太湖鹅、乌鬃鹅、永康灰鹅、豁眼鹅、籽鹅等。中型品种鹅的公鹅体重为5.1～7.5千克，母鹅4.1～5.5千克，如我国的浙东白鹅、皖西白鹅、溆浦鹅、四川白鹅、雁鹅、伊犁鹅等，德国的莱茵鹅等。大型品种鹅的公鹅体重为7千克以上，母鹅6千克以上，如我国的狮头鹅、法国的图卢兹鹅、朗德鹅等。

4. 按产蛋性能分类　不同品种鹅的产蛋性能差异很大，高产品种年产蛋高达100枚，甚至150枚，如百子鹅、豁眼鹅、籽鹅；中产品种年产蛋60～80枚，如太湖鹅、雁鹅、四川白鹅等；低产品种年产蛋25～50枚，如我国的狮头鹅、浙东白鹅，法国的图卢兹鹅、朗德鹅等。

5. 按性成熟早晚分类　根据性成熟日龄可分早熟型、中熟型和晚熟型。早熟型为开产期在130日龄左右的小型和部分中型鹅种；中熟型为开产期在150～180日龄的中型鹅种；晚熟型为开产期在200日龄以上的大型鹅种。

6. 按羽毛颜色分类　鹅按羽毛颜色不同分为白鹅和灰鹅两大类。在我国北方以白鹅为主，南方灰白品种均有，但白鹅多数带有灰斑，如溆浦鹅、右江鹅、百子鹅等；同一品种中也可能存在灰鹅、白鹅两系。国外鹅品种以灰鹅占多数，有的品种如丽佳鹅苗鹅呈灰色，长大后逐渐转白色。

二、小型鹅品种

（一）太湖鹅

1. 产地与分布　原产于江苏、浙江两省沿太湖的县、市，现遍布江苏、浙江、上海，在东北地区及河北、湖南、湖北、江西、安徽、广东、广西等地有少量分布。

2. 外貌特征　体形较小，全身羽毛洁白，体质细致紧凑。体态高昂，肉瘤姜黄色，发达、圆而光滑，颈长、呈弓形，无肉垂，眼睑淡黄色，虹彩灰蓝色，喙、蹠、蹼呈橘红色，爪白色。母鹅喙较短，约6.5厘米，性情温顺，叫声低，肉瘤小。

3. 生产性能

(1) 产蛋性能　一个产蛋期（当年9月至次年6月）每只母鹅平均产蛋60枚，高产鹅群达80～90枚，高产个体达123枚。平均蛋重135克，蛋壳色泽较一致，几乎全为白色，蛋形指数为1∶1.44。

(2) 生长速度与产肉、产绒性能　成年体重公鹅4 330克、母鹅3 230克，体斜长分别为30.4厘米和27.41厘米，龙骨长分别为16.6厘米和14.0厘米。太湖鹅雏鹅初生重91.2克，70日龄上市体重2 320克，舍养则可达3 080克。半净膛率和全净膛率成年公鹅分别为84.9%和75.6%，母鹅分别为79.2%和68.8%。太湖鹅经填饲，平均肝重为251～313克，最大达638克。此外，太湖鹅羽绒洁白如雪，经济价值高，每只鹅可产羽绒200～250克。

（3）繁殖性能　性成熟较早，母鹅160日龄即可开产。公、母鹅配种比例1∶6～7。种蛋受精率可达90%以上，受精蛋孵化率可达85%以上，就巢性弱，鹅群中约有10%的个体有就巢性，但就巢时间短。70日龄肉用仔鹅平均成活率92%以上。

（二）豁眼鹅

1. 产地与分布　又称豁鹅，因其上眼睑边缘后上方豁而得名。原产于山东莱阳地区，因集中产区地处五龙河流域，故又名五龙鹅。由于历史上曾有大批的山东移民移居东北时将这种鹅带往东北，因而东北三省现已是豁眼鹅的分布区，以辽宁昌图饲养最多，俗称昌图豁鹅；在吉林通化地区，称此鹅为疤瘌眼鹅。近年来，该品种在新疆、广西、内蒙古、福建、安徽、湖北等地均有分布。

2. 外貌特征　体形轻小紧凑，全身羽毛洁白。喙、蹠、蹼均为橘黄色，成年鹅有橘黄色肉瘤。眼三角形，眼睑淡黄色，两眼上眼睑处均有明显的豁口，此为该品种独有的特征。虹彩蓝灰色。头较小，颈细稍长。公鹅体形较短，呈椭圆形，有雄相。母鹅体形稍长，呈长方形。山东的豁眼鹅有咽袋，少数有腹褶，有者也较小，东北三省的豁眼鹅多有咽袋和较深的腹褶。雏鹅绒毛黄色，腹下毛色较淡。

3. 生产性能

（1）产蛋性能　在放牧条件下，年平均产蛋80枚；在半放牧条件下，年平均产蛋100枚以上；饲养条件较好时，年产蛋

120～130枚。最高产蛋记录180～200枚，平均蛋重120～130克，蛋壳白色，蛋壳厚度0.45～0.51毫米，蛋形指数1：1.41～1.48。

（2）生长速度与产肉、产绒性能　初生重公鹅70～78克，母鹅68～79克；60日龄体重公鹅1 388～1 480克，母鹅884～1 523克；90日龄体重公鹅1 906～2 469克，母鹅1 780～1 883克。成年平均体重公鹅3 720～4 440克，母鹅3 120～3 820克；屠宰活重3 250～4 510克的公鹅，半净膛率78.3%～81.2%，全净膛率70.3%～72.6%；活重2 860～3 700克的母鹅，半净膛率为75.6%～81.2%，全净膛率69.3%～71.2%。仔鹅填饲后，肥肝平均重324.6克，最大515克，料肝比41.3：1。羽绒洁白，含绒量高，但绒絮稍短。成年鹅一次活拔羽绒，公鹅200克，母鹅150克，其中含绒量30%左右。

（3）繁殖性能　一般在7～8月龄开始产蛋。公、母鹅配种比例1：5～7，种蛋受精率85%左右，受精蛋孵化率80%～85%。4周龄、5～30周龄、31～80周龄成活率分别为92%、95%和95%。母鹅利用年限3年。

（三）乌鬃鹅

1. 产地与分布　原产于广东省清远市，故又名清远鹅。因羽毛大部分为乌棕色，而得此名，也有叫墨鬃鹅的。中心产区位于清远市北江两岸。分布在粤北、粤中地区和广州市郊以清远及邻近的花县、佛岗、从化、英德等地。

2. 外貌特征　体形紧凑，头小、颈细、腿短。公鹅体形较大、呈榄核型；母鹅呈楔形。羽毛大部分呈乌棕色，从头顶部到最后颈椎，有一条鬃状黑褐色羽毛带。颈部两侧的羽毛为白色，翼羽、肩羽、背羽和尾羽为黑褐色，羽毛末端有明显的棕褐色银边。胸羽灰白色或灰色，腹羽灰白色或白色。在背部两边，有一条起自肩部直至尾根的2厘米宽的白色羽毛带，在尾翼间未被覆盖部分呈现白色圈带。青年鹅的各部位羽毛颜色比成年鹅深。

喙、肉瘤、蹠、蹼均为黑褐色，虹彩棕色。

3. 生产性能

（1）产蛋性能　一年分4～5个产蛋期，平均年产蛋30枚左右，平均蛋重144.5克。蛋壳浅褐色，蛋形指数1∶1.49。

（2）生长速度与产肉性能　初生重95克，30日龄体重695克，70日龄体重2 850克，90日龄体重3 170克，料肉比为2.31∶1。半净膛率和全净膛率公鹅分别为87.4%和77.4%，母鹅则分别为87.5%和78.1%。

（3）繁殖性能　母鹅开产日龄为140天左右，有很强的就巢性。公母鹅配比1∶8～10，种蛋受精率87.7%，受精蛋孵化率92.5%，雏鹅成活率84.9%。

（四）籽鹅

1. 产地与分布　中心产区位于黑龙江省绥北和松花江地区，其中肇东、肇源、肇州等地最多，黑龙江全省各地均有分布。因产蛋多，群众称其为籽鹅。该品种具有耐寒、耐粗饲和产蛋能力强的特点。

2. 外貌特征　体形较小，紧凑，略呈长圆形。羽毛白色，一般头顶有缨，又叫顶心毛，颈细长，肉瘤较小，颌下偶有垂皮，即咽袋，但较小。喙、蹠、蹼皆为橘黄色，虹彩为蓝灰色。腹部一般不下垂。

3. 生产性能

（1）产蛋性能　一般年产蛋在100枚以上，多的可达180枚，蛋重平均131.1克，最大153克。蛋形指数为1∶1.43。

（2）生长速度与产肉性能　初生公雏体重89克，母雏85克；56日龄公鹅体重2 958克，母鹅2 575克；70日龄公鹅体重3 275克，母鹅2 860克；成年体重公鹅4 000～4 500克，母鹅3 000～3 500克。70日龄半净膛率公、母鹅分别为78.02%和80.19%，全净膛率分别为69.47%和71.30%，胸肌率分别为11.27%和12.39%，腿肌率分别为21.93%和20.87%，腹脂率分别为0.34%和0.38%；24周龄公、母鹅半净膛率分别为83.15%和82.19%，全净膛率分别为78.15%和79.60%，胸肌率分别为19.20%和19.67%，腿肌率分别为21.30%和18.99%，腹脂率分别为1.56%和4.25%。

(3) 繁殖性能　母鹅开产日龄为180～210天。公、母鹅配种比例1∶5～7，喜欢在水中配种，受精率在90%以上，受精蛋孵化率在90%以上，高的可达98%。

(五) 酃县白鹅

1. 产地与分布　中心产区位于湖南省酃县（今炎陵县）沔渡和十都两镇，以沔水和河漠水流域饲养较多。与酃县毗邻的资兴、桂东、茶陵和江西省的宁冈等地均有分布。江西莲花县的莲花白鹅与酃县白鹅系同种异名。

2. 外貌特征　酃县白鹅体形小而紧凑，体躯近似短圆柱体。头中等大小，有较小的肉瘤，母鹅的肉瘤扁平，不显著。颈中等长，体躯宽深，母鹅后躯较发达。全身羽毛白色。喙、肉瘤和蹠、蹼橘红色，皮肤黄色，虹彩蓝灰色，公、母鹅均无咽袋。

3. 生产性能

(1) 产蛋性能　母鹅多在10月至次年4月间产蛋，分3～5个产蛋期，每期产8～12枚，之后开始就巢。全繁殖季节平均产蛋46枚，第一年产蛋平均重116.6克，第二年为146.6克，蛋壳白色，蛋壳厚度0.59毫米，蛋形指数1∶1.49。

(2) 生长速度与产肉性能　成年体重公鹅4 000～5 300克，母鹅3 800～5 000克。在放牧条件下，60日龄体重2 200～3 300克，90日龄3 200～4 100克。如饲料充足，加喂精饲料，60日龄可达3 000～3 700克。对未经肥育的6月龄鹅进行屠宰测定，半净膛与全净膛的屠宰率，公鹅分别为82.00%和76.35%，母鹅分别为83.98%和75.69%。放牧加补喂精料饲养的肉鹅，从初生到屠宰生长期共105天，平均体重为3 750克，每只耗精料3.28千克。

（3）繁殖性能　母鹅开产日龄120～210天。公、母鹅配种比例1∶3～4，种蛋受精率平均高达98%，受精蛋孵化率达97%～98%。种鹅利用2～6年。雏鹅成活率96%。

（六）长乐鹅

1. 产地与分布　中心产区位于福建省长乐市，分布于邻近的闽侯、福州、福清、连江、闽清等地。

2. 外貌特征　成年鹅昂首曲颈，胸宽而挺。公鹅肉瘤高大，稍带棱脊形；母鹅肉瘤较小，且扁平，颈长，呈弓形，蛋圆形体躯和高抬而丰满的前躯，无咽袋，少腹褶。绝大多数个体羽毛灰褐色，纯白色仅占5%左右。灰褐色的成年鹅，从头部至颈部的背面，有一条深褐色的羽带，与背、尾部的褐色羽区相连接；颈部腹侧至胸、腹部呈灰白色或白色，颈部的背侧与腹侧羽毛界限明显。有的在颈、胸、肩交界处有白色环状羽带。喙黑色或黄色，肉瘤黑色、黄色或黄色带黑斑，皮肤黄色或白色，蹠、蹼橘黄或橘红色。虹彩蓝灰色。长乐鹅群中常见灰白花或褐白花个体，这类杂羽鹅的喙、肉瘤、蹠、蹼常见橘红带黑斑，虹彩褐色或蓝灰色。

3. 生产性能

（1）产蛋性能　一般年产蛋2～4窝，平均年产蛋量为30～40枚。平均蛋重为153克，蛋壳白色，蛋形指数为1∶1.39。

（2）生长速度与产肉性能　成年体重公鹅3 300～5 500克，母鹅3 000～5 000克。70～90日龄肉鹅半净膛率81.78%，全净膛率68.67%，长乐鹅经填肥23天后，肥肝平均重为220克，最大肥肝503克。

（3）繁殖性能　性成熟7月龄。公、母鹅配种比例1∶6。种蛋受精率80%以上，就巢性较强。母鹅利用年限一般为5～6年，个别的可长达8～10年。

（七）伊犁鹅

1. 产地与分布　又称塔城飞鹅。中心产区位于新疆维吾尔自治区伊犁哈萨克自治州各直属县、市，分布于新疆西北部的各州及博尔塔拉蒙古自治州一带。

2. 外貌特征　体形中等，与灰雁非常相似，颈较短，胸宽广而突出，体躯呈水平状态，扁椭圆形，腿粗短。头部平顶，无肉瘤突起。颌下无咽袋。雏鹅上体黄褐色，两侧黄色，腹下淡黄色，眼灰黑色，喙黄褐色，蹠、蹼均为橘红色，喙豆乳白色。成年鹅喙象牙色，蹠、蹼、趾肉红色，虹彩蓝灰色。羽毛可分为灰、花、白3种颜色，翼尾较长。

灰鹅头、颈、背、腰等部位羽毛灰褐色；胸、腹、尾下灰白色，并缀以深褐色小斑；喙基周围有一条狭窄的白色羽环；体躯两侧及背部深浅褐色相衔，形成状似覆瓦的波状横带；尾羽褐色，羽端白色。最外侧两对尾羽白色。花鹅羽毛灰白相间，头、背、翼等部位灰褐色，其他部位白色，常见在颈肩部出现白色羽环。白鹅全身羽毛白色。

3. 生产性能

(1) 产蛋性能　一般每年只有一个产蛋期，出现在3～4月间，也有个别鹅分春秋两季产蛋。全年可产蛋5～24枚，平均年产蛋量为10.1枚。通常第1个产蛋年7～8枚，第2个产蛋年10～12枚，第3个产蛋年15～16枚，此时已达产蛋高峰，稳定几年后，到第6年产蛋数逐渐下降。平均蛋重156.9克，蛋壳乳白色，蛋壳厚度0.60毫米，蛋形指数1∶1.48。

(2) 生长速度与产肉、产绒性能　放牧饲养，公、母鹅30日龄体重分别为1 380克和1 230克，60日龄体重3 030克和2 770克，90日龄体重为3 410克和2 770克，120日龄体重为3 690克和3 440克。8月龄育肥15天的肉鹅屠宰平均活重3 810克，半净膛率和全净膛率分别为83.6%和75.5%。平均每只鹅可产羽绒240克。

(3) 繁殖性能　公、母鹅配种比例1∶2～4。种蛋平均受精率为83.1%；受精蛋孵化率为81.9%。有就巢性，一般每年1

次，发生在春季产蛋结束后。30日龄成活率84.7%。

（八）阳江鹅

1. 产地与分布　中心产区位于广东省湛江地区阳江市。分布于邻近的阳春、电白、恩平、台山等地，在江门、韶关、湛江等市及海南、广西也有分布。

2. 外貌特征　体形中等、行动敏捷。母鹅头细颈长，躯干略似瓦筒形，性情温顺；公鹅头大颈粗，躯干略呈船底形，雄性明显。从头部经颈向后延伸至背部，有一条宽1.5～2厘米的深色毛带，故又叫黄鬃鹅。在胸部、背部、翼尾和两小腿外侧为灰色毛，毛边缘都有宽0.1厘米的白色银边羽。从胸两侧到尾椎，有一条像葫芦形的灰色毛带。除上述部位外，均为白色羽毛。在鹅群中，灰色羽毛又分黑灰、黄灰、白灰等几种。喙、肉瘤黑褐色，蹠、蹼为黄色、黄褐色或黑灰色。

3. 生产性能

（1）产蛋性能　产蛋季节在每年7月到次年3月。一年产蛋4期，平均每年产蛋量26～30枚。采用人工孵化后，年产蛋量可达45枚。平均蛋重145克。蛋壳白色，少数为浅绿色。

（2）生长速度与产肉性能　成年体重公鹅4 200～4 500克，母鹅3 600～3 900克，70～80日龄仔鹅体重3 000～3 500克。70日龄肉用仔鹅公、母半净膛率分别为83.4%和83.8%。

（3）繁殖性能　性早熟，公鹅70～80日龄就会爬跨，配种适龄为160～180天。母鹅开产日龄为150～160天。公、母鹅配种比例1∶5～6，种蛋受精率为84%，受精蛋孵化率为91%。成活率90%以上。公、母鹅均可利用5～6年。该品种就巢性强，1年平均就巢4次。

（九）闽北白鹅

1. 产地与分布　中心产区位于福建省北部的松溪、政和、浦城、崇安、建阳、建瓯等地，分布于邵武、福安、周宁、古田、屏南等地。

2. 外貌特征　全身羽毛洁白，喙、蹠、蹼均为橘黄色，皮肤为肉色，虹彩灰蓝色。公鹅头顶有明显突起的冠状皮瘤，颈长胸宽，鸣声洪亮。母鹅臀部宽大丰满，性情温驯。雏鹅绒毛为黄色或黄中透绿。

3. 生产性能

（1）产蛋性能　1年产蛋3～4窝，每窝产蛋平均8～12枚，年平均产蛋30～40枚。平均蛋重150克以上，蛋壳白色，蛋形指数1∶1.41。

（2）生长速度与产肉性能　成年体重公鹅4 000克以上，母鹅3 000～4 000克。在较好的饲养条件下，100日龄仔鹅体重可达4 000克左右，肉质好。公鹅全净膛率80%，胸、腿肌占全净膛重分别为16.7%和18.3%；母鹅全净膛率77.5%，胸、腿肌占全净膛重分别为14.5%和16.4%。

（3）繁殖性能　母鹅开产日龄150天左右。公鹅7～8月龄性成熟，开始配种。公、母鹅配种比1∶5，种蛋受精率85%以上。受精蛋孵化率80%。

（十）永康灰鹅

1. 产地与分布　产于浙江省永康、武义等地，毗邻的各县市也有分布，是我国灰色羽鹅中的一种小型品种。

2. 外貌特征　体躯呈长方形，其前胸突出而向上抬起，后躯较大，腹部略下垂，颈细长，肉瘤突起。羽毛背面呈深灰色，自头部至颈部上侧直至背部的羽毛较深，主翼羽深灰色。颈部两侧及下侧直至胸部为灰白色，腹部白色。喙和肉瘤黑色。蹠、蹼橘红色。虹彩褐色。皮肤淡黄色。

3. 生产性能

（1）产蛋性能　年产蛋量40～50枚，平均蛋重140克，蛋壳白色。

（2）生长速度　成年体重公鹅3 800～4 200克，母鹅3 500～4 200克，2月龄重2 500克左右。全净膛率62%左右，半净膛率82%。

（3）繁殖性能　母鹅开产期5月龄左右。就巢性较强，每年3～4次。

（十一）右江鹅

1. 产地与分布　主产于广西百色地区，由于主要分布于右江两岸的12个县市，故名右江鹅。

2. 外貌特征　背胸宽广，成年公、母鹅腹部均下垂。头部较小而平。咽喉下方无咽袋，按羽色分，有白鹅与灰鹅两种。白鹅全身羽毛洁白，虹彩浅蓝色，喙、蹠与蹼粉红色。皮肤、爪和喙豆为肉色。灰鹅体形与白鹅相同，仅毛色不同。头部和颈的背面羽毛呈棕色。颈两侧与下方直至胸部和腹部都生白羽。背羽灰色镶琥珀边。主翼羽前2根为白色，后8根为深灰色镶白边。尾羽浅灰色镶白边。腿羽灰色。头部皮肤和肉瘤交界处有一小圈白毛。虹彩黄褐色，喙黑褐色。蹠和蹼橘黄色。

3. 生产性能

（1）产蛋性能　每年产蛋3窝，每窝产8～15枚，个别达18～20枚，通常以头窝所产较多。年平均产蛋40枚。蛋重150～170克。蛋壳多数白色，少数青色。

（2）生长速度与产肉性能　90日龄体重2 500克，160日龄体重3 300克，180日龄体重公鹅4 000克，母鹅体重3 600克。成年体重公鹅4 500克，母鹅重4 000克。3～6月龄屠宰测定，公鹅半净膛率84.48%，全净膛率74.71%；母鹅半净膛率81.13%，全净膛率72.76%。

（3）繁殖性能　母鹅9～12月龄开产。种鹅公、母配种比例1∶5～6。受精率90%以上，受精蛋孵化率可达95%。种鹅每产完一窝蛋即就巢一次；晚春至夏季停产。种鹅利用年限3年以上。

（十二）百子鹅

1. 产地与分布　主要分布于山东省南四湖金乡县东部和鱼

台县西部一带，又称“金乡百子鹅”。汉川市麻河、南河、刘隔、新堰一带也有分布。由吉林籽鹅与产地鹅杂交选育而成。

2. 外貌特征　体形较小，体质紧凑强健，体躯稍长，胸宽略上挺，体态高昂。头呈方圆形，额前有肉瘤，公鹅大而显著。按羽毛颜色可分灰鹅和白鹅，灰鹅较多，约占 85.7%，虹彩土黄色，背羽以灰色为主，主副翼羽中间灰褐色，羽尖边缘白色，喙、蹼为黑褐色。白鹅较少，背羽带灰斑，主副翼羽及颈羽白色。多数有凤头，啄基部前面有肉瘤，颔下有长 7～8 厘米，深 3～4 厘米的咽袋。白鹅喙、蹼为橘红色，皮肤白色。

3. 生产性能

(1) 产蛋性能　一般在 270～300 天开产，头年产蛋 90 个左右，第 2～3 年平均产蛋 100～120 个，蛋重为 160～220 克，蛋壳颜色白色。

(2) 生长速度与产肉性能　成年公鹅体重为 4 180 克，母鹅为 3 630 克。6 月龄即达到成年体重的 99%，公鹅为 3 360 克，母鹅为 3 120 克。产肉性能较好，70 日龄公鹅全净膛率为 75%，母鹅为 81%。成年公鹅半净膛率为 86.4%，全净膛率为 74.7%。

(3) 繁殖性能　公、母配种比例 1∶5～7，种蛋受精率为 80%。

三、中型鹅品种

(一) 浙东白鹅

1. 产地与分布　原有象山白鹅、奉化白鹅、绍兴白鹅等名称，因其产地地理气候条件相近，品种外形、生产性能差异小，20 世纪 80 年代中期统称为浙东白鹅。中心产区现位于浙江省东部的象山县，主要分布于余姚、鄞州、绍兴、奉化、宁海、定海、上虞、嵊州、新昌、三门、萧山等地。江苏省南部因 20 世纪 70 年代大量引种，也有较大数量分布；2006 年江苏省洪泽县引入种鹅10 000余只。现有十多个省市引种。

2. 外貌特征　体形中等，体躯长方形，全身羽毛洁白，约有15%左右的个体在头部和背侧夹杂少量斑点状灰褐色羽毛。额上方肉瘤高突，呈半球形。随年龄增长，突起变得更加明显。无咽袋，颈细长。喙、蹠、蹼幼年时呈橘黄色，成年后变橘红色，肉瘤颜色较喙色略浅，眼睑金黄色，虹彩灰蓝色。成年公鹅体形高大雄伟，肉瘤高突，鸣声洪亮，好斗啄人；成年母鹅腹宽而下垂，肉瘤较低，鸣声低沉，性情温驯。

3. 生产性能

（1）产蛋性能　一般每年有4个产蛋期，每期产蛋9～11枚，一年可产40枚左右。平均蛋重162克。蛋壳白色。蛋形指数1∶1.55。

（2）生长速度与产肉、羽绒性能　初生重102克，60～70日龄体重平均4 100克，其中公鹅重4 300克，母鹅重3 800克。放牧、半放牧条件下，精饲料报酬为1∶1。成年体重公鹅6 500克，母鹅5 500克。70日龄仔鹅屠宰测定，半净膛率和全净膛率分别为81.1%和72.0%，胸、腿肌率分别为13%和17%。70日龄经23天填肥后，肥肝平均重392克，最大肥肝600克；料肝比为36∶1。70日龄仔鹅每只产羽毛130～170克，其中羽绒量20%～40%，羽绒质量好、绒朵大。

（3）繁殖性能　母鹅开产日龄一般在125～135天，是最早开产的品种之一。公鹅4月龄开始性成熟，初配年龄150～160日龄，公、母鹅配种比例1∶6～8。半放牧条件下种蛋受精率90%以上，受精蛋孵化率为90%左右。公鹅利用年限3～5年，以第2～3年为最佳时期。绝大多数母鹅都有较强的就巢性，每年就巢3～4次，一般连续产蛋9～11枚后就巢1次。

（二）皖西白鹅

1. 产地与分布　中心产区位于安徽省西部丘陵山区和河南省固始一带，主要分布皖西的霍邱、寿县、六安、肥西、舒城、长丰等地以及河南的固始、郑州等地。

2. 外貌特征　体形中等，体态高昂，颈长，呈弓形，胸深广，背宽平。全身羽毛洁白，头顶肉瘤呈橘黄色，圆而光滑无皱褶，喙橘黄色，喙端色较淡，虹彩灰蓝色，蹠、蹼橘红色，爪白色，约6%的鹅颌下带有咽袋。少数个体头颈后部有球形羽束，即顶心毛。公鹅肉瘤大而突出，颈粗长有力；母鹅颈较细短，腹部轻微下垂。

3. 生产性能

(1) 产蛋性能　产蛋多集中在1月及4月。1月份开产第一期蛋的母鹅占61%；4月份开产第二期蛋的母鹅占65%。因此，3月、5月分别为一、二期鹅的出雏高峰，可见皖西白鹅繁殖季节性强，时间集中。一般母鹅年产两期蛋，年产蛋量25枚左右，3%～4%的母鹅可连产蛋30～50枚，群众称之为“常蛋鹅”。平均蛋重142克，蛋壳白色，蛋形指数1∶1.47。

(2) 生长速度与产肉、产绒性能　初生重90克左右，30日龄仔鹅体重可达1 500克以上，60日龄达3 000～3 500克，90日龄达4 500克左右，成年体重公鹅6 120克，母鹅5 560克。8月龄放牧饲养且不催肥的鹅，其半净膛和全净膛率分别为79.0%和72.8%，皖西白鹅羽绒质量好，尤其以绒毛的绒朵大而著称。平均每只鹅产羽毛349克，其中羽绒量40～50克。

(3) 繁殖性能　母鹅开产日龄一般为6月龄，但当地习惯早春孵化，人为将开产期控制到9～10月龄。公、母鹅配种比例1∶4～5。种蛋受精率平均为88.7%，受精蛋孵化率为91.1%，健雏率97.0%。30日龄仔鹅成活率平均达96.8%。母鹅就巢性强，一般年产两期蛋，每产一期，就巢一次，有就巢性的母鹅占98.9%，其中一年就巢两次的占92.1%。公鹅利用年限3～4年或更长，母鹅4～5年，优良者可利用7～8年。

(三) 雁鹅

1. 产地与分布　原产于安徽省西部的六安地区，主要是霍邱、寿县、六安、舒城、肥西以及河南省的固始等地。分布于安徽省各地和江苏省的西南丘陵山区。原产地的雁鹅后来逐渐向东南移，现在安徽的宣城、郎溪、广德一带和江苏西南的丘陵地区形成了新的饲养中心。在江苏分布区通常称雁鹅为“灰色四季鹅”。

2. 外貌特征　体形中等，体质结实，全身羽毛紧贴。头部圆形略方，头上有黑褐色肉瘤，质地柔软，呈桃形或半球形向上方突出。眼睑为黑色或灰黑色，眼球黑色，虹彩灰蓝色，喙黑褐色、扁阔，蹠、蹼为橘黄色，爪黑色。颈细长，胸深广，背宽平，腹下有皱褶。皮肤多数为黄白色。成年鹅羽毛呈灰褐色和深褐色，颈的背侧有一条明显的灰褐色羽带，体躯的羽毛从上往下由深渐浅，至腹部为灰白色或白色。除腹部白色羽外，背、翼、肩及腿羽皆为银边羽，排列整齐。肉瘤的边缘和喙的基部大部分有半圈白羽。雏鹅全身羽绒呈墨绿色或棕褐色，喙、蹠、蹼均呈灰黑色。

3. 生产性能

(1) 产蛋性能　一般母鹅年产蛋25～35枚，雁鹅在产蛋期间，每产一定数量蛋后即进入就巢期休产，以后再产第二期蛋，如此反复，一般可间歇产蛋三期，也有少数可产蛋四期，因此江苏镇宁地区群众称之为“灰色四季鹅”，其中第一个产蛋期产蛋12～15枚，第二、第三个产蛋期产蛋8～20枚。年产蛋量、蛋重比前三年逐渐增加。平均蛋重150克。蛋壳白色，蛋壳厚度0.60毫米，蛋形指数1∶1.51。

(2) 生长速度与产肉性能　在放牧饲养条件下，5～6月龄时体重可达5 000克以上，在较好饲养条件下，两个月可长到5 000克。一般初生重公鹅109.3克，母鹅106.2克，30日龄体重公鹅791.5克，母鹅809.9克。60日龄体重公鹅2 437克，母鹅2 170克。90日龄体重公鹅3 947克，母鹅3 462克。120日龄体重公鹅4 513克，母鹅3 955克。成年公鹅体重6 020克，母鹅4 775克。成年公鹅半净膛率、全净膛率分别为86.1%和72.6%，母鹅半净膛率、全净膛率分别为83.8%和65.3%。

（3）繁殖性能　一般母鹅开产在8～9月龄，但在较好饲养条件下，母鹅在7月龄开产。公鹅4～5月龄有配种能力，公、母鹅配种比例1∶5。种蛋受精率85%以上，受精蛋孵化率为70%～80%。雏鹅30日龄成活率在90%以上。就巢性强，母鹅就巢率达83%，一般年就巢2～3次。公鹅利用年限2年，母鹅则为3年。

（四）溆浦鹅

1. 产地与分布　产于湖南省沅水支流溆水两岸。中心产区位于溆浦县新坪、马田坪、水车坪、仲夏、麻阳水、桐木溪、大湾等地，分布在溆浦全县及怀化地区各县、市，在隆回、洞口、新化、安化等地也有分布。

2. 外貌特征　体形高大，体躯稍长，呈长圆柱形。公鹅头颈高昂，直立雄壮，叫声清脆洪亮，护群性强。母鹅体形稍小，性情温驯，觅食力强，产蛋期间后躯丰满，呈蛋圆形。毛色主要有白、灰两种，以白色居多。灰鹅颈、背、尾灰褐色，腹部为白色；皮肤浅黄色，眼睛明亮有神，眼睑黄白，虹彩灰蓝色；蹠、蹼橘红色；喙黑褐色；肉瘤突起，呈灰黑色，表面光滑。白鹅全身羽毛白色，喙、肉瘤、蹠、蹼都呈橘黄色；皮肤浅黄色，眼睑黄色，虹彩灰蓝色。该品种母鹅后躯丰满，腹部下垂，有腹褶。有20%左右的个体头顶有顶心毛。

3. 生产性能

（1）产蛋性能　一般年产蛋30枚左右。产蛋季节集中在秋末和初春，即当年的9、10月份和次年的2、3月份。每期可产蛋8～12枚，一般年产2～3期，高产者达4期。平均蛋重212.5克。蛋壳以白色居多，少数为淡青色。蛋壳厚度0.62毫米，蛋形指数1∶1.28。

（2）生长速度与产肉、产肝、产绒性能　溆浦鹅初生重122

克，30 日龄体重 1 539 克，60 日龄体重 3 152 克，90 日龄体重 4 421克，180 日龄体重公鹅 5 890 克，母鹅 5 330 克。6 月龄肉鹅半净膛率公、母鹅分别为 88.6%和 87.3%，全净膛率分别为 80.7%和 79.9%。溆浦鹅产肝性能良好，成年鹅填饲 3 周，肥肝平均重为 627 克，最大肥肝重 1 330 克。体重 3 400 克溆浦鹅，平均 1 次拔毛量为 437.5 克。

（3）繁殖性能　母鹅开产在 7 月龄左右；公鹅 6 月龄具有配种能力。公、母鹅配种比例 1∶3～5。种蛋受精率为 97.4%，受精蛋孵化率为 93.5%。公鹅利用年限 3～5 年，母鹅 5～7 年。雏鹅 30 日龄成活率为 85%。该品种就巢性强，一般每年就巢 2～3 次，多的达 5 次。

（五）四川白鹅

1. 产地与分布　中心产区位于四川省温江、乐山、宜宾和达县以及重庆荣昌、永川等地，分布于江安、长宁、翠屏区、高县和兴文等平坝和丘陵水稻产区。各地引种较多。

2. 外貌特征　体形稍细长，头中等大小，躯干呈圆筒形，全身羽毛洁白，喙、蹠、蹼橘红色，虹彩蓝灰色。公鹅体形稍大，头颈较粗短，额部有一呈半圆形的橘红色肉瘤；母鹅头清目秀，颈细长，肉瘤不明显。

3. 生产性能

（1）产蛋性能　年平均产蛋量 60～80 枚，高产的母鹅可超过 100 枚，平均蛋重 146 克，蛋壳白色。

（2）生长速度与产肉、产肝性能　初生雏鹅体重为 71.10 克，60 日龄体重为 2 476 克，90 日龄体重为 3 500 克，成年体重公鹅5 000～5 500 克，母鹅 4 500～4 900 克。180 日龄公鹅半净膛率为 86.28%，母鹅为 80.69%，全净膛率公鹅为 79.27%，母鹅为 73.10%，胸腿肌重公、母鹅分别为 829.5 克和 644.6 克，占全净膛重的 29.71%和 20.40%。经填肥，肥肝平均重为 344 克，最大 520 克，料肝比为 42∶1。

（3）繁殖性能　母鹅开产日龄200～240天。公鹅性成熟期为180天左右，公、母鹅配种比例1∶3～4，种蛋受精率85%以上，受精蛋孵化率为84%左右，无就巢性。

（六）钢鹅

1. 产地与分布　产于四川西南部凉山彝族自治州安宁河流域的河谷区，分布于该州的西昌、德昌、冕宁、米易和会理等地市。该鹅是我国灰鹅中的中型品种，当地群众有填鹅取肝的习惯，肥肝性能良好。

2. 外貌特征　体形较大，头呈长方形，喙宽平、灰黑色，公鹅肉瘤突出，黑褐色；前胸开阔，体躯向前抬起，体态高昂。鹅的头顶部沿颈的背面直到颈下部有一条由大逐渐变小的灰褐色的鬃状羽带，腹面的羽毛灰白色，褐色羽毛的边缘有银白色的镶边。蹠粗，蹼宽，呈橘黄色。

3. 生产性能

（1）产蛋性能　年产蛋量34～45枚，平均蛋重173克，蛋壳白色。

（2）生长速度与产肉性能　成年体重公鹅5 100克，母鹅4 500克。70日龄体重3 000克以上。全净膛率76.75%，半净膛率88.40%。

（3）繁殖性能　母鹅开产期6～7月龄。

（七）马岗鹅

1. 产地与分布　原产于广东省开平市马岗，分布于佛山、肇庆、湛江、广州等地。属中型鹅。该鹅是1925年自外地引入公鹅与阳江母鹅杂交，经在当地长期选育形成的品种，具有早熟易肥的特点。

2. 外貌特征　具有乌头、乌颈、乌背、乌脚等特征。公鹅体形较大，头大、颈粗、胸宽、背阔；母鹅体躯如瓦筒形；羽毛紧贴，背、翼、基羽均为黑褐色，胸、腹羽淡白，初生雏鹅绒羽呈墨绿色，腹部为黄白色；蹠、蹼、喙呈黑褐色，虹彩黄棕色。

3. 生产性能

(1) 产蛋性能　年产蛋35枚，平均蛋重160克，蛋壳白色。

(2) 生长速度与产肉性能　成年体重公鹅5 000～5 500克，母鹅4 500～5 000克，60日龄体重3 000克，90日龄体重3 500～4 000克。全净膛率73%～76%，半净膛率85%～88%。

(3) 繁殖性能　母鹅开产期5月龄左右。公、母配比1∶5～6。利用年限5～6年。就巢性较强，每年3～5次。

(八) 莱茵鹅

1. 产地与分布　原产于德国莱茵河流域的莱茵州，是欧洲产蛋量最高的鹅种，现广泛分布于欧洲各国。国内引种较早。

2. 外貌特征　体形中等，初生雏头、背面羽毛为灰褐色，从2周龄到6周龄，逐渐转变为白色，成年时全身羽毛洁白。喙、蹠、蹼呈橘黄色。头上无肉瘤，颈粗短。

3. 生产性能

(1) 产蛋性能　年产蛋量为50～60枚，平均蛋重150～190克。

(2) 生长速度与产肉性能　成年体重公鹅5 000～6 000克，母鹅4 500～5 000克。仔鹅8周龄活重可达4 200～4 300克，料肉比为2.5～3.0∶1，莱茵鹅能适应大群舍饲，是理想的肉用鹅种。但产肝性能较差，平均肝重为276克。

(3) 繁殖性能　母鹅开产日龄为210～240天。公、母鹅配种比例1∶3～5，种蛋平均受精率74.9%，受精蛋孵化率80%～85%。

(九) 罗曼鹅

1. 产地与分布　原产于意大利，是欧洲古老品种。现分布于欧洲国家和美国、我国的台湾省等地。已成为台湾省的主要饲养品种。

2. 外貌特征　外表接近埃姆登鹅，体形比埃姆登鹅小。羽毛有灰、白、花3种；体形较圆，颈、背和体躯都短。眼为蓝色，喙、蹠、蹼均为橘红色。白羽罗曼鹅雏鹅黄色带浅灰色，头顶部灰色。

3. 生产性能

（1）产蛋性能　年平均产蛋25～50枚。

（2）生长速度与产肉性能　初生公雏重103克，母雏99克。成年体重公鹅6 000～7 000克，母鹅4 500～5 500克。56日龄重4 000克，台湾省一般在90日龄、体重5 000克时上市。

（3）繁殖性能　种蛋受精率82%，孵化率80%。

（十）丽佳鹅

1. 产地与分布　是丹麦丽佳鹅种孵化中心由罗曼鹅培育而成的肉鹅配套系，分GL型和GM型。我国有引进饲养。

2. 外貌特征　白色，体形与罗曼鹅相近。

3. 生产性能

（1）产蛋性能　开产日龄为300日龄左右，24周龄GL型年产蛋数为52枚，GM型为58枚，蛋重178克。

（2）生长速度与产肉性能　母鹅开产体重5 150～6 050克，商品代初生重89～108克，GL型70日龄、84日龄、98日龄体重分别为5 500克、6 290克、6 550克；GM型分别为4 860克、5 530克、5 760克。

（3）繁殖性能　种蛋受精率约为89%，受精蛋孵化率约为84%。

四、大型鹅品种

（一）朗德鹅

1. 产地与分布　原主产于法国西南部靠比斯开湾的朗德省，是世界著名的肥肝专用品种。目前我国用于生产肥肝的绝大多数是引入的朗德鹅后代或杂交后代。

2. 外貌特征　体躯呈长方块形，颈短粗、较直，胸深、背阔，蹠短粗。毛色灰褐，在颈、背都黑褐色，在胸部毛色较浅，呈银灰色，到腹下部则呈白色。也有部分白羽个体或灰白杂色个体。通常情况下，灰羽的羽毛较松，白羽的羽毛紧贴，喙橘黄色，蹠、蹼为肉色。灰羽在喙尖部有一浅色部分。

3. 生产性能

(1) 产蛋性能　一般在210日龄产蛋，年平均产蛋35～50枚，平均蛋重180～200克。

(2) 生长速度与产肉、肝、绒性能　成年体重公鹅7 000～8 000克，母鹅6 000～7 000克。8周龄仔鹅活重可达4 000～5 000克。肉用仔鹅经填肥后，活重达到10 000～11 000克，肥肝重量达700～800克。特别是笔者2006年帮助企业直接从法国引入的Palmsire/Maxipalm种鹅，其肥肝重量可达850～950克，引入后填肥试验，平均为1 048.9克。朗德鹅对人工拔毛耐受性强，羽绒产量在每年拔毛2次的情况下，可达350～450克。

(3) 繁殖性能　性成熟期约180天，种蛋受精率不高，仅65%左右，少数母鹅有就巢性。

(二) 狮头鹅

1. 产地与分布　是我国唯一的大型鹅种，因前额和颊侧肉瘤发达呈狮头状而得名。狮头鹅原产于广东饶平县溪楼村。现中心产区位于澄海市和汕头市郊。国内均有引种。

2. 外貌特征　体形硕大，体躯呈方形。头大，颈粗而微弯，头部前额肉瘤发达，覆盖于喙上，颌下有发达的咽袋一直延伸到颈部，呈三角形。喙短，质坚实，黑褐色，眼皮突出，多呈黄色，虹彩褐色，蹠粗蹼宽，橙红色，有黑斑，皮肤米色或乳白色，体内侧有皮肤皱褶。全身背面羽毛、前胸羽毛及翼羽为棕褐色，由头顶至颈部的背面形成如鬃状的深褐色羽毛带，全身腹部的羽毛白色或灰色。

3. 生产性能

(1) 产蛋性能　产蛋季节通常在当年8～9月至次年3～4月，这一时期一般分3～4个产蛋期，每期可产蛋6～10枚。第一个产蛋年产蛋量为24枚，平均蛋重176克，蛋壳乳白色，蛋壳指数为1.48。两岁以上母鹅，平均产蛋量25～35枚，平均蛋重217.2克，蛋形指数1∶1.53。

(2) 生长速度与产肉、产肝性能　成年体重公鹅8 850克，母鹅为7 860克。初生重公鹅134克，母鹅133克，在放牧条件下，30日龄体重公鹅2 249克，母鹅2 063克，60日龄体重公鹅5 550克，母鹅5 115克，70～90日龄上市未经育肥的仔鹅，平均体重公鹅6 180克，母鹅5 510克，公鹅半净膛率81.9%，母鹅为84.2%，公鹅全净膛率71.9%，母鹅为72.4%。狮头鹅平均肝重538克，最大肥肝可达1 400克，肥肝占屠体重达13%，料肝比为40∶1。

(3) 繁殖性能　母鹅开产日龄为160～180天，一般控制在220～250日龄。种公鹅配种一般都在200日龄以上，公、母鹅配种比例1∶5～6。鹅群在水中进行自然交配，种蛋受精率70%～80%，受精蛋孵化率80%～90%，母鹅就巢性强，每产完一期蛋就巢1次，全年就巢3～4次。母鹅可连续使用5～6年。雏鹅在正常饲养条件下，30日龄雏鹅成活率可达95%以上。

(三) 埃姆登鹅

1. 产地与分布　原产于德意志联邦共和国西部的埃姆登城附近。19世纪，经过选育和杂交改良，曾引入英国和荷兰白鹅的血统，体形变大。

2. 外貌特征　全身羽毛纯白色，着生紧密，头大呈椭圆形，眼鲜蓝色，喙短粗，橙色有光泽，颈长略呈弓形，颌下有咽袋。胸部光滑，看不到龙骨突出，腹部宽大，蹠粗短，呈深橙色。其腹部有一双皱褶下垂。尾部较背线稍高，站立时身体姿势与地面成30°～40°。雏鹅全身绒毛为黄色，但在背部及头部有不等量的灰色绒毛；在换羽前，一般可根据绒羽的颜色来鉴别公母，公雏鹅绒毛上的灰色部分比母雏鹅的浅些，仔鹅像大部分欧洲白鹅一样，羽毛里常会出现有色羽毛，但到成年时会全部脱换成白色羽。

3. 生产性能

(1) 产蛋性能　年平均产蛋20～40枚，蛋重160～200克，蛋壳坚厚，呈白色。

(2) 生长速度　分大小型，小型成年体重公鹅9 000克，母鹅8 000克，大型分别为10 000～15 000克和8 000～10 000克。60日龄仔鹅体重3500克。育肥性能好，肉质佳，用于生产优质鹅油和肉。羽绒洁白丰厚，活体拔毛，羽绒产量高。

(3) 繁殖性能　母鹅10月龄左右开产。公、母鹅配种比例1∶3～4。种蛋受精率80%左右，母鹅有就巢性。

(四) 图卢兹鹅

1. 产地与分布　又称茜蒙鹅，是世界上体形最大的鹅种，19世纪初由灰鹅驯化选育而成。原产于法国南部的图卢兹市郊区，主要分布于法国西南部，后传入英国、美国等欧美国家。

2. 外貌特征　体形大，羽毛丰满，具有重型鹅的特征。头大、喙尖、颈粗短，中等长度，体躯呈水平状态，胸部宽深，蹠短粗。颌下有皮肤下垂形成的咽袋，腹下有腹皱，咽袋与腹皱均发达。羽毛灰色，着生蓬松，头部灰色，颈背深灰，胸部浅灰，腹部白色。翼部羽深灰色带浅色镶边，尾羽灰白色。喙橘黄色，蹠、蹼橘红色。眼深褐色或红褐色。图卢兹鹅根据腹部有无皮褶和颌下有无咽袋，可分为四个变种：颌下有咽袋，腹下有皮褶；颌下有咽袋，腹下无皮褶；颌下无咽袋，腹下有皮褶；颌下无咽袋，腹下无皮褶。

3. 生产性能

(1) 产蛋性能　年产蛋量20～40枚，平均蛋重170～200克，蛋壳呈乳白色。

(2) 生长速度与产肉性能　成年体重公鹅10 000～14 000克，母鹅8 000～10 000克，60日龄仔鹅平均体重为3 900克。

早期生长速度快，产肉量高，但肌肉纤维粗，肉质欠佳，容易沉积脂肪，用于生产肥肝和鹅油，强制填肥每只鹅平均肥肝重可达1 000克以上，最大肥肝重达1 800克，但质量较差，质地较软。

（3）繁殖性能　母鹅开产日龄为305天。公鹅性欲较强，有22%的公鹅和40%的母鹅是单配偶，受精率低，仅65%～75%，公、母鹅配种比例1∶3～4，1只母鹅1年只能繁殖10多只雏鹅。无就巢性。

（五）意大利鹅

1. 产地与分布　又称奥拉斯鹅，原产于意大利北部，分布于欧洲各国。

2. 外貌特征　体形中等，羽毛洁白，喙、蹠、蹼橘红色。现已选育父母配套系，10日龄内雏鹅绒毛颜色能自别雌雄（公鹅颜色比母鹅浅）。

3. 生产性能

（1）产蛋性能　父系母鹅年产蛋量为55～65枚，母系为60～70枚，平均蛋重160～180克。

（2）生长速度与产肉性能　父系成年体重公鹅7 000克，母鹅6 500克；母系公鹅6 500克，母鹅6 200克。56日龄仔鹅平均体重4 500～5 000克，有利于分割肉生产。羽绒性能较好。

（3）繁殖性能　公、母鹅配种比例1∶4，受精率低为85%，孵化率80%。母鹅可连续使用4～5年。

（六）匈牙利鹅

1. 产地与分布　又称玛加尔鹅，主要由埃姆登鹅、巴墨鹅和意大利鹅杂交选育而成，分布于多瑙河流域和玛加尔平原，是匈牙利鹅肉和肥肝生产的主要品种。

2. 外貌特征　由于所处的环境和饲养管理方法的差异，形成了玛加尔鹅的两个地方品系，即平原地区型和多瑙河流域型。平原型的体形较大，多瑙河型体形较小。该鹅羽毛为白色，喙、蹠、蹼均为橘黄色。具有欧洲鹅的典型体形特征。

3. 生产性能

(1) 产蛋性能　年产蛋量 15～20 枚，饲养条件好的可达 35～50 枚。平均蛋重 160～190 克。

(2) 生长速度与肥肝、羽绒性能　成年体重公鹅 6 000～7 000克，母鹅 5 000～6 000 克，56 日龄仔鹅平均体重 4 000 克以上。肥肝性能良好，肝重为 500～600 克，而且品质较优。羽绒质量好，年可拔毛 3 次，产绒 400～450 克。

(3) 繁殖性能　公、母鹅配种比例 1∶3，母鹅可连续使用 4～5 年，部分母鹅有就巢性。

(七) 非洲鹅

1. 产地与分布　原产于非洲，经非洲引种至北美等地。从体形看，可能是由图卢兹鹅和中国灰鹅杂交选育而成。

2. 外貌特征　体形硕大，体躯较长，胸深体宽，体态高昂，站立时身体姿势与地面成 30°～40°，颈部厚壮，喙坚硬，成年个体前额有一向前突出的头瘤，下颚及颈上部有一光滑呈新月形的颈垂悬挂着，随着年龄增加颈垂逐渐伸长。双眼大而深陷，体躯底线平，龙骨不外凸，腹部丰满而不过分松垂。尾上翘且腹褶紧凑。分灰羽、白羽两种，以灰羽为多。灰羽的头浅褐色，头瘤及喙为黑色，眼睛呈深褐色，身体背部、翅膀为灰褐色，颈、胸和体下部为浅灰褐色，最显著的是从头冠直至颈背的一条深褐色纹彩线条。成年鹅的褐色头冠与黑色的喙及头瘤之间有一道窄的白色羽带将其分隔开，双腿与蹼的颜色呈深橘红色到浅橘红色。白羽的全身披白羽，喙、头瘤呈橘红色，脚、蹠及蹼则为浅橘红色，体形比灰色非洲鹅略小。

3. 生产性能

(1) 产蛋性能　年平均产蛋量 20～45 个。

(2) 生长速度与产肉性能　成年体重公、母鹅分别为 9 080 克和 8 170 克，肉用仔鹅体重公、母分别为 7 500 克和 6 350 克，与埃姆登鹅相近。

（3）繁殖性能　公、母配比1∶2～6，繁殖利用年限长。

重点、难点提示

1.鹅的品种可按地理特征、经济用途、体形大小、产蛋性能高低、性成熟早晚、羽毛颜色等进行分类。目前以体形大小分类常用，鹅可分为大型、中型和小型三类。

2.小型鹅主要介绍太湖鹅、豁眼鹅等12个品种，中型鹅主要介绍浙东白鹅、皖西白鹅等10个品种，大型鹅主要介绍朗德鹅、狮头鹅等7个品种。

3.重点掌握不同鹅品种特别是代表性较强的品种的产地与分布、外貌特征、生产性能，作为引种实践中的选择良种和利用依据。

7日通——第三讲

鹅的繁育

摘要

本讲介绍鹅的选种选配方法、选种时间和引种原则，本品种选育、杂交选育等育种手段。这是养鹅良种良法中的第一环，在养鹅实践中要明确选种、选育工作的重要性，明确养鹅方向，达到良种化的目的。另外，介绍鹅繁殖方法中的重点——人工授精、人工孵化和反季节繁殖技术及具体操作方法。鹅是繁殖力较差的家禽，繁殖方法和技术的应用对提高鹅繁殖力、降低雏鹅生产成本具有重要意义。

一、选种

（一）选种的重要性

选种工作就是在鹅的一个种群中，为了更好地保持其后代生产性能，在繁殖过程中的不同阶段对留种鹅进行选择，所选择的种鹅应符合品种（系）性能和种质要求。它直接关系到鹅场的经济效益，也影响该品种（系）生产性能的不断提高。忽视选种工作，从长远角度看，会产生严重后果，我国很多地方品种鹅生产性能不高，其主要原因就是不重视选种工作。如我国不断地从法国等引入朗德鹅，由于不注意选种，使引入品种主要生产性能很快退化，增加了引种成本。有的鹅场生产能力不高，与不重视选种工作，造成种鹅个体不均匀有关。因此，加强鹅种的选择，结合育种工作，是提高养鹅效益的基础，必须加以重视。

（二）选种方法

1．根据鹅的体形外貌进行选择　从种蛋开始，到雏鹅、育成鹅、产蛋鹅，每一个阶段都要按该品种的固有特征，确定选择标准进行选择。鹅的体形外貌可以反映种鹅的生长发育和健康状况等，是判断其生产性能的主要依据之一。选种前要进行整群，按不同品种、品系和不同生产阶段分群，便于选种工作的顺利开展。

选种时后备鹅的体形大小要符合品种特征：①小型鹅种体形较小，全身紧凑，额上有肉瘤，颈细长、呈弓形，侧视头颈高昂，胸丰满，体态优美，体质健壮，适应性强，羽毛紧密，毛色纯正。白羽鹅的喙、额瘤、蹠、蹼为橘黄色；灰羽鹅喙、额瘤为黑褐色，蹠、蹼为灰黄色。②大型鹅种体躯硕大，颈部粗短，蹠、蹼粗壮，长势快，成熟晚，羽毛相对较松，以灰色为主。③中型鹅种体形介于大、小型之间，因品种不同，差异较大。

此外，有的鹅品种有其特殊的外貌特征，如豁眼鹅头较小，眼呈三角形，上眼睑边缘后上方有灰色豁；狮头鹅头顶、颊和喙下均有大的肉瘤；溆浦鹅额顶有一撮毛，称“缨毛”。还有的品种喉部有咽袋，有的腹部有蛋袋（腹褶）等。因此，在选种中应了解该品种的外貌特性，不应有的外貌要淘汰，如浙东白鹅选种中要淘汰有咽袋的鹅。另外，有翻翅、杂羽及跛脚、独眼等残疾外貌的必须淘汰。

2．根据记录资料进行选择　体形外貌和某些生产性能有相关性，但有的生产性状如产蛋性能等凭体形外貌选择就有很大难度，影响选择的正确性。应用记录资料的统计分析结果进行选择才能收到更好的选种效果。

（1）根据系谱资料进行选择　这种选择方法适合于尚无生产性能记录的雏鹅、育成鹅和后备种鹅，根据它们的双亲和祖代的记录成绩和遗传结果进行选择。

(2) 根据本身成绩进行选择　本身成绩是鹅生产性能在一定饲养管理条件下的现实表现，它反映了鹅自身已经达到的生产水平，是选择种鹅的重要依据。这一选择法对遗传力低的性状可能选择效应不好（因为饲养条件和环境好坏对其影响较大）。

(3) 根据同胞成绩进行选择　可根据全同胞和半同胞两种成绩进行选择。同父母的后代间称全同胞，同父异母或同母异父的后代间称半同胞。它们之间有共同的祖先，在遗传上有一定的相似性，它能对种鹅本身不表现的性状的生产优势作出判断，如种公鹅的产蛋性能就只能用同胞、半同胞母鹅的产蛋成绩来选择，鹅的屠宰性只能以屠宰的同胞、半同胞鹅屠宰实测成绩来选择。

(4) 根据后裔成绩进行选择　根据系谱、本身记录和同胞成绩选择可以确定选择种鹅个体的生产性能，但它的生产性能水平是否能真实稳定地遗传下来，就要根据其所产后代（后裔）的成绩进行评定，这样就能比较正确地选出优秀种鹅个体。

(5) 根据综合记录资料进行选择　反映种鹅生产性能的有多个性状，每个性状的选择可靠性与不同记录资料的相关性有一定差异。对成年种鹅其亲本、子代、自身等均有记录资料，就可以根据不同性状与这些资料的相关性大小，上下代成绩表现进行综合选择，以选留更好的种。

3. 根据孵化季节进行选择　大部分品种鹅不同孵化季节孵出的雏鹅，其生长发育和生产性能有差异，因鹅有休蛋期，种鹅的选留季节影响其繁殖性能。一般种鹅选择早春孵化的，即2～3月份（北方地区可在3～4月份）出壳的雏鹅为好，此时气候环境逐渐转暖，日照时间延长，青绿饲料供应充足，雏鹅的生长条件好，能确保选择种鹅的体质健壮和生产性能的充分表现。同时，多数鹅品种可在夏季休蛋期前（6～7月份）产第一批（窝）蛋，第一批蛋为初产，其蛋重、蛋形、受精率等都不适宜作种用。到休蛋期结束后所产的第二批就是经产种蛋，均能孵化，不会影响种鹅的繁殖性能，而且休蛋期结束后市场雏鹅数量少，价格高，能提高种鹅生产经济效益。

4. 根据选择群体大小进行选择

（1）个体选择　对每个鹅的生产性能进行分别记录，根据其生产性能成绩进行选择，这种选择方法目的明确、针对性强、选种效果好，利于完成选育任务。但选育要求高，技术性强，选择成本大，且强度低。一般在科研和专业育种机构应用较多。

（2）小群体选择　这种选择方法应用普遍，就是把一些优秀个体集中一起，记录其家系或群体生产性能，进行群体选择。

（3）大群选择　用于实际生产，在一定的群体中选择符合品种特性、生产性能好的个体做种用，使生产鹅群保持该品种的特性，提高养殖效益。育种工作中，在大群中选择部分优秀个体加入选育群中，可提高选育指标的选择强度，加快育种进程。

（三）种鹅各阶段的选择

1. 雏鹅的选择　在出壳的健雏中选留绒羽、喙、蹠的颜色，体形、初生重等都符合品种特征和要求的个体。选择的雏鹅血统记录清楚，来自高产种群的后代，要求种雏活泼健壮。如有需要在育雏期结束后约30日龄左右，再进行一次选择。这时要求选留生长发育快、体形结构和羽毛发育良好、品种外形特征明显的个体。

2. 后备种鹅的选择　一般60～70日龄（生长慢的品种在80～90日龄）育成期结束时选留符合品种要求的个体作后备种鹅，其余的转入育肥群育肥作商品鹅。这时的鹅生长发育已明显表现，体质外形大体清楚，生长速度和肉用性能已可测定，能进行初步的个体综合鉴定，在选择中还能酌情进行旁系测定。

选择要求是品种特征典型，体质结实，生长发育快，羽毛发育好。公鹅要求体形大、体质结实，各部位结构发育均匀，肥度适中，头大小适中，两眼有神，喙正常、无畸形，颈粗而稍长

（因不同品种类型而异，作为生产肥肝的品种应粗而短），胸深而宽，背宽长，腹部平整，脚粗壮有力、长短适中、间距宽，行动敏捷，叫声洪亮。公鹅选留数量应比配种要求量多20%～30%。母鹅要求体重大，头部清秀，眼睛有神，颈细长，体长而圆，前躯浅窄，后躯宽深，臀部宽广。

3．成年种鹅选择　后备种鹅进入性成熟期后对其进行全面的综合性鉴定。淘汰体形不正常、体质弱、健康状况差、羽毛不纯（白羽鹅应没有杂毛或少量杂毛）、外貌不符合品种要求的个体。公鹅要求性器官发育正常，性欲旺盛，精液品质优良，严格淘汰阴茎发育不良、阳痿或有病的后备公鹅。

4．经产种鹅选择　经产种鹅已完成整个产蛋期，其繁殖性能、体形外貌、成年体重等性状已定型和完整，并能得到其后代的生长速度、发育情况等性能数据。此时要求母鹅颈长适度，眼亮有神，性情温顺，采食力强，身体健壮，羽毛紧密，前躯较浅，后躯较宽，臀部圆阔，腹大略下垂，脚短而匀称，尾短上翘，品种特征明显，体重符合品种要求，产蛋率高，种蛋重和外形一致，受精率和孵化率高。公鹅要求生长发育好，鸣声洪亮，体大脚粗，肉瘤光滑显凸，羽毛紧凑，采食力强，性欲旺盛，配种力强，精液品质好，雄性特征显著，体重和外貌符合品种要求。一般此时的公、母鹅数量比，自然交配的1∶4～8，人工授精的1∶10～15（高的1∶20～30）。

对经产种鹅可进行每年复选一次，根据其生产性能表现，结合系谱鉴定、后裔测定成绩进行全面的综合测定，不断淘汰不合格种鹅。

（四）引种

随着人们对所养鹅的不同需要和交通的日益便捷，选择性地从国内外引进良种势在必行。为防止盲目引种，保证引种成功，达到良种促高效的目的，在选择引入品种和引种过程中应把握好几个原则和技术要点。

1. 引种原则

(1) 生产性能高而稳定　根据不同的生产目的，有选择性地引入生产性能高而稳定的品种，对各品种鹅的生产特性进行正确比较。如从肉鹅生产角度出发，既要考虑其生长速度，提高出栏日龄和体重，尽可能高地增加肉鹅生产效益，又要考虑其产蛋量，降低雏鹅的单位生产成本，有的情况下，还应考虑肉质（如浙东白鹅因肉质佳，肉鹅产地价要比其他品种活鹅每千克高0.5～1元），同时要求各种性状能保持稳定和统一。一般大型鹅种生长速度快，产肉率高，但繁殖率低，种鹅生产成本高。如使用天府肉鹅等这些配套系肉鹅，能较好地解决这一问题，根据父系生长快、母系繁殖性能好的优势相互结合，使商品鹅的种雏成本下降，生长速度加快。

(2) 能适应当地生产环境　引种时要对该品种产地饲养方式、气候和环境条件进行分析并与引入饲养地进行比较，同时考察该品种在不同环境条件下的适应能力，从中选出生活力强，成活率高，适于当地饲养的优良品种。在引种过程中既要考虑品种的生产性能，又要考虑环境条件与原产地是否有很大差异或能否为引入品种提供适宜的环境条件。如南方从北方引种是否适应湿热气候，北方从南方引种则是否能安全过冬等。

(3) 与生产目的相符　根据市场需求确定在当地养鹅的生产目的，是鹅肉、肥肝、产蛋或羽绒等。引入品种的生产性能特性必须要与生产目的相符，与生产地的鹅产品消费习惯相符。如长江以北一般以盐水鹅或加工产品（风鹅等）生产为主，对鹅的生长期和体重要求不严，其鹅种一般以中型品种为好。江南地区烧鹅、烤鹅等消费量大，要求提供的加工肉鹅生产期短，肉质嫩，应选择一些早期生长速度快的品种和一些大型品种。以生产肥肝为主要目的，则要用肥肝生产性能好的品种。此外，有些地区还有一些特殊的要求，如东北有的地区喜食鹅蛋，浙江东部地区喜爱用肉质细嫩的鹅做成“白斩鹅”，也有的对鹅的羽色、外形要求不同，如我国华南、香港特别行政区、澳门特别行政区、台湾省以及东南亚以灰鹅为主。

2. 引种的技术要点

（1）了解品种特性　引种前必须有引入品种的技术资料，绝对不能盲目引种。对引入品种的生产性能、饲料营养要求有足够的了解，掌握其外貌特征、遗传稳定性、饲养管理特点和抗病力等资料，以便引种后参考。一般要求引入良种符合品种标准，并有当地畜禽品种生产许可证书，否则易造成引入品种纯度不够，甚至鱼龙混杂，导致损失或引种失败。

（2）实行批次引种　首次引入数量少些，待引入后观察1～2个生产周期后，确实其适应性强，引种效果良好时，再增加引种数量，并扩大繁殖。

（3）做好引种准备　引种前要根据引入地饲养条件和引入品种生产要求准备圈舍和饲养设备，做好清洗、消毒，备足饲料和常用药物，培训饲养和技术人员。

（4）引种季节选择　最好在两地气候差异较小的季节进行引种，使引入品种能逐渐适应气候的变化。一般从寒冷地区向温热地区引种以秋季为好，而从温热地区向寒冷地区引种则以春末夏初为宜。

（5）严格检疫制度　引种时必须符合国家法规规定的检疫要求，认真检疫，办齐一切检疫手续。严禁进入疫区引种，引入品种必须单独隔离饲养，经观察确认无病后方可入场。有条件的可对引入品种及时进行重要疫病的检测，发现问题，及时处理，减少引种损失。

（6）保证引入鹅群健康　引种时应引进体质健康、发育正常、无遗传疾病、未成年的种鹅，以容易适应当地环境，确保引种成功。

（7）注意引种过程安全　搞好引种运输组织安排，选择合理的运输途径、运输工具和装载物品，夏季引种尽量选择在傍晚或清晨凉爽时运输，冬春季节尽量安排在中午风和日丽时运输。缩短运输时间，减少途中损失。长途运输时应加强途中检查，尤其注意过热或过冷和通风等环节。远距离引种必须制订引种计划和运输预案。

二、育种

（一）本品种选育

本品种选育（纯合群体繁育）是指在品种内部通过选种选配、品系繁育、改善培育条件等措施，提高品种性能的一种繁育方法。就是在同一品种中根据要求选留综合性状最好的种鹅群体，以不断提高该品种的生产性能。它既可保持和发展一个品种的优良特性，增加品种内优良个体的比重，又可克服该品种的某些缺点，达到保持品种纯度和提高整个品种质量的目的。另外，还可通过有计划的系统选育，选育出新的品种、品系或群体。在选育方法上，常用的是家系选育，或结合表型选择。专门化育种可以用个体选育方法，生化、细胞生物学等现代生物技术可以作为辅助选育手段。

我国地方鹅种数量多、分布广，所处的环境条件差别大，因此各有其优良的生产性能，各地在繁育过程中，通常采用这种选育方法，选优汰劣、留纯去杂，选出符合良种标准要求的公、母鹅进行交配繁殖。

运用本品种选育方法时，应着重注意选择品质优秀的种公鹅，因为公鹅对鹅群后代的影响大。但也较易出现近亲繁殖的缺点，特别是规模较小的种鹅场或商品养鹅场，由于群体小，数量少，有时难于进行严格淘汰，很难避免近亲繁殖，从而引起后代的生活力和生产性能降低。如体质变弱，发病、死亡增多，产蛋率、受精率和种蛋孵化率降低，种蛋弱胚、死胚增加，增重慢、体形变小等不良后果。因此，近亲繁殖只有在培育新品种的横交固定阶段或培育品系时才适当应用。

为了防止本品种选育时近亲繁殖的缺点，在繁育过程中，可以采取一些预防措施。如严格淘汰不符合理想型要求的、生产力低、体质衰弱、繁殖力差和表现出退化现象的个体；加强种鹅群的饲养管理，满足幼鹅群及其繁育后代的营养要求，保证正常生长发育，以防止遗传和环境两方面不良影响而导致衰退现象的产生；为防止亲缘交配不良影响的积累，可以进行血缘更新，即育种场（种鹅繁殖场）从外场引入一些同品种、同类型和同质性而又无亲缘关系的种公鹅或种母鹅进行繁育。对于商品养鹅场的一般繁殖群，为保证其具有较高的生产性能，定期采取血缘更新措施尤为重要。民间所说的“三年一换种”、“异地选公鹅，本地选母鹅”，都是强调要进行血缘更新。定期调换种公鹅的办法，不一定考虑同质性（但对羽毛颜色要强调同质性，这样不仅保持羽毛性状的遗传结构的稳定性，而且还可以保持羽绒的经济价值不受影响，特别是白色羽毛）；做好选配工作，适当多选留种公鹅，加大种公鹅的选择强度，在选配时不至于被迫进行亲缘交配。

（二）品系繁育

1. 繁育体系　品系繁育体系的建立见图3-1。

为了保持不同性状通过选育而得到同时提高，一般在同一品种中进行同时选育难度较大，尤其是呈负相关性状，在选育时更是无法兼顾。为此，要在同一个品种群体中，根据主要选择性状，设立几个不同主要选育方向的品系，实行品系选育，在选育的同时测定品系间杂交的性状表现程度（配合力）。待品系选育结束后，就能在一个品种中组成几个专门化选育品系，由品系间杂交进行商品化生产，从而形成品系繁育体系，达到选育目的。据介绍，四川农业大学经10个世代品系选育而成的天府肉鹅的母系年产蛋可达85～90枚，父系成年体重公鹅5 577.5克，母鹅4 728.0克，杂交后商品鹅10周龄重达4 220克，年产蛋数保持85～90枚。

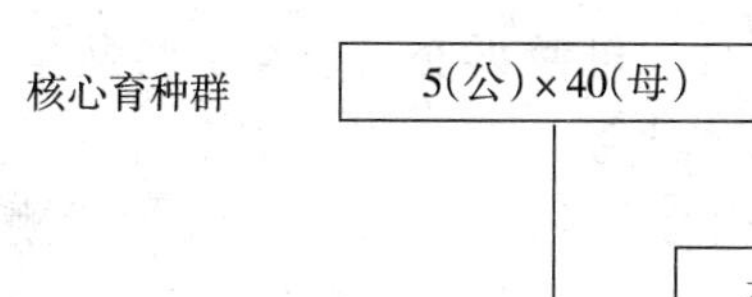

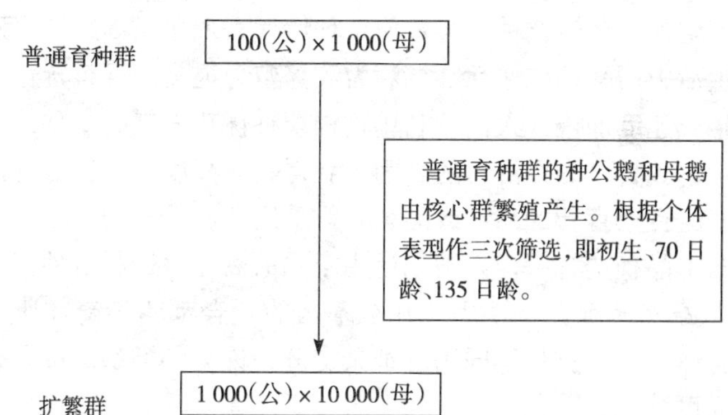

图3-1　繁育体系示意

2. 品系选育实施方案　见表3-1。

表3-1　品系选育

项　目	父本品系		母本品系		总数
	Ⅰ	Ⅱ	Ⅰ	Ⅱ	
核心群	5(♂)×40(♀)	5(♂)×40(♀)	5(♂)×40(♀)	5(♂)×40(♀)	180
初选	40(♂)×120(♀)	40(♂)×120(♀)	40(♂)×120(♀)	40(♂)×120(♀)	640
10周龄	25(♂)×75(♀)	25(♂)×75(♀)	25(♂)×75(♀)	25(♂)×75(♀)	400
第一窝蛋前	10(♂)×75(♀)	10(♂)×75(♀)	10(♂)×75(♀)	10(♂)×75(♀)	340
第三窝蛋前	5(♂)×40(♀)	5(♂)×40(♀)	5(♂)×40(♀)	5(♂)×40(♀)	180

一般品系繁育采用正反反复选择法，以考虑对特殊配合力的

选择。通过选择形成的各系公、母鹅再交叉杂交，将父本Ⅰ系（♂）与母本Ⅰ系（♀），母本Ⅰ系（♂）与父本Ⅰ系（♀）杂交，父本Ⅱ系与母本Ⅱ系的组合方式同Ⅰ系，对杂交后代测定配合力后，再按原来分组方式，进行本品系纯繁（选育方法与本品种选育相同），获得下一代，然后继续照此方法选育和配合力测定，最后使各项选育的生产性能不断提高。

（三）杂交利用

杂交繁育，就是利用交配双方的基因型特点不同，后代的杂合程度增加，产生杂种优势，使杂种后代表现比亲本纯种繁殖群后代生活力增强，抗逆性、抗病力和繁殖力提高，饲料转化率提高和生长速度加快。人们就利用这种杂种优势来提高畜禽的生产性能，达到自己的经济目的。为了获得具有高度生产性能的商品畜禽、改良培育新的品种或品系，常采用杂交繁育的方法。杂交繁育与本品种选育一样，被广泛用于鹅的商品生产和育种工作。

1. 杂交的种类和方法　凡是基因的杂合都叫杂交，所产生的杂合体叫杂种。从不同角度把杂交分为许多种类型。按杂合程度分为可分为：

（1）品系间杂交　就是同一品种内不同品系间的个体交配。这种方法主要用于专门化品系间杂交，以期提高杂种后代的生产性能，适用于商品生产。

（2）品种间杂交　就是用不同品种间的个体交配。这种杂交杂合程度很高，后代叫品种间杂种。往往能获得较好的杂交效果，其后代生产性能显著提高。

（3）远缘杂交　就是用在生物学分类上属于不同种或种以上的个体交配，杂合程度高，其后代叫远缘杂交种。远缘杂交的优势率较高。如根据市场需要，有的地方用灰雁与家鹅杂交，生产具有独特风味的商品肉鹅，迎合消费心理，获得较好的经济效益。

2. 经济杂交　主要目的是为了获得具有高度生产性能的商

品性生产群。在肉用仔鹅生产、肥肝生产中，经常采用这种杂交方法，用杂交后代进行商品性生产。经济杂交又分简单经济杂交和复杂经济杂交。

（1）简单经济杂交　简单经济杂交是在两个品种或品系间进行杂交，其后代直接用于商品生产，作为消费商品上市。其模式见图3-2。

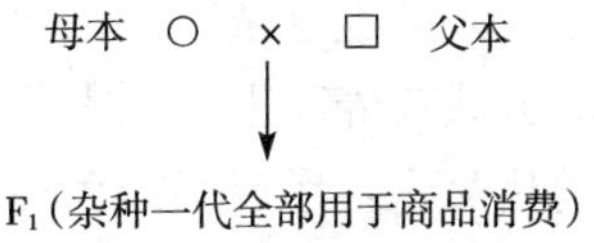

母本 ○ × □ 父本

↓

F_1（杂种一代全部用于商品消费）

图3-2　简单经济杂交

例如，利用浙东白鹅、四川白鹅或狮头鹅为父本，分别同太湖鹅或籽鹅进行杂交。杂交的鹅的生长速度比纯种太湖鹅提高20%～30%，比籽鹅提高25%～30%，且生活力强、易饲养，肉用仔鹅的屠宰率提高3.5%。简单经济杂交由于易于组织、便于实施，是提高鹅生产性能的一种最简单、经济的杂交方法。

（2）复杂经济杂交　复杂经济杂交是在3个或3个以上的品种或品系间进行杂交，商品杂交后代具有3个或3个以上品种或品系的血缘。其模式见图3-3。

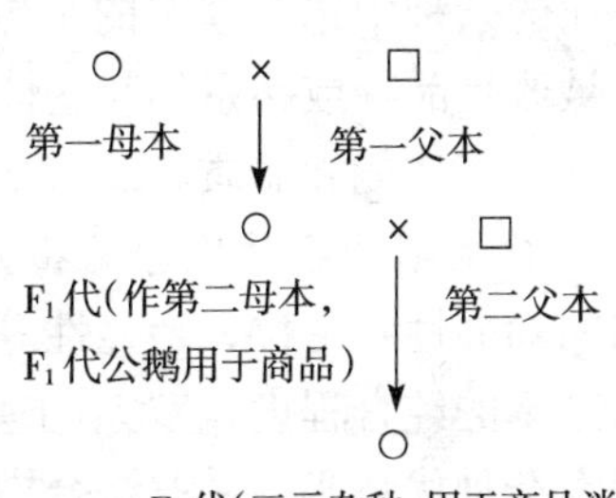

图3-3　复杂经济杂交

在复杂经济杂交中，二元杂交的后代，在作商品出售时，可能存在某些缺点，或在生产过程中发现了某些问题或不足，或杂种的某些特点有待发挥和利用，或未充分利用亲本的某些特点，如用四川白鹅做父本、太湖鹅为母本进行二元杂交后，F_1代的母鹅产蛋量显著地高于亲本，用F_1代母鹅作母本，用莱茵鹅作父本进行三元杂交，生产三元杂种。因为三元杂交后代含有50%的莱茵鹅血液，仔鹅生长速度很快，56日龄即可达3.2千克，8周龄活重比二元杂交后代多906克，比太湖鹅多1 110.9克，提高了43.1%。三元杂种觅食力强，耐粗饲，并且二元杂种母鹅产蛋多的优良特性也得到了充分利用和发挥。

在生产中为了达到某种经济目的，还常用4个品种或品系进行组合式的配套杂交，以便获得更具经济价值的杂交后代，这种配套方法在养鸡上应用十分普遍，经济效益十分可观。选育鹅的专门化品系，形成鹅的良种繁育配套体系，是现代养鹅业商品开发与产业化发展的可靠保证，也是鹅业科技工作者面临的重大课题。

（3）改良杂交　就是通过杂交，在不使被改良品种或品系的主要特点发生重大改变的前提下，改进该品种或品系的个别缺点，也叫导入杂交。一般引入另外品种或品系的公鹅都是优秀个体，而且被改良品种的母鹅一部分是优秀的，所产生的杂交后代再与被改良品种或品系的优秀种鹅交配（回交），然后在含有少量外血的杂种中选择理想的个体作为被选择品种或品系的骨干，克服被改良品种或品系的某些性状或生产性能缺点，提高被改良品种的生产性能和品质。

3. 提高鹅的杂种优势的措施　杂种优势产生的遗传基础是基因间的显性、上位、超显性等效应综合的结果。杂种优势的产生与亲本的纯合程度、双亲的遗传差异、环境条件有关。因此，要提高杂种优势必须采取综合措施。

（1）精心选择亲本品种，做好杂交亲本的选育工作　一是要明确杂交目的。如果是为了品种自身的提高，一般进行品系繁育中的品系间杂交；如果是为了获得商品生产鹅群就要考虑是生产肉用仔鹅还是生产肥肝等生产用途，生产肉用仔鹅，要求父本的肉用品质良好，还应要求其生长速度快、肌肉丰满；生产肥肝要求父本肥肝性能要好。选择的亲本品种，还要进行选育，使用于杂交的亲本具有高的特定经济性状，提高杂交效果。

二是要考虑杂合程度。一般来说，杂交双方彼此差异大、分布地区距离较远、血缘关系也远的品种间杂交，效果明显。

三是要进行杂交配合力测定。最可靠的依据是杂交组合试验的结果。对不同品种和杂交组合的生产性能进行测定，以确定杂交的总体优势。对杂交个体进行综合评价，从中选优。

四是要用好的选种方法。一般可根据鹅的体形外貌、本身和后裔的生产性能和抗病力强弱等方面在生长发育的不同阶段进行分阶段的多次选择，主要经种蛋、苗鹅、后备鹅、成年鹅和经产鹅5个阶段的选择。各阶段选择的重点不同，公、母要求不同，但总的要求是符合品种特征。为了提高种群的纯合程度，在选种时公、母鹅的主要性状和品质要求相似或一致，如体形外貌基本一致、生长速度基本一致、具有同质性，实行同质交配可提高后代的整齐度。选育群采用小群闭锁繁育法，群体在800～1 000只，即每1只种鹅都在本群中选留，外面的公鹅不得进入选育群。这样经过几个世代的选育，就能提高群体的纯合度，为提高杂交效果打下基础。

（2）提供适宜的环境条件　创造良好的环境条件，是杂种的遗传优势转化为表型优势的关键。就是说，杂种优势的大小除受遗传因素制约外，还要受外界环境的影响，尤其是饲养管理条件的影响。因此，提供良好的外界条件，杂种优势才能充分发挥。饲养管理条件就是要求合理饲养、精心管理，也就是根据鹅不同生长发育阶段，给予均衡的营养，合理的管理，创造舒适的生活、生长、生产条件，这样才能使杂种优势尽量表现出来。

（3）建立良种繁育体系　随着配套杂交技术在家禽生产中的广泛应用，为了较快地提高中国鹅种的生产性能，加快我国肉鹅的商品开发与产业化发展，需要建立良种繁育体系，建立专门化品系，加快肉鹅的商品生产。根据目前我国鹅业生产现状和当地自然、经济条件，主要应建立专门化品系，形成良种繁育体系的基础。如生产肉用仔鹅专门化品系、生产肥肝专门化品系、生产蛋用专门化品系等。

三、繁殖

（一）选配方法

优秀种鹅选出以后，通过公母的合理组群，使其优良的性能遗传给后一代，种鹅的合理选配是选择的继续，是繁殖技术的一个环节。

1. 同质选配　就是将生产性能或其他经济性状、特点相同或相似的公、母个体组成一个群体，也称相似交配。这种选配方法可增加亲代与后代同胞之间的相似性，这也是鹅纯种繁育或杂交选育横交固定的主要手段。同质选配根据各性能相似性资料来源分基因型同质选配和表现型同质选配，前者按系谱记录资料进行，后者以个体性状记录资料进行。

2. 异质选配　就是将不同生产性能或性状的优良公、母鹅组成一个群，也称不近似交配。这种方法可增加后代的杂合性，降低亲代和后代相似性，后代会出现介于双亲之间的性状，使后代获得具有亲代双方优点或一方优点。鹅的品种或品系间杂交多属于异质选配。这种选配方法可使交配双方的遗传物质重新组合，丰富了群体中所选性状的遗传变异，进一步增加了选种材料，可不断提高鹅群的生产品质。

3. 随机选配　就是不加人为、有意识的控制，随机组群，自由交配。这种方法可保持群体遗传结构不变，适于在品种资源保存方面应用，可防止一些地方品种的优秀基因受人为选择而流失。

（二）种用年限

1. 配种比例　公、母鹅配种比例直接影响受精率的高低和饲养成本。配种的比例随着鹅的品种、年龄、配种方法、群体大小、季节和饲养管理条件不同而不同。在自然交配情况下，一般小型鹅种的公、母比例为1∶6～7，大型鹅种为1∶4～5。公、母比例可根据种蛋受精情况进行适当调整。混群饲养的种鹅群构成在开始产蛋前就应该建好，并在整个生产过程中都保持这样的构成，这对保证种蛋的受精率是非常重要的，因此，要增加公鹅的数量，以备由于公鹅的意外死亡进行的更换；有些性能力较强的品种，可采用公、母鹅隔离饲养，定时配种可提高公鹅配种能力和受精率；采用人工授精技术可大幅度减少公鹅饲养数，公、母比例可达1∶20～30，公鹅利用率提高3～4倍。

2. 配种年龄　种公鹅的配种年龄与品种的性成熟早晚有关，一般品种在180～200日龄达到性成熟，具有配种能力，但要求在10～12月龄开始配种。母鹅7月龄左右产蛋，蛋重达到110～130克可以配种，初产时因蛋重小，蛋形不合格，双黄蛋、畸形蛋多，而不能作种蛋用，可以不配种。

3. 种用年限　鹅的种用年限比其他家禽长，大多数品种能利用多个产蛋年。因为鹅的性成熟期较晚，产蛋量随年龄增加而增加，一般第二产蛋年产蛋量比第一产蛋年高15%～20%，第三产蛋年可再增加15%～25%，第四年开始逐渐下降。因此，母鹅的利用年限一般为3～5年，有的个体可延长至6～7年。公鹅一般种用年限为3年，有的个体可延长至4～6年。

（三）配种

1. 自然交配

(1) 群体自然交配　公、母鹅按品种要求比例搭配后，混合在同一群体让其自然交配。自然交配一般在陆地或水面上进行，水面配种受精率较高，因此，种鹅场应设清洁的游水场地。公、母之间自由组合，配种机会均等，受精率较高。采用自然交配方法要注意公鹅的交配情况和种蛋受精率，并依此调整饲养管理方式和种公鹅数量。群体自然交配还可进行定时混群交配，平时公、母分开饲养，这样更能提高种蛋受精率，保持公鹅性欲，减少公鹅对母鹅的骚扰，同时，还能对母鹅分群饲养，延长配种间隔时间（隔3～5天配种1次），能提高配种效率，减少公鹅数量。

（2）人工辅助交配　在孵化繁殖季节，为使每只母鹅都能与公鹅按时交配，提高种蛋受精率，可实行人工辅助交配。人工辅助交配对大中型鹅种提高受精率效果显著。人工辅助交配方法是在上午9时前公鹅性欲最旺盛时，饲养人员蹲于母鹅左侧，双手抓住母鹅的双腿保定，防止交配时左右摇摆，公鹅跳到母鹅背上，用喙啄住母鹅头顶羽毛，尾部向前下方紧压，母鹅尾部随之上翘，公鹅阴茎插入母鹅泄殖腔并射精，这时，如在公鹅尾部轻轻按压，能加深射精部位，提高受精率。公鹅射精离开后，迅速将母鹅泄殖腔朝上并在它周围轻压一下，以防精液倒流出来。

2. 人工授精

（1）采精　公鹅采精应先进行徒手训练，经3～5次的调教，选择性敏感性强、射精表现良好、精液质量优的为采精公鹅。采精公鹅与母鹅分开饲养，并剪去泄殖腔周边羽毛，以防精液污染。公鹅采精可采用背腹式按摩采精法，助手握住公鹅的两脚，坐于采精员右前方，将公鹅放在膝上，尾部向外，头部夹于左臂下。采精员左手掌心向下紧贴公鹅背腰部，向尾部方向不断按摩（一般按摩4～5次即可），同时用右手大拇指和其他四指握住泄殖腔按摩，揉至泄殖腔周围肌肉充血膨胀，感觉外突时，再改变按摩手法，用左手和右手大拇指、食指紧贴于泄殖腔左右两侧，在泄殖腔上部交互有节奏地轻轻挤压，至阴茎勃起伸出。最后挤压时，右手拇指和食指压迫泄殖腔环的上部，中指顶着阴茎基部下方，使输精沟完全闭锁，精液沿着精沟从阴茎顶端排出。与此同时，助手将集精杯靠近泄殖腔，阴茎勃起外翻时，自然插入集精杯内射精。如有的农户对背腹式按摩采精法难以熟练掌握的，对浙东白鹅等性欲较强的鹅种可用简易的采精方法，即饲养员按照自然交配中人工辅助配种的方法，将台鹅（诱配母鹅）蹲下保定，公鹅爬跳到母鹅背上后，右手放于公、母鹅泄殖腔之间，待公鹅伸出阴茎时，左手将集精杯或5～10毫升的烧杯靠近公鹅泄殖腔，用右手将伸出的阴茎轻轻导入杯中，使其在杯内射精。

采精员开始不熟练可有助手辅助，熟练后可单独操作。一般公鹅经调教每次采精过程只需半分钟。采精宜于上午8时左右进行，因公鹅经过一夜休息，早晨性欲旺盛，能采到质量较高的精液。公鹅采精次数一般1天1次，连续2～3天后，休息1天。每次公鹅的采精量为0.01～1.38毫升，一般为0.25～0.45毫升。

除人工按摩法采精外，还可采用电刺激法采精。将公鹅固定于采精台上，打开专用的电刺激采精仪，把正极探针（尖针）置于公鹅荐骨部皮肤上，负极探针（短轴杆）插入泄殖腔内，用30～80伏、40～80毫安的电流（先弱后强），每隔2～3秒刺激1次，每次持续时间3～5秒，重复4～5次，当公鹅阴茎勃起时，用手揉捏泄殖腔，即可使阴茎伸出射精。

（2）精液稀释保存　新鲜精液体外存活时间较短，常温下保存30分钟以上会影响受精能力。因此，精液采集后经镜检正常，根据精子浓度和活力用稀释液进行等量或倍量稀释，在20～25℃环境中将精液与稀释液徐徐混合均匀。如现配现用可用0.9%氯化钠溶液（生理盐水）稀释。一般用稀释液应有配方较好，部分常用配方介绍见表3-2。

表3-2　常用稀释液配方

单位：克（每100毫升水中）

成　分	Ⅰ	Ⅱ	Ⅲ	Ⅳ	Ⅴ	Ⅵ
葡萄糖		0.31		1.40		0.15
乳糖						11
果糖			1.000		1.80	
甘氨酸钠		1.67				
一水谷氨酸钠			1.920		2.80	1.380 5
六水氯化镁			0.068			0.024 4
三水醋酸钠			0.857			
柠檬酸钾			0.128			

（续）

成　分	Ⅰ	Ⅱ	Ⅲ	Ⅳ	Ⅴ	Ⅵ
柠檬酸钠		0.67		1.40		
磷酸二氢钾				0.36		
氯化钠	0.65					
氯化钾	0.02					
氯化钙	0.02					

注：在100毫升稀释液中加青霉素15万单位、链霉素150毫克。

一般要求每只公鹅精液分开稀释保存，避免出现精子凝集现象。精液稀释后可在2～5℃环境中静置保存，一般可保存72小时。

（3）输精　将稀释后的精液0.05～0.1毫升吸入输精器中，如保存精液则先将精液升温，并慢慢摇匀后吸入输精器。输精时，挤去母鹅肛门中粪便，固定在受精台（或凳子）上，泄殖腔向外朝上，用生理盐水棉球擦净肛门，用左手拇指紧靠泄殖腔下缘，轻轻向下压迫，使其张开，将吸有精液的输精器徐徐插入，深度5～6厘米，然后放松左手，右手将精液输入。

输精时间一般在上午产蛋后或下午4时左右，每只母鹅隔5～6天输1次。为提高受精率，在输第一次时，输精量应加倍。

（四）繁殖季节

我国鹅的繁殖季节在不同地区有所区别，长江以南的多数鹅种都从每年9～11月进入繁殖产蛋期，在次年4～6月进入休产期，一般华东地区的种鹅11月下旬开产，浙江地区提前到9月份，至第二年5～6月份休蛋。东北地区5～6月份产蛋，适合于当地孵化和肉鹅饲养季节。传统繁殖方式都有休蛋期，由于我国地域面积广阔，气候、季节差异大，其繁殖季节能相互弥补和衔接，能做到常年产出肉鹅供应市场，其淡旺季与传统消费习惯匹配，如夏季产量低，消费需求也少，农历年底消费需求大，正是鹅的繁殖旺季。雏鹅及肉鹅的市场价格也在7～10月份较高。浙江地区3～4月份是浙东白鹅肉鹅出栏旺季，就有端午节女婿给丈人送节礼品必须有鹅的习俗。但是，冬季1～2月份雏鹅上市高峰期也与中国传统的农村春节休闲时节重叠，农户养鹅积极性下降使雏鹅供过于求造成价格大跌。冬季育雏成活率低于全年其他季节，加大了冬季养鹅成本。同时，鹅的季节性繁殖也是其繁殖力低的主要原因，因此，从现代社会发展趋势看，传统消费习惯正在改变，要求优质肉鹅能做到常年供应，工厂化生产和鹅产品的深加工更是要求保证肉鹅原料的常年供应。为达到这个目的，就要研究应用鹅的反季节繁殖技术。

1. *反季节繁殖技术原理* 鹅的繁殖季节的形成，主要目的是为了使子代能够在气温适宜、水草丰美的春夏季出生（孵出），利用良好的条件生存和生长，长成并获得足够的抵抗力后再面对严酷的秋冬季的到来，这样可以最大限度地提高物种的生存延续能力。除在热带地区的一些物种，其繁殖季节由其内在生理节奏、外界的降雨量和食物供应的多寡调控。生活在温带和寒带的大部分动物，其繁殖季节一般受光照调控。许多禽类的孵化期都较短，仅为一至几个月，因此都属于长日照繁殖动物，属于短日照繁殖的非常少见。除了广东省的几个鹅种属于短日照繁殖动物外，世界上的大部分鹅种，都属于长日照繁殖动物，其繁殖产蛋季节在春季日照延长时开始，在夏季日照达到很长时结束。

高纬度地区，鹅产蛋发生在春夏季，纬度越低，产蛋季节前移至秋季和春季，但最高峰仍在春季。由此可分三类不同的繁殖季节：完全长日照、部分长日照、短日照繁殖。我国中部地区的皖西白鹅等为完全长日照繁殖动物，浙东白鹅、马岗鹅为短日照繁殖动物，四川白鹅介于中部的部分长日照繁殖鹅和广东的短日照繁殖鹅之间，属部分长日照繁殖动物。位于中纬度或我国中部地区的皖西白鹅等鹅种，其繁殖季节在秋季日照缩短时开始，但高峰期在春季光照延长之时，产蛋结束在夏季初期，鹅在夏季繁殖活动的停止，被认为是对长日照光照信号刺激的“钝化”结果，这一“钝化”效应使鹅的繁殖活动终止。而鹅需要经过秋季一段时间的短日照的作用，才能消除这一对长光照的“钝化”作用，使其繁殖活动得到一部分恢复，所以鹅在秋季就可以表现出一定程度的产蛋。但鹅必须在光照延长的春季，才能表现出最大限度的繁殖活动，使产蛋性能在春季达到最高。人工调控光照改变鹅的繁殖季节，不仅解决了种苗常年供应问题，还可以缩短休产期，使自然条件下的2年2个产蛋期成为2年3个产蛋期，增加每只母鹅产蛋数。

2. 光照处理模式

（1）短日照繁殖模式　先诱导休产，经过一个休产期，再诱导开产。在冬季用每天18小时的长光照处理（共处理75天），使鹅停止产蛋，进入休产状态，在春夏季用每天11小时的短光照促进鹅开产。马岗鹅、浙东白鹅在7月下旬开产，第二年4月份停产，表现为典型的短日照繁殖模式。通过光照控制，更加能动地使鹅在夏季非繁殖季节开产，另外，更早地在秋季（9月）选留后备雏鹅，可以在次年5月开产，再加上光照控制，可以使之形成一个正常的产蛋季节，种鹅到年底休产时即淘汰，获得较高经济效益（表3-3）。

表3-3　马岗鹅反季节繁殖的经济效益

项　目	自然繁殖	反季节繁殖		
		3月20日开产	4月20日开产	5月20日开产
总产蛋数（枚）	37	36	36	36
母鹅雏鹅价格基数	195.60	436.87	385.89	361.79
受精率（%）	90	82	85	88
孵化率（%）	90	90	90	90
母鹅产雏鹅数（只）	30	26.6	27.5	28.5
母鹅出雏总市值（元）	158.43	322.41	295.20	286.54
母鹅出雏总利润（元）	48.9	207.5	180.3	167.8

注：数据按2002年的价格计算。

（2）长日照繁殖模式　先诱导休产，经过一个休产期，再诱导开产。长光照（19～20小时）处理，使鹅休产，很短光照（8小时）处理，使鹅重新对长光照敏感。相对长光照（12小时）处理刺激产蛋，但又不能使鹅很快停产。

3. 反季节繁殖操作程序　要使长日照繁殖鹅种进行反季节繁殖产蛋，就必须给予与自然光照程序相反的人工光照。但要鹅在夏季产蛋，就需要使鹅首先在春季就经历一个休产期，然后使鹅在夏季进入产蛋期。

（1）"光钝化"　需要使鹅在冬、春季进入休产期。这需要模拟鹅在正常休产时的"光钝化"效应，就必须给予鹅一个非常长的光照，使之产生"光钝化"效应。因此需要给予每天20～21小时的光照。这个光照程序，可以在白天利用太阳光照，夜间则用人工日光灯补充光照，光照强度为80～100勒克斯，即每5～6米^{2}安装一40瓦的日光灯。估计经过一个月的长光照处理，鹅可以停产并开始换毛（此时应进行人工拔毛，提高鹅群统一度，一般在长光照处理后公鹅35天、母鹅55天时进行），表现出"光钝化"现象。

（2）消除"光钝化"　鹅产生"光钝化"现象后，再使鹅消除"光钝化"效应，使鹅的繁殖系统重新恢复，并对长光照表现出敏感性。鹅经历一个较短或很短的光照处理，光照时间一般需要从原来的每天20小时降低到每天5～8小时。光照时间越短，鹅消除"光钝化"效应的速度越快。这一阶段应该保持至少5～10周，如果每天光照时间5小时，则需要5周；如果每天光照8小时，则需要10周。这样的短日照时间，在春季海南地区气温不是太高之时还是可以进行操作的。

（3）恢复繁殖　需要在鹅消除"光钝化"效应后，使鹅重新接受"稍长"的日照以给予其繁殖系统较强的刺激，促进产蛋。这时光照需要延长到9～12小时。这一"长日照"只是较原来的5～8小时相对地长而已，并不是绝对的长日照。而如果鹅在原来维持的日照是较短的5小时，则此时用于激发繁殖系统的日照需要相应延长至每天9～10小时；如果原来短光照时间为每天8小时，则此时的长光照时间应该为12小时。长光照不应该延得太长，一般保持在每天12小时，最多不能超过13小时，因为光照延长太快或太长，将使鹅又很快地重新表现出"光钝化"效应。如果将"光钝化"效应的产生尽量推迟，则可以使鹅的产蛋时间或天数尽可能地增多，最大限度地提高其产蛋量。每天12小时的产蛋时间只保持20～25周，这是因为鹅在产蛋后已经重新发生"光钝化"效应了，此时需要重新使鹅休产进入下一轮循环。为使公鹅繁殖（交配）时间与母鹅产蛋保持同步，公鹅应较母鹅早20天结束长光照处理。

（4）新一轮处理　在经过一个短光照的恢复期和一个相对长光照的产蛋期（20～25周）后，此时鹅已经发生"光钝化"效应，产蛋率将下降，因此一般只需要从相对长光照直接将光照缩短到短光照（5～8小时），经过约2个月（8～10周），就可以使鹅消除"光钝化"效应，重新对长光照敏感。此时需要再次延长光照至每天9～12小时，使鹅重新产蛋。延长光照，可以以每天增加1小时的方式逐步增加。这个操作程序可以使鹅在2年中产3季蛋，从而使鹅产蛋性能提高约50%左右。

4. 朗德鹅常年繁殖光照程序　根据法国朗德鹅繁殖的常用光照模式，一般可以进行常年产蛋繁殖。朗德鹅种鹅第8周开始限制饲喂，19周后控制光照，先逐渐增加光照时间，至32周龄左右达到最长，维持2～3周后开始减少光照，同时增加饲料喂量，视鹅群情况，在37～38周龄时达到产蛋饲料量。产蛋10～13周后，停止减少光照时间，并维持在9小时左右，至产蛋结束。下一个产蛋期应先进行长光照处理，促使种鹅统一换羽，再进行下一产蛋期光照程序（图3-4）。

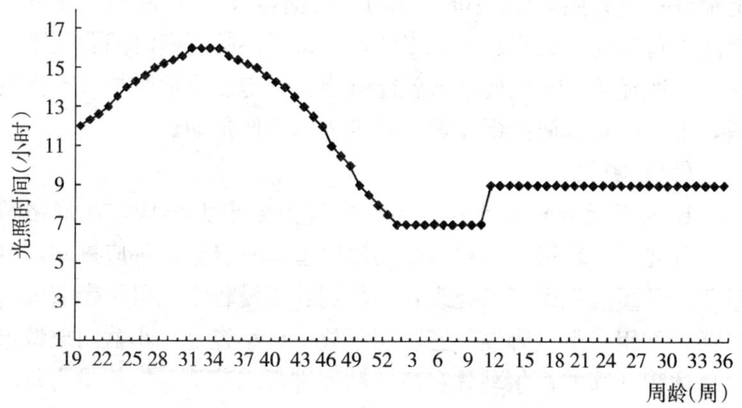

图3-4　朗德鹅产蛋期建议光照程序

(五) 人工醒抱

很多鹅品种具有赖抱性（就巢性），产下几枚蛋后就出现赖抱现象，如浙东白鹅传统养殖是采用自然孵化方法繁殖的，母鹅赖抱后，就进行孵化。但是在规模生产条件下，采用人工孵化，就不需要母鹅自然孵化。因此，母鹅不承担孵化任务后，要进行人工醒抱，使母鹅尽快结束赖抱时间，提早产蛋。人工醒抱有药物、物理等方法，醒抱处理后，一般母鹅能提前结束赖抱时间10～15天，即正常母鹅赖抱后，要过20～25天重新开始产下一窝蛋，人工醒抱后可提前10～15天产蛋。

1. 药物醒抱　药物醒抱有激素（包括激素抗体处理、神经递质类调控等）处理、化学物质调节生理状态、基因苗免疫等，有较好的醒抱效果，但技术要求高，掌控难度大，如越早发现母鹅赖抱，并及时进行处理，其效果越好，此外，母鹅个体差异和体内激素水平等对药物醒抱效果影响较大。

2. 物理醒抱　物理醒抱就是把在产蛋窝里不产蛋的母鹅抓出，单独关养醒抱。刚抓出的母鹅2～3天内禁食，但要保证饮水，以后适当饲喂青饲料或少量粗饲料。醒抱栏光照要充足，晚上最好补充光照3～4小时。养殖规模不大、有条件的，在醒抱期间进行赶动，或驱赶到水中活动。每栏鹅的醒抱时间要基本统一，一般经7～10天处理后就能醒抱。醒抱后应适时加喂产蛋饲料，迅速恢复母鹅产蛋体重，并进入下一产蛋期。

（六）孵化

1. 种蛋的处理与选择　孵化的种蛋要求大小均匀，规格符合品种要求，畸形蛋、双黄蛋及沙壳蛋等不合格蛋都应剔除。母鹅所产种蛋应先做消毒处理，一般饲养规模较小的可用带盖大塑料桶，下用一个三脚架，三脚架下放一只小瓷盆，小盆内放按塑料桶体积计算的福尔马林和高锰酸钾进行熏蒸消毒，剂量为每立方米福尔马林30毫升，高锰酸钾15克，熏蒸20分钟拿出贮存。种蛋贮存温度在0～24℃，以13～16℃最佳，湿度控制在75%～85%，大型鹅种蛋较大，可存放在10～15℃，湿度保持在70%～75%。贮存种蛋时间较长的应进行翻蛋和通风，每天进行6次90°的翻转。一般种蛋贮存时间不宜超出7～10天。种蛋的贮存环境应保持适宜的温湿度。种蛋长期贮存期间进行定期加温可减缓孵化率下降速度。据报道，种蛋贮存期间每隔5天在37.8℃相对湿度70%孵化器中加温5小时再贮存，贮存17天，其孵化率比贮存3天下降2.92%，达到80.54%。贮存10天的一种连续预加温方法：第6天5小时，第7天5小时，第8天5小时，第9天5小时，保持在18～22℃的温度下，第10天到第27天保持孵化温度。通过预加热能够提高5%的孵化率，这种方法可在大型种鹅场或孵化厂应用。

入孵前种蛋应进行一次消毒处理，消毒方法：①用0.02%高锰酸钾在40℃温度中洗涤，晾干后入孵。②新洁尔灭按0.1%比例喷雾消毒。

2. 自然孵化　对于有就巢性的鹅种，在传统上实行自然孵化。一窝蛋产后，母鹅开始赖抱。孵蛋的窝宜用稻草或麦秸编织，窝底用干净柔软的垫草铺垫成锅底状，厚薄要均匀，每窝以容纳种蛋10～11枚为宜，中型鹅可14～15枚。母鹅就孵后应观察其动态，对不宜孵化的母鹅要及时调整更换。新母鹅孵蛋习惯较差，可先行试孵，待安静后再将种蛋放入孵化。

孵化时孵化室必须保持阴暗、通风良好和安静。入孵后为防止母鹅自己翻蛋得不均匀，应每天人工辅助翻蛋1～2次，翻蛋时将当中的三四枚蛋放在四周，把周围的蛋移至当中，移动时将蛋翻个身，保证受热均匀。对孵蛋窝要及时清除粪便，保持清洁干燥。在孵化第7和第15日龄进行照蛋，剔除无精和死胚蛋后，及时进行拼窝，补足母鹅孵化蛋数，提高孵化母鹅利用率。母鹅孵化时，为防体内养分的过多消耗，在开孵后5～7天，应进行隔日饲喂，隔天喂一次少量精料和清水，时间控制在3～5分钟。喂料喂水时要在种蛋上覆盖棉花絮等物进行保温。对饲养规模较大的种鹅户采用自然孵化的，可在孵化第27天或孵至雏鹅"啄头"（即啄壳）时，移至孵化窝内集中出雏，移至孵化窝的种胚上要覆一层薄棉絮，以防受冻，出雏方法和人工孵化的上摊相同。雏鹅出壳后绒毛基本干燥时移入育雏鹅竹篓中。一般种蛋孵至28天"啄头"，30～31天出雏。对"啄头"较久而未能出壳的，可进行人工助产，即将种蛋钝端轻轻撬开，把头慢慢拉出，鹅体仍留在蛋壳内，待头部羽毛干后再将鹅体拉出，或由其自由挣扎出壳。撬开蛋壳和拉出鹅体时应细心从事，切忌强拉，如发现细微出血，要立即停止，待血管干缩，血液吸收后再行助产，否则会因流血过多而死亡。

3. 人工孵化　人工孵化目前一般在电孵箱中进行。孵化前应先检查孵化器运行是否正常，并保持孵化车间温度在20℃左右，相对湿度55%～60%，进行常规的通风排气和消毒。种蛋进箱孵化后，必须按规定调节控制温湿度、通风、照蛋、凉蛋、翻蛋、出雏等环节。

孵化温度，入箱后种蛋先升温至36～38℃，预热6小时。鹅蛋的孵化原则是前期高，中期平，后期略低于前期，一般分别是1～7天39～39.6℃，8～19天38.5～39℃，20～27天38～38.6℃，28～32天38.6～39.2℃。大中型鹅孵化温度应比小型鹅略偏低。如浙东白鹅种蛋大，蛋重达150～170克，且蛋壳厚、蛋内脂肪含量高，在孵化中、孵化后期如孵化温度过高则产生的大量热量无法及时散发而积蓄起来，影响胚胎正常发育，严重时导致胚胎死亡，使孵化率和健雏率下降。

孵化湿度是鹅孵化的关键，特别是保持孵化箱中均匀的湿度十分重要。孵化湿度原则是两头高，中间平，一般前10天的相对湿度在65%～70%，中间10天55%～60%，后10天为70%～75%。鹅蛋较大的，前期湿度可略低，后期特别是出雏前，湿度要适当调高，还应在蛋表面直接喷雾。

照蛋一般分两次，头照在7天左右，剔除无精蛋、裂壳蛋、弱精和死胚蛋；二照在16天左右，剔除死亡胚胎，以防臭蛋发生；为掌握胚胎发育情况，其他孵化期间要经常抽照，还可在第23天再照一次。

孵化期间还要做好翻蛋、凉蛋和通风换气，翻蛋一般每8小时1次，翻蛋角度以140°～180°为宜，出壳前1周停止翻蛋。孵化中后期必须进行凉蛋，一般每天2～4次，但凉蛋不能让蛋温降至35℃以下，凉蛋时间先短后长，根据季节、室温、胚龄，每次凉蛋时间控制在20～30分钟。凉蛋时应进行适当喷水，用温水喷雾在蛋壳表面至有小露珠为止。孵化后期必须通风，以避免胚胎酸中毒。

出雏时一般应每隔4小时拣雏一次，拣出雏鹅同时，应拿走出雏箱中的蛋壳，以防套上其他胚胎而无法出壳而被闷死。出雏后期对有的胚胎应进行人工助产，提高出壳率。

4. 影响孵化率的因素

（1）种蛋因素　种蛋收集不及时而受到污染或破损；种蛋贮存时间过长，蛋中水分蒸发过多，胚胎衰老，壳膜粘连；种蛋清洗消毒不合格，种蛋表面保护膜被破坏；种蛋运输不佳，震动过大导致系带受损断裂、气室破裂。

(2) 孵化条件　一是孵化温度控制不当，尤其是孵化后期温度过高，是胚胎后期死亡的主要原因；二是孵化湿度，鹅是水禽，对湿度要求较鸡高，特别是后期湿度不足会引起雏鹅与脱膜粘连，健雏率下降；三是通风，鹅蛋个体大，胚胎发育过程中耗氧量大，如通风不良会引起二氧化碳积蓄过多引起中毒、畸形或胎位不正，降低出雏率；四是翻蛋一定要定时到位，使胚胎受热均匀，中后期可防止胚胎粘连；五是凉蛋，鹅蛋脂肪含量高，后期结合喷水进行凉蛋可提高孵化率，上摊出雏的，还应注意边蛋和心蛋的调换，防止心蛋超温，边蛋过冷。

(3) 消毒　除了种蛋消毒，孵化室、孵化器消毒情况对孵化率影响很大。孵化室、孵化器必须保持清洁，在进蛋前后都要消毒。正常的消毒程序还可降低疫病传播风险。

(4) 其他因素　种鹅品种不同，其种蛋孵化率有一定差异，一般中小型鹅种的孵化率高于大中型鹅种；种鹅的饲养管理、健康状况和营养水平影响种蛋质量；种蛋受精率与孵化率关系密切，据浙东白鹅试验，受精率达到90%，受精蛋孵化率为88%，而受精率77%时，同期受精蛋孵化率仅79%，差异十分显著；此外，照蛋管理、孵化室环境等均会影响孵化率。

5. 性别鉴定　雏鹅性别的鉴定对现代化养鹅十分重要，商品化规模化生产过程中，通过性别鉴定后，公、母雏分开饲养，便于饲养管理新技术的应用和饲养过程中鹅群生长发育的一致；在种鹅培育和育种工作中，性别鉴定更是重要。目前，有的商品化配套系可以根据雏鹅羽毛颜色进行性别鉴定，一般鹅的性别鉴定依品种不同有所差异，但基本相近，可通过外形、动作、羽色、肛门来鉴别。

(1) 外形　公雏体格较大，身长，颈长，头大，喙长而阔，眼圆，翼角无绒毛，腹部稍平贴，站立姿势比较直。母雏体格较小，身体短圆，颈短，头小，喙短而窄，眼较长圆，翼角有绒毛，腹部稍下垂，站立的姿势有点倾斜。

（2）动作　如在成年母鹅或育成鹅前追赶雏鹅，公雏低头伸颈发出惊恐鸣声，鸣声高、尖而清晰；母雏高昂着头，不断发出叫声，鸣声低、粗而沉浊。

（3）羽色　对非白羽鹅，一般公雏的绒色比母雏稍淡。

（4）肛门　肛门鉴别法是性别鉴定的主要手段，其方法是先把雏鹅提住，让它仰卧，然后用拇指和食指把肛门轻轻拨开，再向外稍加压力，翻出内部，有螺旋状而不大的阴茎突起的为公雏，只有三角瓣形皱褶的为母雏。用捏肛法，手指按摩肛门部位，感觉有小粒状突起者为公雏。

重点、难点提示

1.根据体形外貌、生产记录和生产季节（包括各饲养阶段）选择生产性能优良、外貌符合品种要求、体质健壮、遗传稳定的优良种鹅留作种用是提高商品鹅生产水平和经济效益的根本途径。

2.把握了解品种特性、实行批次引种、做好引种准备、选择引种季节、严格检疫制度、保证引入鹅群健康、注意引种过程安全等引种要点，根据要求引入品种生产性能高而稳定，能适应当地生产环境、与生产目的相符等引种原则，才能确保引种成功。

3.鹅育种技术与其他家禽相似，包括本品种选育、品系繁育和杂交利用等手段。掌握反季节繁殖技术。

4.针对鹅繁殖率偏低的情况，要求重点掌握鹅的人工授精和人工孵化技术。在鹅人工孵化的要素中重点掌握孵化温度、喷水、翻蛋、凉蛋和消毒等环节。

7日通——第四讲

鹅的饲料与营养

摘要

本讲介绍鹅的常用饲料种类及特性，鹅的营养需要基础和饲料配方方法，所列的一些饲料配方可在实际应用中借鉴。同时，因地制宜进行青绿饲料生产和加工调制，是养好鹅、降低成本的基本环节。

一、饲料

饲料是鹅获得营养，进行生产和生命维持活动的基础，也是养鹅生产的主要成本组成部分。对鹅来说，饲料种类很多。鹅是以采食青绿饲料为主的草食家禽，能广泛利用农作物生产中的废弃物、加工下脚料作饲料，养鹅在农牧生态循环中有重要意义。养鹅的饲料根据饲料营养特性可以分为能量饲料、蛋白质饲料、青绿饲料、粗饲料、矿物质饲料和饲料添加剂等。根据饲料性状可分为子实类、糠麸糟渣类、蛋白类、青绿多汁类和其他添加剂类。

（一）子实类

子实类饲料也称能量饲料，是鹅主要精饲料组成部分、营养中的能量来源，一般具有适口性好、能量含量高，相对蛋白质饲料价格低廉。

1. 玉米　玉米具有适口性好、消化率高、粗纤维少、能量高的特点。玉米是主要能量饲料，代谢能达到13.39兆焦/千克，一般用在雏鹅培育、肉鹅育肥和种鹅产蛋饲料上，此外，在肥肝生产中具有重要作用。玉米用量可占日粮比例的30%～65%。玉米可分黄玉米和白玉米，其能量价值相似，但黄玉米含有较多的胡萝卜素和叶黄素，对皮肤、蹠蹼、蛋黄的着色效果好。玉米的缺点是蛋白质含量不高，在蛋白质中赖氨酸、色氨酸等必需氨基酸比例少。现在选育的高赖氨酸玉米，其营养价值比普通玉米要高。

2. 麦类　以大小麦为主的麦类也是鹅的主要能量饲料，适口性好，能量高，大小麦代谢能分别为11.30兆焦/千克和12.72兆焦/千克，钙、磷含量较高。大麦外壳粗硬，粗纤维含量4.8%，粗蛋白含量11%～13%，B族维生素含量丰富。小麦粗蛋白含量可达13.9%，其氨基酸配比优于玉米和大麦，但小麦粉喂鹅比例不宜过高，过高易引起黏嘴，降低适口性，且维生素A、维生素D含量少。北方地区的荞麦、燕麦、黑麦、小黑麦等麦类也是喂鹅的好能量饲料，目前推广的小黑麦种植对养鹅有很大意义，小黑麦具有耐刈性，可以多次刈割作鹅的青绿饲料，此后还能生产子粒喂鹅。

3. 稻谷　稻谷喂鹅适口性很好，是南方地区养鹅的主要谷实类能量饲料，其代谢能为11.00兆焦/千克，粗纤维8.20%，粗蛋白7.80%，就其营养价值看，低于玉米和麦类，但其消化率相对鸡等家禽来说，明显要高。稻谷去壳后的糙米营养价值提高，代谢能达到14.06兆焦/千克，粗蛋白为8.80%，碎米分别达到14.23兆焦/千克和10.40%。

4. 高粱　高粱是北方地区部分农村养鹅常用能量饲料，其代谢能为12.00～13.70兆焦/千克，与玉米相比，因高粱含有较多单宁，味苦涩，适口性差，维生素A、维生素D和钙含量偏低，蛋白质和矿物质利用率较低，日粮中比例不宜超过15%。

低单宁高粱可适当提高其用量。

5. 薯干　薯干是由甘薯（番薯）制丝晒干形成，虽不是谷实类饲料，但它是南方地区喂鹅的常用能量饲料，其适口性好，代谢能9.79兆焦/千克，其营养物质可消化性强，但缺点是蛋白质含量低，仅4%左右，因此，日粮中添加比例应在20%以下。

（二）糠麸糟渣类

1. 米糠　米糠是糙米加工精白米的副产品，油脂含量高达15%，其蛋白质为12%左右，B族维生素和磷含量丰富。但米糠适口性相对较差，日粮比例不宜过高。米糠所含脂肪以不饱和脂肪酸为主，久贮或天热易酸败变质。米糠脱脂后的糠饼则可相对延长保藏时间和增加日粮中比例。

2. 麸皮　麸皮是小麦粉加工副产品，粗蛋白含量为15.70%，代谢能6.82兆焦/千克，适口性好，B族维生素和磷、镁含量丰富，但粗纤维含量高、容积大，具有轻泻作用，其日粮用量不宜超过15%。此外，面粉加工中在麸皮下级的副产品次粉，也称四号粉，其纤维含量低，营养价值高，代谢能达到12.80兆焦/千克，但用量过大，则与小麦粉一样，产生黏嘴现象，影响适口性，其日粮中所占比例可在10%～20%。

3. 其他糠麸类　鹅是草食类水禽，能比单胃动物更好地利用纤维素，因此，一些粗纤维含量高的糠麸饲料可作鹅的部分饲料。高粱糠能量较高，但适口性差、蛋白质消化利用率低，一般用量在5%以下。统糠，可分三七糠和二八糠，为农村大米加工的常用副产品，其粗纤维含量高，一般可作饲料的扩容、充填剂，其日粮比例在5%左右，谷壳（砻糠）也可作鹅饲料，但比例不能过高，否则会影响其他饲料中营养成分的消化吸收。麦芽根是啤酒大麦加工副产品，蛋白质含量高，含有丰富的B族维生素，但麦芽根杂质多，适口性较差，添加量宜控制在5%以下。此外，瘪谷、油菜子壳等加工的秕壳（糠）类饲料鹅也能利用，尤其是母鹅夏季休蛋期、肉鹅放牧期的使用，可节约饲料成本。玉米皮（糠）等加工副产品也是喂鹅好饲料。

4. 糟渣类　糟渣类饲料来源广、种类多、价格低廉，如糠渣、黄（白）酒糟、啤酒糟、甜菜渣、味精渣、玉米酒糟、豆腐渣以及生产淀粉后的薯类、豆类、玉米渣等，含有丰富的矿物质和B族维生素，多数适口性良好，均是养鹅的价廉物美的饲料，其添加量有的甚至可达40%。但是这类饲料含水量高，易腐败发霉变质，饲喂时必须保证其新鲜，同时，在育肥后期和产蛋期应减少喂量。

（三）蛋白类

蛋白类饲料的粗蛋白含量一般在20%以上，且粗纤维含量在18%以下，根据来源可分为植物性蛋白质饲料和动物性蛋白质饲料。

1. 植物性蛋白质饲料

（1）大豆饼、粕　其粗蛋白含量在35%～50%之间，是目前常用的鹅蛋白质饲料，其适口性好，蛋白质中氨基酸平衡较好，赖氨酸含量高，蛋白质消化吸收率高，其日粮比例可达10%～30%。但浸提型豆饼内含胰蛋白酶抑制因子、凝集素、皂素等抗营养因子，用量过大影响消化，使用前可进行高温等无害处理。

（2）棉（菜）子饼、粕　其粗蛋白含量在34%～40%之间，菜子饼、粕中的蛋氨酸含量较高。这类饼、粕是鹅的常用蛋白饲料，但在使用时必须注意用量。因为在棉子饼、粕中存在游离棉酚，长期或多量使用会影响鹅的细胞、血液和繁殖机能，一般雏鹅和种鹅的用量在5%～8%，其他鹅不能超过15%，饲喂前进行浸水等办法脱去部分毒素则效果更好。在菜子饼、粕中存在含硫葡萄糖苷和芥子酸、芥子酶，前者分解产物异硫氰酸盐、噁唑烷硫酮等物质对鹅有毒害作用，影响生长和采食量，添加0.5%硫酸亚铁或加热有脱毒作用，菜子饼、粕一般用量在5%以下为好。但低芥子酸油菜副产品则可提高喂量。

（3）其他植物性蛋白类　花生饼、粕的粗蛋白在44%～48%，蛋白质中精氨酸含量较高。向日葵饼、粕的粗蛋白含量在30%～35%。亚麻仁饼、粕粗蛋白在30%以上。玉米胚芽粉（玉米蛋白粉）粗蛋白在40%～60%，但其蛋白质可消化率和氨基酸平衡相对较差。叶蛋白是从青绿饲料和树叶中提取的蛋白质，其粗蛋白在25%～50%，是鹅的良好蛋白质饲料。此外还有芝麻饼、啤酒酵母、味精废水发酵浓缩蛋白等植物性和菌体性蛋白均可作鹅的蛋白质饲料。

2. *动物性蛋白质饲料*　动物性蛋白质饲料的蛋白质含量高，必需氨基酸比例合理，还含有丰富的微量元素和一些维生素，在鹅的日粮中所用比例虽然不多，但使用动物性蛋白质饲料对雏鹅生长发育、种鹅繁殖性能提高有重要作用，其日粮中添加量一般控制在3%～7%。常用的动物性蛋白质饲料有鱼粉（粗蛋白含量在45%～60%）、肉骨粉（粗蛋白40%～75%）、血粉（粗蛋白80%以上）及蚕蛹、蚯蚓、乳清粉、羽毛粉和其他动物下脚料等。动物性蛋白在鹅日粮中使用比例较少，但对鹅的营养需要平衡具有较大作用。在应用时，除鱼粉外，其他动物性饲料添加应慎重，特别是蚕蛹、动物下脚料等在育肥后期不宜添加，血粉、羽毛粉的蛋白消化利用率低，适口性差。使用时应注意防止蛋白饲料的腐败变质和动物源性饲料污染。

（四）青绿多汁类

青绿多汁类饲料应是目前养鹅的主要饲料，这类饲料含水量一般在60%以上。其来源广、种类多、适口性好、易于消化，成本低廉，利用时间长，尤其是南方，如在种植上做到合理搭配，科学轮作，能保证四季常年供应。草原的天然牧草也可作为养鹅的主要饲料来源。

青绿饲料主要包括天然牧草、栽培牧草、蔬菜下脚、作物茎叶、水生饲料、青绿树叶、瓜果类、块茎根类、野生青绿饲料等。其含水量一般在75%～90%，代谢能1.25～2.93兆焦/千克。这类饲料对鹅的适口性佳，消化率高，蛋白质品质好，生物学价值高，维生素等其他营养物质全面。一般在鹅的日粮中青绿饲料与精饲料的比例雏鹅为1～1.5∶1，中鹅1.5～2∶1，成年鹅2～5∶1。但青绿饲料不同种类均有一定营养局限性，在饲喂时能做到合理搭配和正确使用，可避免个别营养成分缺乏。如禾本科和豆科青绿饲料的搭配；水生和瓜果蔬菜类饲料含水量过高，总营养成分少，应适当增加精饲料比例；少数青绿饲料中含有对鹅体影响的成分，应注意饲喂量或作适当的处理。

（五）添加剂

1. *矿物质添加剂* 鹅的生长发育和机体新陈代谢需要钙、磷、钾、钠、硫、铜、硒、碘等多种矿物元素。在常规饲料中的含量还不能满足鹅的需要，因此，要在日粮中添加少量矿物质饲料。

（1）钙磷添加剂 常用的有磷酸氢钙、贝壳粉、石粉、骨粉、蛋壳粉等，用于补充饲料中钙磷的不足。

（2）食盐 食盐即氯化钠，用以补充饲料中的氯和钠，使用时含量不宜超过0.5%，饲料中若有鱼粉，应将鱼粉中的盐计算在内，过量可引起鹅食盐中毒。

（3）沙砾 沙砾不起营养补充作用，鹅采食沙砾是为了增强肌胃对食物的碾磨消化能力，舍养长期不添加沙砾会严重影响鹅的消化机能。添加量一般在0.5%～1%，或自由采食，沙砾颗粒以绿豆大小为宜。

（4）微量元素添加剂 根据鹅日粮对其他不同微量矿物元素的需求，有针对性地添加微量元素添加剂，以达到日粮营养成分满足鹅的需要的目的。这类添加剂种类很多，如硫酸铜、硫酸亚铁、亚硒酸钠、碘化钾和有机螯合类矿物元素添加剂。

2. *维生素添加剂* 鹅的多数维生素能从青绿饲料中获得，但在实际生产中和不同生长条件下，饲料的单一化或青绿饲料供应不足可引起某些维生素的缺乏或需求量增加，应由维生素添加剂补充。维生素添加剂种类很多，并分脂溶性和水溶性两大类，可根据具体要求选择使用，也可选择不同用途的复合维生素。

3. 氨基酸添加剂　有些必需氨基酸在日粮中不能满足，可用氨基酸添加剂补充，最常见的氨基酸添加剂有赖氨酸和蛋氨酸两种，一般繁殖期种公鹅、雏鹅对赖氨酸需求量较大，补充赖氨酸添加剂，能提高繁殖力和生长速度。产蛋期种鹅添加蛋氨酸能提高种蛋品质。

4. 其他非营养性添加剂　这类添加剂不是鹅必需的营养物质，但在日粮中添加可产生各种良好效果。在实际生产中可根据不同要求进行选择使用，但在应用非营养性添加剂时应注意对环境和鹅产品质量有否影响，添加物不能有毒、残留，应符合国家有关法律、法规和畜产品安全生产标准要求。

（1）保健促生长剂　活菌制剂、中草药制剂和其他一些人工合成化合物有预防疾病、保证健康和促进生长作用。使用时要做到因地制宜，适当控制用量，特别是在育肥后期或产商品蛋的母鹅中应慎用或不用人工合成化合物，确保产品的安全性。活菌制剂（酵母、益生素等）和中草药添加剂在养鹅生产中值得开发应用。

（2）食欲增进剂、酶制剂　香料、调味剂等食欲增进剂在鹅饲料中应用不多。但各种酶类添加剂可促进营养物质的消化，提高饲料的转化效率。

（3）饲料品质改善添加剂　抗氧化剂能防止饲料氧化变质，保护必需脂肪酸、维生素等不被破坏。防霉剂能防止饲料发霉。还有其他的添加剂可在实际生产中按需采用。

二、青绿饲料生产

青绿饲料是我国鹅的主要饲料，做好青绿饲料生产与供应，是降低养鹅成本、确保产品质量的基础，在发展生态高效养鹅业中具有重要意义。浙东地区养鹅有“边吃边拉，六十天好卖”的说法，就是指鹅要求不停地采食青绿饲料，才能保证其快速生长。尤其是在规模养鹅情况下合理安排青绿饲料种植和生产加工计划，是养好鹅的关键。而青绿饲料种植的主体是良种牧草，有条件的还可利用当地的草地、野草、树叶和瓜果蔬菜下脚料等，鲜食玉米、大豆、豌豆等采摘后的秸秆也能作鹅的青绿饲料。

（一）主要牧草品种介绍

1. 紫花苜蓿　紫花苜蓿为世界上栽培最早、分布最广的豆科牧草，有“草中之王”、“牧草黄金”之称。一般亩* 产量3 000～3 500千克，亚热带温暖地区种植亩产可达6 000千克以上。营养期干物质粗蛋白含量可达22%～29%，盛花期为16%～19%。还含有丰富的维生素和磷、钙等矿物元素，是鹅的优良蛋白类牧草之一。

紫花苜蓿适合温暖半干旱气候，耐寒和耐旱性强，对土壤要求不严，能在盐碱地上种植。以排水良好、土层深厚、富含钙质的土壤生长最好。栽培技术上因苜蓿种子细小，要求精耕细作，种前进行晒种1～2天或在60℃温水中浸种15分钟，磷钾钙肥或焦泥灰拌种，以增强种子发芽势。有条件的在播前接种根瘤菌或用含有苜蓿根瘤菌的土壤拌种，使其苗期固氮作用提早。亩播种量0.75千克，以条播为好（散播能提高首茬刈割产量，但除草困难），条播行距20～30厘米，播深1.5～2厘米。播种适期北方为4～7月初，华北地区3～9月，长江流域9～10月，江南地区3～5月和9～10月。值得注意的是江南地区播种苜蓿宜选择秋眠级别较高的品种。紫花苜蓿可与大小麦、油菜、小黑麦、荞麦、黑麦草等禾本科作物或牧草混播，能在低温时起到共生作用。苜蓿齐苗、返青和刈割后均应追肥，追肥以磷钾肥为主，适当增施氮肥能明显提高产量。苗期或春季要进行中耕除草（也可用除草剂除草）。土壤湿润苜蓿生长良好，但高温高湿或土壤积

---

* 亩为非法定计量单位，1亩≈666.67米^2。

水会引起苜蓿烂根死亡。笔者首次在降雨量超过1 400毫米的长江以南地区大面积种植成功，平均亩产草量超过6 000千克，最高地块在10 000千克以上。

2. 三叶草　三叶草分红三叶、白三叶、杂三叶等，均属豆科牧草，蛋白质含量高，其中红三叶产量较高，亩产可达2 500～3 500千克，白三叶具有匍匐性，耐践踏和放牧，作为一种放牧型牧草较好。三叶草种子细小，其栽培要求和紫花苜蓿相似，与禾本科作物或牧草混播也有共生作用。播种适期北方为春播，南方为秋播较好。亩播种量0.3～0.5千克，播深1～2厘米，行距20～30厘米。三叶草苗期生长缓慢，尤其是南方地区，极易被杂草覆盖，因此，除草工作十分重要。

此外，还有小冠花、百脉根、柱花草、紫云英、黄花苜蓿、大夹箭叶豌豆、红豆草等豆科牧草根据各地自然条件和播种习惯选择播种。利用豆科作物蚕豆、豌豆、大豆等作青刈，也能收到较好效果。

3. 黑麦草　黑麦草是优秀的禾本科牧草品种，其草质脆嫩，适口性好，草中蛋白质含量高，是养鹅的好饲料。黑麦草有一年生和多年生之分，养鹅刈割一般以一年生为好，其草质和产量均较高。一年生牧草以原产意大利的多花黑麦草为主，此外还有杂交、多倍体等黑麦草品种，各品种均有不同的形态、播种特性。黑麦草最适于南方地区秋播，9月初播种，当年底即可利用，黑麦草的亩产草量为4 000～7 000千克，高的可超过10 000千克。应用不同品种，能延长黑麦草喂鹅利用期，选种得当和播期合理，黑麦草可从10月份开始利用，到翌年5月份为止。经试验，多花黑麦草耐寒性较好，秋播早，收割利用早，多倍体黑麦草品种则可延长收割期到5月份。多花黑麦草抽穗时，多倍体黑麦草仍处于营养期。

黑麦草种子轻细，栽培上要求土壤精细，播前作浸种或晒种处理后用磷钾肥拌种，以利出苗均匀。亩用种量1～1.5千克，可散播、条播，条播行距15～30厘米，播深1～2厘米。黑麦草喜肥性强，播前土壤要打足基肥，基肥以腐熟畜禽粪肥等有机肥为好，要求亩施3 000～5 000千克。齐苗后应薄施氮肥，促进苗期生长。一般黑麦草刈割后应亩施尿素10～20千克，以利分蘖和生长。

4. 墨西哥饲用玉米　墨西哥饲用玉米又名大刍草，是春播类禾本科牧草，其草质脆，叶宽而无毛，喂鹅适口性较好，适宜作种鹅休产期和肉鹅的青绿饲料，后阶段收割可用作青贮或晒制干草。亩产鲜草量可达7 000～10 000千克。

墨西哥饲用玉米播种期北方在4月中旬至6月中旬；南方在3月中下旬至6月中旬，如采用大棚育苗可提前至3月初。亩播种量0.5～0.7千克，可采用穴播或条播，穴播穴距为20厘米×30厘米，条播行距为30～40厘米，播深2厘米。种子播前40℃温水浸种12小时。大棚育苗则苗高15厘米，有3片真叶时移栽。播前应打足基肥，一般需亩施有机肥2 000～4 000千克，保证畦面平整。播后要求土壤湿润，以利出苗。墨西哥饲用玉米苗期长势较弱，要注意中耕除草，并在苗高40～60厘米时做适当培土，防止以后倒伏。喂鹅刈割株高在60～100厘米为宜，割后亩施氮肥5～10千克。墨西哥饲用玉米一般隔20～30天即可收割1次，南方能利用到10月中旬，北方可到霜前。墨西哥饲用玉米北方不宜留种，南方留种可收割1～3茬后留种，亩种子产量在50千克左右。

此外，还有饲用高粱、杂交狼尾草、羊草、苏丹草、皇竹草等优质禾本科牧草品种。尤其是饲用高粱，产草量高，亩产达9 000～11 000千克；利用期长，南方可利用至11月初。饲用高粱叶片虽有毛，但质地嫩，茎叶中含有甜味，适口性好，是喂鹅的好饲料。小黑麦具有其特殊性状，在养鹅牧草生产中，将可发挥重要作用，它可在多次营养期收割后，生产子粒，适应性强，不同地区和土壤类型都可播种，耐寒和耐旱性强，秋冬季与其他牧草品种混播、间播，可提高其抗寒能力和产草量。我国具有大量的禾本科牧草品种，各地可根据自身条件选择良种播种。禾本科牧草由于产量高，易栽培，全年均有不同种植品种，是养鹅的主要青绿饲料来源。

5. 子粒苋　子粒苋又称猪苋菜、苋菜、千穗谷、天星苋，品种较多，其种子有黑、白二种，叶有绿、红二种，其中以国外引进的R104等品种产量最高，草质最优。子粒苋的特点是蛋白质含量高，产草量高，一般鲜草中粗蛋白含量可达2%～4%，每季亩产3 000～7 000千克。可和禾本科牧草混合饲喂。

子粒苋要求土质疏松、肥沃，播前应打足基肥，每亩施有机肥1 500～2 000千克。因种子细小，播时土壤要精细。一般北方地区5月上中旬播种，南方3月底播种，亩用种量0.15～0.2千克，可条播和育苗移栽，行距40～60厘米，育苗间距30厘米×40厘米。播后覆土适当镇压，以利保持土壤墒情，保证种子及时萌发。苗期生长缓慢，要进行中耕除草，苗高至20～30厘米后，生长加快。从苗期到株高80厘米时可间苗收获，直至留单株。至80～100厘米可刈割，留茬30厘米左右，一般间隔30～45天收割1次，割后施速效氮肥1次。

6. 苦荬菜　苦荬菜又称鹅菜、苦麻菜、山莴苣、凉麻菜。能适应各种土壤种植，喜温暖湿润气候，耐寒抗热。尤其是其植株鲜嫩多汁，喂鹅适口性很好，它是雏鹅育雏的最佳青饲料。苦荬菜分割和剥两类，亩产量能达4 000～7 000千克，高的达到10 000千克。

苦荬菜北方地区4月上中旬春播，南方地区2月底至3月春播，也可在9月上旬秋播。苦荬菜幼苗子叶出土力弱，播前土壤要整细，同时，需肥量大，要求亩施有机肥基肥2 500～5 000千克。亩播种量0.5千克，如移栽的则0.1～0.15千克。播种方法可条播或穴播，行距20～30厘米，穴播株距20厘米×20厘米，播深1～2厘米。育苗移栽在幼苗5～6片真叶时进行。割型苦荬菜长至40～50厘米时刈割，留茬高度15～20厘米，割后应追施速效氮肥。剥型可在下部叶片宽度2.5～3厘米时进行，剥后留下顶部4～5片叶。

7. 串叶松香草　串叶松香草是多年生牧草，耐寒耐热性强，北方可根茎过冬。其特点是蛋白质含量高，但其含有特殊松香气味，单一饲喂适口性较差，如与禾本科牧草搭配，则具有较高的饲用价值。串叶松香草亩产量2 000～6 000千克，种后能利用10～12年。

串叶松香草可3月上旬春播或9月上旬秋播，播种量每亩0.3千克。可条播或穴播，行株距春播80厘米×60厘米，秋播50厘米×40厘米，播深2～3厘米。串叶松香草喜肥沃、湿润土壤，且多年生，播前应打足基肥，一般亩施有机肥3 000～5 000千克。一般株高50～60厘米刈割，割后薄施氮肥，以利芽基萌发，其利用期在4～10月。

8. 其他叶菜类　叶菜类牧草和蔬菜品种繁多，对鹅的适口性最好，但含水量过高，亩干物质产量低，耐刈性比禾本科牧草差，可小面积分季节播种，作为育雏用青绿饲料或搭配其他青绿饲料。其他常用的养鹅叶菜类有甘蓝（包心菜）、萝卜叶、饲用甜菜、饲用油菜、胡萝卜、牛皮菜、菊苣和聚合草等，各地可因地制宜自行选择。

此外，有条件的可利用江河湖塘放养绿萍、水浮莲等水生青绿饲料，也是养鹅的好饲料。但因其含水量过高，需进行加工调制或搭配其他青绿饲料，同时注意驱虫。

（二）青绿饲料常年供应计划安排

1. 青绿饲料的轮供　青绿饲料的轮供就是通过人工栽培牧草或饲料作物，达到全年均衡供应青绿饲料的一种栽培技术。由于各地气候不同，牧草种类及栽培时间不同，往往其收获期存在淡旺季。由于青绿饲料供应的不均衡，造成旺季浪费，淡季缺乏的状况，对养鹅生产带来不利。实行青绿饲料的常年均衡轮供，能满足鹅对青绿饲料的连续需求，对高效养鹅具有重要意义。

青绿饲料轮供可分天然轮供、综合轮供和栽培轮供三类。天然轮供能充分利用天然草场、自然青草资源及种植业下脚料资源达到连续供应目的，但它受牧草生长季节和品种单调性等自然条件制约。综合轮供是在天然轮供的基础上，有选择性地安排适宜的栽培品种和面积，以克服自然条件和耕作制度的限制，达到以丰补歉，调剂余缺，保证均衡供应的目的。栽培轮供就是在专门的饲料地上，选用不同的栽培品种，采用间、混、套、复种等方式，根据饲养目标，有计划地生产青绿饲料，全年均衡地为养鹅提供青绿饲料。这种方法能利用较小的面积进行集约化经营，获得高产优质的青绿饲料并均衡地供应，它的技术性强，投入相对较大，适合于大规模养鹅生产和耕地紧缺地区应用。

2. 青绿饲料轮供的技术

（1）根据物候期，选择适栽的优良牧草品种　根据当地的气候、土壤情况和栽培条件，紧密结合栽培牧草品种的生物学特性，科学分析其播种期、刈割期、利用期、产草量和草质，筛选出适应性强，多次刈割，供青期长，高产优质的品种进行合理搭配种植。

（2）改革耕作制度，进行合理轮作　在现有自然条件下采用间、套、混、轮作等耕作方法，提高土地复种指数，实现牧草的常年轮供。不断总结耕作制度改革结果，制订和修改合理的常年青绿饲料供应的轮作模式，并按科学的轮作模式指导当地的青绿饲料生产。

（3）采用适宜的饲草加工调制技术，调节饲草供应淡旺季　不管何种经济合理的轮作栽培模式，都还不同程度存在青绿饲料供应丰歉问题，这就需要采用适合鹅饲养需要的饲草加工调制技术来调剂淡旺季。通过把旺季多余饲草经加工调制，留作淡季供应。目前应用较多的是青绿饲料的青贮技术，通过青贮，不但可以延长青绿饲料的保存期，达到常年均衡供应的目的，还能减少青绿饲料的养分损失，改善适口性，提高消化率。此外，青绿饲料通过干燥加工成干燥粉或草颗粒，或直接从青绿饲料中提取叶蛋白等生产加工调制产品，均能被鹅很好地利用。

月份		一			二			三			四			五			六			七			八			九			十			十一			十二		
		上旬	中旬	下旬	上旬	中旬	下旬	上旬	中旬	下旬	上旬	中旬	下旬	上旬	中旬	下旬	上旬	中旬	下旬	上旬	中旬	下旬	上旬	中旬	下旬	上旬	中旬	下旬	上旬	中旬	下旬	上旬	中旬	下旬	上旬	中旬	下旬
播种	黑麦草																							10	30	10		10	10			10					
	墨西哥玉米										20	10	10	10	10		20																				
	紫花苜蓿																	20																			
收获	黑麦草	14	14	14	14	16	24	40	64	80	70	60	40	16	14	7															4	16	20	35	35	28	21
	墨西哥玉米														7	16	25	36	36	64	72	72	80	74	32	18	15	15									
	紫花苜蓿	2						4	6	6	8	8	8	6	6	4	2							4	4	8	8	8	10	10	10	10	8	6	6	4	4

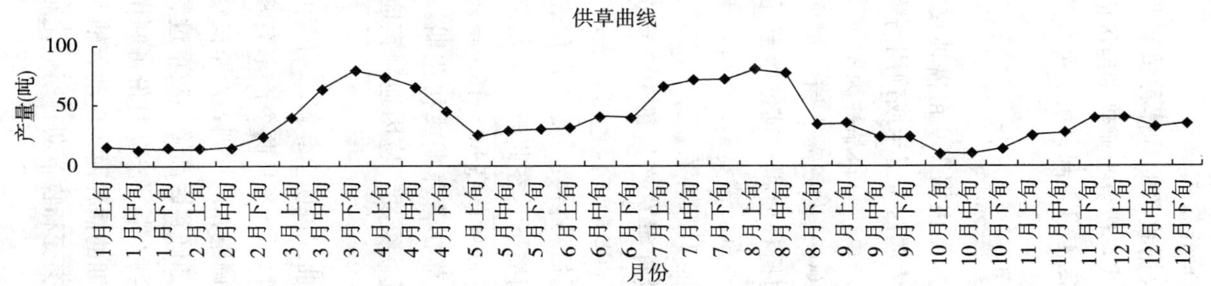

注：1.本图以100亩牧草播种面积试算，面积计量单位为亩，产量为吨。

2.深色带表示可播种期，浅色带表示可刈割期。本模式适用于亚热带地区。

3.本图所列黑麦草、墨西哥玉米（或饲用高粱）、紫花苜蓿为主播牧草品种，设计年总产量为1 368吨，其中豆科牧草160吨。实际应用时可根据饲养畜禽种类搭配杂交狼尾草、杂交苏丹草、皇竹草、子粒苋、苦荬菜和三叶草等牧草，比例为主播品种的15%为宜。

4.按不同时期产草量调整养鹅生产计划。

图4-1　常年鲜草供应轮作模式

3. 亚热带地区常年鲜草供应轮作模式

（1）轮作模式　图4-1是根据牧草的具体种植实践总结的亚热带地区常年鲜草供应轮作模式，适合于亚热带地区应用。其他地区可根据当地种草实践参照图4-1，制订切实可行的栽培模式，能提高青绿饲料的利用率。

（2）模式栽培说明

①栽培牧草品种与规模　模式图根据100亩播种牧草试算，确定的主播禾本科牧草春播品种为墨西哥玉米或饲用高粱，秋播品种为一年生黑麦草和多倍体黑麦草，豆科品种为紫花苜蓿。一般每100只种鹅需草5～8亩，100只肉鹅需1亩。根据鹅对牧草的需要和生产规模确定牧草的播种面积和辅助牧草品种的搭配。一般可搭配杂交苏丹草、皇竹草、苦荬菜、菊苣、子粒苋和三叶草等，搭配比例为主播牧草的15%左右。

②播种与收割　模式图的设计鲜草产量每100亩为1 368吨，其中豆科160吨，禾本科1 208吨。深色带代表可播种期，播期内数字表示在此播期中建议播种亩数。浅色带代表可收割期，收割期内数字表示按播种期播下后在此时期中预期鲜草刈割产量，其适宜刈割期一般春播牧草草高80～100厘米，秋播牧草草高40～80厘米，豆科牧草在营养期或初花期。模式图的播种和刈割期因在个别年份气候突变，应因地制宜地作适当调整。

③供草曲线　模式图中供草曲线说明全年鲜草均衡供应的实际情况，并在图中可看出3～4月、7～8月两个产草高峰，因此在应用模式图时，应按产草曲线调整养鹅计划，产草高峰期也应是牧草利用高峰期。实际生产中如确实因高峰期牧草过剩，且数量较大时，在3～5月份可调制青贮料，7～9月份可制作干草利用。供草曲线随播种期和某播种期的播种面积变动、辅助牧草品种及搭配比例变化而变动，气候突变和牧草刈割期变化对曲线也有影响。

《常年鲜草供应轮作模式图》供种草养鹅实际生产参考，并应在生产实践中不断调整、完善、提高。建议应用模式图时，种子生产（留种）应另作安排，否则延误下茬牧草的适宜播期。应根据不同种类鹅的利用需要，对适时刈割的牧草进行适当的切短、粉碎等加工处理，并配合其他干饲料合理饲喂，提高牧草的利用效率。

4. 青绿饲料加工调制　通过常年均衡供应技术应用后，对淡旺季确实难以调剂的，旺季过剩牧草可进行加工，一般夏秋多余牧草可自然晒干制成干草后粉碎作草粉喂鹅，春季过剩牧草因雨水多难制干草，则可作青贮处理，大规模、有条件的可进行机械烘干和制成草颗粒。青贮料调制就是将刈割的青绿饲料作适当处理（如切短），水分过高的掺入麸皮、糠等干饲料，放在青贮池内压实让乳酸菌发酵，形成厌氧酸性环境，达到青贮饲料的长期保存的目的。保存的青贮料可在青绿饲料淡季时代替部分青绿饲料，掺入干饲料或精饲料中饲喂。

根据青绿饲料种类不同，鹅的日龄不同，一般需进行加工后才能喂鹅。对草量较高的，叶片过阔的或茎过硬的青绿饲料，要用青饲料切碎机切碎，不要打浆，打浆单喂影响鹅适口性。青绿饲料要注意营养和各种饲料的合理搭配。

三、营养需要

鹅生长发育过程中，需要从饲料中摄取多种养分。鹅的品种不同、生长发育阶段不同，需要养分的种类、数量、比例也不同。只有在养分齐全、数量适当和比例适宜时，饲料利用效率最高，鹅才能达到生理状态和生产性能均好，取得良好的经济效益。反之，可能会浪费饲料，出现生产性能下降、产品质量降低及患病、死亡等问题。

（一）鹅的营养需要

1. 能量　鹅的一切生理过程都需要能量保证。能量的主要来源是碳水化合物及脂肪。鹅在自由采食时，具有调节采食量以满足自己对能量需要的本能，然而这种调节能力有限。法国学者对朗德鹅种鹅的能量需要做了试验，当气温为0℃或稍高时，最佳产蛋率的能量需要是每只鹅每天3.34～3.55兆焦代谢能，其日粮的能量水平为9.61～10.66兆焦/千克；温度更低时则需要量更大一些。当日粮能量水平为11.70兆焦/千克时，鹅不能正确调节采食量，同时也降低了产蛋率和受精率。另外，南京农业大学赵剑等用不同能量水平的配合饲料对四季鹅进行试验，能量水平分别为11.41兆焦/千克、11.58兆焦/千克、12.50兆焦/千克，对照为10.91兆焦/千克，三个处理均比对照能量水平高，差异极显著，但4个试验组之间尽管能量不同，增重却不存在显著差异。这说明在充分放牧基础上，太高的能量水平并没有增重优势，反而增加饲养成本。

2. 水分　水分是鹅体的重要组成部分，也是鹅生理活动不可缺少的主要营养。水分约占鹅体重的70%，它既是鹅体营养物质吸收、运输的溶剂，也是鹅新陈代谢的重要物质，同时又能缓冲体液的突然变化，帮助调节体温。

鹅体水分的来源是饮水、饲料含水和代谢水。据测定，鹅食入1克饲料要饮水3.7克，当气温在12～16℃时，平均每只鹅每天要饮水1 000毫升。“好草好水养肥鹅”，说明水对鹅的重要。因此，对于集约化鹅的饲养，要注意满足饮水需要。

3. 蛋白质　蛋白质是构成鹅体和鹅产品的重要成分，也是构成酶、激素的主要原料之一，与新陈代谢有关，是维持生命的必需养分，且不能由其他物质代替。蛋白质由二十多种氨基酸组成，其中鹅体自身不能合成必须由饲料供给的必需氨基酸是赖氨酸、蛋氨酸、异亮氨酸、精氨酸、色氨酸、苏氨酸、苯丙氨酸、组氨酸、缬氨酸、亮氨酸和甘氨酸。但是鹅对蛋白质的要求没有鸡、鸭高，其日粮蛋白质水平变化没有能量水平变化明显，因此，有的学者认为蛋白质不是大部分鹅营养的限制因素。但是一般认为，蛋白质对于种鹅、雏鹅是重要的。有研究证明，提高日粮蛋白质水平对6周龄以前的鹅增重有明显作用，以后各阶段的增重与粗蛋白质水平的高低没有明显关联。通常情况下，成年鹅饲料的粗蛋白质含量宜为15%左右，雏鹅为20%即可。

4. 碳水化合物　碳水化合物由碳、氢、氧3种元素组成，是新陈代谢能量的主要来源，也是体组织中糖蛋白、糖脂的组成部分。碳水化合物的分解产物过量时，可以转变为肝糖原或脂肪贮存备用，鹅可以在短时间内把体内吸收过量的碳水化合物合成脂肪，贮存于肝脏，形成生理性脂肪肝，这也是有的品种可生产鹅肥肝的生理原理。粗纤维是较难消化的碳水化合物，饲料中若含量太高，会影响其他营养物质的吸收，因而粗纤维含量应该控制。有资料报道，5%～10%的粗纤维含量对鹅比较合适，幼鹅饲料粗纤维含量应该稍低一些。

5. 脂肪　脂肪是鹅体组织细胞脂类物质的构成成分，也是脂溶性维生素的载体。脂肪的主要作用是提供热量，保持体温恒定，保持内脏的安全。鹅饲料中一般不另外添加脂肪，因为饲料中脂肪已能满足鹅的需要，且比较难消化，并可以由碳水化合物或蛋白质的转化得到补充。饲料中1克脂肪含能量为32.29千焦。

6. 矿物质　矿物质占体重的3%～4%，其中主要是钙和磷，钙约为体重的2%，磷为1%。另外，还有钾、钠、锰、锌、碘、铁、铜、钴、硒、氯等微量元素。矿物质不仅是组织成分，也是调节体内酸碱平衡、渗透压平衡的缓冲物质，同时对神经和肌肉正常敏感性、酶的形成和激活有重要作用。

鹅不仅要求矿物质种类多，而且更需要其比例合适，如钙、磷比，成年产蛋鹅约为3∶1，雏鹅约为2∶1。种鹅日粮中的含钙量应为2%多一点，含磷量为0.7%左右，含盐量0.4%左右。钙和磷的无机盐比有机盐易吸收，因此，补充钙、磷的主要原料为石粉、贝壳粉、骨粉、磷酸氢钙等。子实类及其加工副产品中的磷50%以上是以有机磷存在，利用率较低。矿物质的缺乏影响鹅的生长发育。如缺钙雏鹅骨骼软化，易患佝偻病，产蛋鹅产壳薄蛋，产蛋量和孵化率下降；缺钠雏鹅神经机能异常，啄癖；缺锌雏鹅发育迟缓，羽毛发育不良；缺碘鹅易患甲状腺肿大等。

7. 维生素　维生素既不提供能量，也不是构成机体组织的主要物质。它在日粮中需量很少，但又不能缺乏，是一类维持生命活动的特殊物质。维生素有脂溶性和水溶性之分，脂溶性维生素有维生素A、维生素D、维生素E、维生素K，水溶性维生素有维生素C、维生素B_1、维生素B_2、维生素B_6、维生素B_{12}等。大多数维生素在鹅体内不能合成，有的虽能合成，但不能满足需要，必须从饲料中摄取。鹅放牧时如果能采食到大量的青绿饲料，一般不会引起维生素缺乏。舍饲期间，当青饲料供应少时，要注意添加维生素，否则会发生维生素缺乏症，最容易缺乏的是维生素A、维生素B_2、维生素D_3、维生素B_{12}。

（二）鹅的饲养标准

根据鹅不同阶段的营养需要，确定各种养分之间的适当比例，有目的地给予相应数量的营养物质，这种最佳的营养物质定性、定量标准就是饲养标准。鹅的饲养标准的编制不如猪、鸡那么广泛、细致、深入、准确。这是世界上许多国家都存在的问题。我国至今没有完成鹅的饲养标准编制工作。这里介绍的是一些参考性鹅的营养需要，不但较粗，且精确性、针对性也不强，在应用时应根据实际饲喂效果作合理调整（表4-1至表4-12）。

表4-1　辽宁昌图豁眼鹅的饲养标准

日　龄	每千克干饲料含代谢能（兆焦）	粗蛋白质（%）	粗纤维（%）	钙（%）	磷（%）	食盐（%）
1～30	11.72	20.0	7.0	1.6	0.8	0.35
31～90	11.72	18.0	7.0	1.6	0.8	0.35
91～180	10.88	14.0	10.0	2.2	1.2	0.35
成　鹅	11.30	16.0	10.0	2.2	1.2	0.40

表 4-2 辽宁昌图豁鹅维生素、微量元素、氨基酸营养需要

日　　龄	1～30	31～90	91～180	成鹅	种鹅
维生素 A（国际单位）	10 000	5 000	5 000	10 000	10 000
维生素 D_3（国际单位）	1 590	1 000	1 000	1 000	1 500
B 族维生素（毫克/千克）	5	—	—	—	5
维生素 K_3（毫克/千克）	2	1	1	1	2
维生素 B_2（毫克/千克）	2	1	1	1	2
维生素 B_3（毫克/千克）	10	10	10	10	10
胆碱（毫克/千克）	1 000	1 000	1 000	1 000	1 000
维生素 B_6（毫克/千克）	30	30	30	20	20
维生素 B_{12}（毫克/千克）	25	25	25	25	25
锰（毫克/千克）	50	50	50	50	50
锌（毫克/千克）	50	50	50	50	50
铁（毫克/千克）	25	25	25	25	25
铜（毫克/千克）	2.5	2.5	2.5	2.5	2.5
赖氨酸（%）	1.0	0.9	0.7	0.63	0.63
蛋氨酸（%）	0.50	0.45	0.35	0.35	0.35
色氨酸（%）	0.20	0.20	0.16	0.16	0.16

表 4-3 美国 NRC（1994）建议的鹅的营养需要量
（干物质含量为 90%）

营养成分	单位	0～4 周龄	4 周龄以上	种鹅
代谢能	兆焦/千克	12.13	12.55	12.13
粗蛋白质	（%）	20	15	15
赖氨酸	（%）	1.00	0.85	0.60
蛋氨酸+胱氨酸	（%）	0.60	0.50	0.50
钙	（%）	0.65	0.60	2.25
非植物磷	（%）	0.30	0.30	0.30

（续）

营养成分	单位	0～4周龄	4周龄以上	种鹅
维生素A	（国际单位/千克）	1 500	1 500	4 000
维生素D_3	（国际单位/千克）	200	200	200
胆碱	（毫克/千克）	1 500	1 000	500
尼克酸	（毫克/千克）	65.0	35.0	20.0
泛酸	（毫克/千克）	15.0	10.0	10.0
核黄素	（毫克/千克）	3.80	2.50	4.0

表4-4　美国NRC（1994）建议的商品鹅体重及饲料消耗

周龄	平均体重（千克）	每两周耗料（千克）	总计耗料（千克）
0	0.11	0.00	0.00
2	0.82	0.96	0.96
4	2.05	2.93	3.89
6	3.05	3.20	7.09
8	4.05	4.34	11.43
10	4.85	4.68	16.11

表4-5　苏联（1985）建议的鹅配合饲料中的氨基酸水平

营养成分	成年鹅	幼龄鹅		
		1～3周	4～8周	9～26周（后备）
粗蛋白质（%）	14.0	20.0	18.0	14.0
赖氨酸（%）	0.63	1.00	0.90	0.70
蛋氨酸（%）	0.30	0.50	0.45	0.35
蛋氨酸+胱氨酸（%）	0.55	0.78	0.70	0.55
色氨酸（%）	0.16	0.22	0.20	0.16
精氨酸（%）	0.82	1.00	0.90	0.77
组氨酸（%）	0.33	0.47	0.42	0.33

（续）

营养成分	成年鹅	幼龄鹅		
		1～3周	4～8周	9～26周（后备）
亮氨酸（%）	0.95	1.66	1.49	1.15
异亮氨酸（%）	0.47	0.67	0.60	0.47
苯丙氨酸（%）	0.49	0.83	0.74	0.57
苯丙氨酸＋酪氨酸（%）	0.81	1.20	1.07	0.83
苏氨酸（%）	0.46	0.61	0.55	0.43
缬氨酸（%）	0.67	1.05	0.94	0.73
甘氨酸（%）	0.77	0.101	0.90	0.77

表4-6　苏联（1985）建议的鹅的营养需要量

营养成分	幼龄鹅		
	1～3周	4～8周	9～26（后备）
代谢能（兆焦/千克）	1.278	1.088	1.172
粗蛋白质（%）	17	14	20
粗纤维（%）	6.00	7.00	5.00
钙（%）	1.20	1.60	1.20
磷（%）	0.80	0.70	0.80
钠（%）	0.40	0.30	0.30

表4-7　苏联（1985）建议的鹅配合饲料中维生素添加量

维生素	种鹅	幼龄鹅	
		1～8周	9～26周（后备）
维生素A（国际单位/千克）	10	10	5
维生素D_3（国际单位/千克）	1.5	1.5	1
维生素E（毫克/千克）	5	5	—
维生素K（毫克/千克）	2	2	1
维生素B_1（毫克/千克）	1	1	—

（续）

维 生 素	种鹅	幼龄鹅	
		1～8周	9～26周（后备）
维生素 B_2（毫克/千克）	3	3	2
维生素 B_3（毫克/千克）	10	10	10
维生素 B_4（毫克/千克）	500	500	250
维生素 B_5（毫克/千克）	20	20	20
维生素 B_6（毫克/千克）	2	2	1
维生素 B_{11}（毫克/千克）	—	—	—
维生素 B_{12}（毫克/千克）	0.025	0.025	0.025
维生素 H（毫克/千克）	0.1	0.1	
维生素 C（毫克/千克）	—	—	—

表 4-8 法国的鹅营养推荐量

日 龄	0～3		4～6		7～12		种 鹅	
代谢能（兆焦/千克）	10 868	11 704	11 286	12 122	11 286	12 122	9 196	10 450
粗蛋白质（%）	15.80	17.00	11.60	12.50	10.20	11.00	13.00	14.80
赖氨酸（%）	0.89	0.95	0.56	0.60	0.47	0.50	0.58	0.66
蛋氨酸（%）	0.40	0.42	0.29	0.31	0.25	0.27	0.23	0.26
含硫氨基酸（%）	0.79	0.85	0.56	0.60	0.48	0.52	0.42	0.47
色氨酸（%）	0.17	0.18	0.13	0.14	0.12	0.13	0.13	0.15
苏氨酸（%）	0.58	0.62	0.46	0.49	0.43	0.46	0.40	0.45
钙（%）	0.75	0.80	0.75	0.80	0.65	0.70	2.60	3.00
总磷（%）	0.67	0.70	0.62	0.65	0.57	0.60	0.56	0.60
有效磷（%）	0.42	0.45	0.37	0.40	0.32	0.35	0.32	0.36
钠（%）	0.14	0.15	0.14	0.15	0.14	0.15	0.12	0.14
氯（%）	0.13	0.14	0.13	0.14	0.13	0.14	0.12	0.14

表4-9 澳大利亚（1976）建议的鹅的营养需要

营养成分	0～4周	4～8周	8周～上市	维持饲喂	种鹅
粗蛋白（%）	22.0	18.0	16.0	13.0	15.0
精氨酸（%）	1.15	0.98	0.84	0.57	0.66
赖氨酸（%）	1.06	0.95	0.77	0.53	0.62
蛋氨酸（%）	0.43	0.40	0.31	0.24	0.28
蛋氨酸+胱氨酸（%）	0.78	0.66	0.57	0.45	0.52
色氨酸（%）	0.21	0.17	0.15	0.12	0.13
丝氨酸（%）	0.42	0.35	0.31	0.13	0.15
亮氨酸（%）	1.49	1.16	1.09	0.69	0.80
异亮氨酸（%）	0.80	0.62	0.58	0.48	0.55
苯丙氨酸（%）	0.75	0.60	0.55	0.36	0.41
苯丙氨酸+酪氨酸（%）	1.45	1.15	1.06	0.63	0.73
苏氨酸（%）	0.73	0.65	0.53	0.48	0.55
缬氨酸（%）	0.89	0.70	0.65	0.53	0.62
甘氨酸（%）	0.70	—	—	—	—
代谢能（兆焦/千克）	11.53	12.45	12.45	10.38	12.45
钙（%）	0.80	0.75	0.75	1.00	2.00
有效磷（%）	0.40	0.40	0.40	0.40	0.40
维生素A（国际单位/千克）	8 000	7 000	7 000	7 000	9 000
维生素D_3（国际单位/千克）	1 200	1 200	1 200	1 000	1 000
胆碱（毫克/千克）	1 400	1 400	1 400	1 200	1 400
核黄素（毫克/千克）	5.00	4.00	4.00	4.00	5.50
泛酸（毫克/千克）	11.00	10.00	10.00	10.00	12.00
维生素B_{12}（毫克/千克）	12.00	10.00	10.00	10.00	12.00
叶酸（毫克/千克）	0.50	0.40	0.40	0.40	0.50
生物素（毫克/千克）	0.20	0.10	0.15	0.15	0.20
烟酸（毫克/千克）	70.00	60.00	50.00	50.00	75.00

（续）

营养成分	0～4周	4～8周	8周～上市	维持饲喂	种鹅
维生素K（毫克/千克）	1.50	1.50	1.50	1.50	1.50
维生素E（国际单位/千克）	12.50	10.00	7.50	7.50	15.00
维生素B_1（毫克/千克）	2.20	2.20	2.20	2.20	2.20
吡哆醇（毫克/千克）	3.00	3.00	3.00	3.00	3.00
锰（毫克/千克）	66	66	66	66	66
铁（毫克/千克）	96	96	96	96	96
铜（毫克/千克）	5	5	5	5	5
锌（毫克/千克）	60	60	60	60	60
硒（毫克/千克）	0.15	0.10	0.10	0.10	0.10
钠（毫克/千克）	1.80	1.80	1.80	1.80	1.80
钾（毫克/千克）	2.40	2.40	2.40	2.40	2.40
碘（毫克/千克）	0.42	0.42	0.42	0.42	0.42
镁（毫克/千克）	600	600	600	600	600
氯（毫克/千克）	2.40	2.40	2.40	2.40	2.40

表4-10　朗德鹅的参考饲养标准

周龄	代谢能（兆焦/千克）	粗蛋白质（%）	粗纤维（%）	赖氨酸（%）	蛋+胱氨酸（%）	钙（%）	有效磷（%）	食盐（%）
0～3	12.10	20.00	5.80	1.00	0.60	0.65	0.40	0.30
4～10	12.60	16.00	7.30	0.85	0.50	0.60	0.40	0.30
种鹅	11.70	15.50	6.20	0.60	0.50	2.25	0.40	0.30

表4-11　肉仔鹅精料补充料营养成分指标

生长阶段	代谢能（兆焦/千克）	粗蛋白（%）	粗纤维（%）	粗灰分（%）	钙（%）	磷（%）	食盐（%）
前　期	≥10.9	≤18	≤7	≤8	0.8～1.5	≥0.6	0.3～0.8
后　期	≥11.3	≤15	≤8	≤8	0.8～1.5	≥0.6	0.3～0.8

表4-12 肉仔鹅营养需要量

营养指标	育雏期	生长期
代谢能（兆焦/只）	1.474	2.440
代谢能（兆焦/千克）	9.079	11.799
粗蛋白［克/（只·天）］	26.15	37.56
粗蛋白（%）	20.00	18.00
粗纤维（%）	7.0	9.0
钙（%）	0.73～0.77	0.63～0.69
磷（%）	0.63～0.69	0.59～0.64
赖氨酸（%）	0.82～0.90	0.78～0.81
蛋氨酸+胱氨酸（%）	0.66～0.71	0.63～0.72

四、日粮配合

（一）日粮配合原则

日粮就是鹅在一昼夜内所采食的各种饲料的总量，日粮必须依据饲养标准把不同营养成分的饲料进行配合，才能实现科学饲养。日粮配合的原则是：

1. 选择合理的饲养标准　由于鹅的品种、年龄、性别、体重、生产目的、生产水平和环境气候等不同，对营养需要不同，适用的饲养标准也不同，因此，在日粮配合时，一定要选择适合生产的科学的饲养标准和营养价值表。在现有饲养标准中选择与实际饲养较接近的，再根据不同条件进行适当调整，按调整后的饲养标准配合日粮更切合生产实际。

2. 选用饲料要有全价性　不同饲料的营养成分比例和含量不同，饲料的全价性就是选用的饲料必须符合饲养标准的要求，并尽量做到多样化，使各种饲料营养成分起到互补作用，配合的日粮中营养量和营养成分比例能满足鹅的营养需要。饲料种类的选择不单是其营养成分含量符合饲养标准，更要考虑各种饲料的配伍和饲料中营养成分的可消化性。

3. 经济合理　饲料是养鹅生产的主要成本支出（一般占50%以上），在日粮配合中选用饲料要做到因地制宜，努力降低成本。要求主要原料来源丰富，多采用当地营养丰富且价格低廉的饲料。有的饲料虽价格低，营养好，但不能直接利用，可以考虑其配合比例或作适当加工处理，在经济上会起到意想不到的效果。

4. 适口性　配合的日粮要具有较好的适口性和适当的体积，与鹅的生理特性相适应，以保证鹅的采食量。如鹅的日粮配合中应多考虑青绿饲料和粗饲料的利用，以达到一定的饲料体积。日粮中应少用动物性蛋白质饲料。

5. 保持稳定　施行后的配合日粮，应保持一定的稳定性，不能随意改动，但也可按照饲料来源（价格）、饲养效果、管理经验、生产季节和养鹅户的生产水平进行适当调整。调整的幅度不宜过大，一般控制在10%以下。调整前后日粮配方在应用时，还应有一过渡期。

（二）日粮配合方法

过去一般多采用手工方法借助简单的电子计算器运算，现在也可在电子计算机上利用专门的配方程序来计算。手工计算的基本过程是：一般根据鹅的品种、年龄和生产性能等，从饲养标准中找出各种营养物质的需要量，然后选择适当的常用饲料，再结合气候变化、生产实际和以往的生产经验确定日粮的营养标准。之后，再查饲料营养成分表。最后根据查得的数据计算日粮中营养成分的含量。若与计划标准差异太大，则可增减某些饲料，以求最后与标准基本一致。

鹅的营养标准项目甚多，在计算时，主要应抓住代谢能、粗蛋白质、钙、磷4项，食盐、微量元素、赖氨酸、蛋氨酸＋胱氨酸及维生素可放在最后定量添加。

试差配制法：现以配制雏鹅日粮为例。基本原料有玉米、豆饼、菜子饼、进口鱼粉、麸皮、骨粉、石粉与食盐。配制程序如下：

第一步，列出雏鹅的各种营养物质需要量，以及所用原料的营养成分。

第二步，初步确定所用原料的比例。根据经验，设日粮中各原料分别占如下比例：鱼粉4%，菜子饼5%，麸皮10%，食盐与矿物质和添加剂4%。

第三步，将4%鱼粉，5%菜子饼，10%麸皮，分别用各种的百分比乘各自饲料中的营养含量。如鱼粉的用量为4%，每千克鱼粉中含代谢能12.134 6兆焦，则40克鱼粉中含代谢能12.134 6×4%=0.510 6兆焦。其余依此类推。

第四步，计算豆饼和玉米的用量。上述三种饲料加矿物质等共占230克，其中含蛋白质57克，代谢能1.6兆焦，不足部分用余下的770克补充。现在初步定玉米560克、豆饼210克，经过计算这两种饲料中含代谢能为10.1兆焦，蛋白质135克。与前面三种饲料相加，得代谢能11.7兆焦/千克，粗蛋白质19.2%。与饲养标准接近。

第五步，加入食盐0.3%，磷酸氢钙1.2%，石粉1.5%，添加剂1%。

这样，雏鹅的日粮配方已经完成，完成配方后的日粮最好能在实际饲养过程中试验，能否达到预期的饲养效果，如饲料报酬、营养成分利用情况等，试验结果结合一些配方时未考虑因素对配方再作合理调整后，全面应用于生产。

（三）日粮配方实例

1. 鹅全价饲料配方　见表4-13。

表4-13　鹅全价饲料配方及营养水平

原　　料	1～20日龄	25～65日龄	成年鹅和后备仔鹅
玉米（%）	15.1	24.5	20.5
小麦（%）	46.9	38.0	17.0

（续）

原　　料	1～20 日龄	25～65 日龄	成年鹅和后备仔鹅
大麦（去壳）（%）	15	6	25
小麦麸（%）	—	—	15
燕麦（%）	—	—	4
豌豆（%）	—	—	3
向日葵粕（%）	9	15	3.6
水解酵母（%）	7	2	2
鱼粉（%）	7	3	1
草粉（%）	—	4	5
脱氟磷酸盐（%）	—	4.6	0.8
白垩、贝壳（%）	—	2.7	2.6
食盐（%）	—	0.2	0.5
合计（%）	100	100	100
代谢能（兆焦/千克）	11.81	11.65	10.65
粗蛋白（%）	20.0	18.1	14.6
粗脂肪（%）	2.0	2.6	3.3
粗纤维（%）	3.3	5.6	4.0
钙（%）	1.44	1.57	1.41
磷（%）	0.89	0.80	0.73
钠（%）	0.38	0.39	0.36
赖氨酸（%）	1.02	0.76	0.63
蛋氨酸+胱氨酸（%）	0.72	0.65	0.46
	每吨饲料中添加		
维生素 A	10	10	10
维生素 D_3	1.0	1.0	1.5
维生素 E	5 000	5 000	5 000
维生素 K（克）	2	2	2
维生素 B_1（克）	2	2	2

（续）

原　　料	1～20日龄	25～65日龄	成年鹅和后备仔鹅
维生素 B_2（克）	4	4	4
维生素 B_3（克）	10.0	10.0	10.0
维生素 B_4（克）	1 000	1 000	1 000
维生素 B_5（克）	20	20	20
维生素 B_6（克）	3	3	3
维生素 C（克）	0.5	0.5	0.5
维生素 B_{12}（克）	25	25	25
赖氨酸（克）	800	2 300	750
蛋氨酸（克）	500	600	700
抗氧化剂（克）	150	150	150
硫酸锰（克）	200	200	200
硫酸铜（克）	10	10	10
硫酸铁（克）	100	100	100
硫酸锌（克）	60	60	60
氧化钴（克）	8	8	8
碘化钾（克）	3	3	3

2. 北方鹅推荐饲料配方　见表4-14和表4-15。

表4-14　育雏鹅（0～4周龄）饲料配方

配　方	Ⅰ	Ⅱ	Ⅲ	Ⅳ	Ⅴ
玉米	56	45	60	54	55
高粱		15			
稻谷					9.2
豆粕	24	29.5	22	22.4	17.2
麸皮		6.9		9	7
菜子粕	8		3.7		
葵花子粕			8		

（续）

配　方	Ⅰ	Ⅱ	Ⅲ	Ⅳ	Ⅴ
谷糠				7	
棉子粕					5.8
啤酒糟	8.1				
鱼粉				4	
血粉					2.3
骨粉			5.4		
贝壳粉				2.7	
石粉		0.3			
磷酸氢钙	3	2.4			2.6
食盐	0.4	0.4	0.4	0.4	0.4
添加剂	0.5	0.5	0.5	0.5	0.5
粗蛋白（%）	≥19.5	≥19.2	≥18.9	≥18.4	≥17.8
代谢能（兆焦/千克）	11.42	11.86	11.36	11.67	11.56
钙（%）	≥0.8	≥0.7	≥1.0	≥1.0	≥0.7
磷（%）	≥0.6	≥0.6	≥0.6	≥0.6	≥0.5

表 4-15　育肥鹅（5 周至出栏）和产蛋鹅饲料与配方

配　方	育肥鹅				产蛋鹅		
	Ⅰ	Ⅱ	Ⅲ	Ⅳ	Ⅰ	Ⅱ	Ⅲ
玉米	38	65	61.3	58.7	61	40.8	55
小麦	25						
大麦	19.4						
稻谷							8
高粱						19.6	
葵花子粕	5				6		
菜子粕		7.5		14.5		4	6.6
豆粕		8.5	17		8.7	18	6.7

（续）

配　方	育肥鹅				产蛋鹅		
	Ⅰ	Ⅱ	Ⅲ	Ⅳ	Ⅰ	Ⅱ	Ⅲ
棉子粕				15.3	3.5		
麸皮			10.8	7	10	8	12
谷糠			7.2				
鱼粉	3						
血粉							3.4
肉骨粉	1						
饲料酵母	5						
酒糟		15.2					
石粉				0.6	3.6	3.8	
骨粉	0.7				4.3		
贝壳粉	2		2.8				3.5
磷酸氢钙		2.9		3	2	4.9	3.9
食盐	0.4	0.4	0.4	0.4	0.4	0.4	0.4
添加剂	0.5	0.5	0.5	0.5	0.5	0.5	0.5
粗蛋白（%）	≥15.0	≥15.5	≥15.0	≥16.0	≥15.0	≥15.5	≥13.6
代谢能（兆焦/千克）	12.00	11.70	11.77	11.04	11.07	10.82	10.95
钙（%）	≥0.8	≥0.8	≥1.0	≥0.8	≥2.4	≥2.2	≥2.2
磷（%）	≥0.6	≥0.6	≥0.6	≥0.6	≥0.7	≥1.0	≥1.0

3. 部分地方品种鹅日粮配方　见表4-16、表4-17和表4-18。

表4-16　太湖鹅日粮配方

	肉用仔鹅	种鹅
玉米	52	65
四号粉	2.0	4.0

（续）

	肉用仔鹅	种鹅
米糠	12.43	
麸皮	6.0	4.0
豆粕	14.0	12.0
菜子粕	6.0	6.0
鱼粉	5.0	2.0
骨粉	2.0	2.6
贝壳粉		4.0
食盐	0.4	0.4
蛋氨酸	0.17	
粗蛋白（%）	18.3	15.3
代谢能（兆焦/千克）	12.01	12.04

表 4-17　豁眼鹅日粮配方

日　龄	1～30	31～90	91～180	成年
玉米	47	47	27	33
麸皮	10	15	33	25
豆粕	20	15	5	11
谷糠	12	13	30	25
鱼粉	8	7	2	3
骨粉	1	1	1	1
贝壳粉	2	2	2	2
粗蛋白（%）	20.29	18.38	14.39	16.30
代谢能（兆焦/千克）	12.08	12.00	11.10	13.80
钙（%）	1.55	1.50	1.96	2.35
磷（%）	0.74	0.76	1.05	1.06

表 4-18　浙东白鹅日粮配方（精料补充料）

鹅　龄	雏鹅（1～4 周）	育肥鹅（5～10 周）	种鹅（产蛋期）
玉米	64.2	40	40
稻谷		20	20
碎米		5	10
豆粕	30.0	4	6
鱼粉	2.0		
米糠		10	10
菜子粕		5	
麸皮		15	10
贝壳粉			3
精料	3.8		
微量元素		1	1
粗蛋白（%）	20.0	12.7	11.68
代谢能（兆焦/千克）	11.82	11.30	11.42

（四）日粮调制

鹅是草食家禽，耐粗饲，在日粮中过多使用精饲料，会增加饲料成本，同时，鹅有喜采食青绿饲料的食性，特别是我国地方品种尤其明显，因此，在日粮调制中要充分注意。一般按照日粮配方，把不同种类饲料均匀混合后饲喂，子粒类饲料不需粉碎过细，否则会加快通过消化道，影响饲料消化吸收；日粮配方要考虑其容重，不能过细及容量过小。青绿饲料可单独饲喂，也可切碎混合在配合日粮中饲喂，3 周龄以下雏鹅长度在 0.5～1.5 厘米，3～5 周龄 2～2.5 厘米，其他鹅以 2～4 厘米为宜。在规模化养殖过程中，为了提高饲喂效果，可以尝试把青绿饲料打浆与配合日粮拌和后，压制成新鲜颗粒饲喂。新鲜颗粒饲料应现制现喂，因其含水量较高，储存时间不能过长，一般夏春季 1～2 天，秋冬季 4～7 天，如需储存较长时间，要事先晾晒，降低水分。

鹅用颗粒饲料可比其他禽类大，并要保证一定的硬度。

重点、难点提示

1.鹅的饲料分子实类、糠麸糟渣类、蛋白类及各种添加剂。饲料中的营养成分有碳水化合物、脂肪、蛋白质、维生素、矿物质（微量元素），其中碳水化合物、脂肪、蛋白质能为鹅提供能量。

2.青绿饲料是鹅的主要饲料，在了解不同牧草品种的生物学、植物学特性，栽培技术，生产性能，饲用价值的基础上，做好青绿饲料种植季节的合理搭配和加工调制，确保常年均衡供应，对养鹅生产具有重要意义。

3.鹅的营养需要有其自身特征，本书中介绍的饲养标准和营养需要可作为养鹅生产实际中的饲料配方参考。

7日通——第五讲

鹅的饲养管理

摘要

本讲介绍鹅场及设施的选择，不同种类鹅的饲养管理要点。要求掌握鹅场选择、各类鹅饲养管理的特点，在管理中应结合鹅的生理和生活习性，才能养好鹅。了解鹅的规模饲养技术与传统饲养管理的相同和区别，为发展规模养鹅，提高经济效益打下基础。

一、鹅场建筑与设施

鹅场建筑与设施一是要求尽可能满足鹅的生理特点需要，使其繁殖、生长等性能得以充分发挥；二是要求经久耐用，便于饲养管理，提高工作效率。所以，我们在鹅场建筑与设施选择上要考虑当地环境条件、鹅的生产目的、饲养规模和饲养方式等综合因素，因地制宜做好计划，以达到降低生产成本，提高养鹅效益的目的。

（一）场址选择

鹅场场址的选择，不但关系到经济效益的高低，而且是养鹅成败的关键。一般要求它有利于疫病预防、生产性能发挥和生产成本下降。

1. *濒临水面*　鹅需游水场地，鹅舍要建在河边或湖滨处，水面尽量宽阔，水深在 1～2 米，水面波浪小，周边环境安静。

水源做到排放流动，否则，长期饲养易引起水质发绿变质，影响鹅的健康。如是河流，应避开主航道，选择支汊或河道内凹处。无自然水源条件的，可人工开挖池塘，从附近水源引入活水。当然，鹅虽是水禽，据国外报道，也可旱养，但要有一系列的配套饲养管理设施和方式，饲养成本增加，一般传统饲养，在我国多数地区不适用旱养。水资源短缺地区实行规模养殖，可以尝试喷淋饲养法，解决养殖水源问题。此外，还应有充足清洁的饮用水源。

2. 地势高燥　鹅舍及陆上运动场的地势应高燥平缓，排水良好，最好向水面倾斜5°～10°，地下水位应低于建筑鹅场地基0.5米以下。常发洪水地区，鹅舍必须建于洪水水线以上。鹅场应远离屠宰场、污水排放源等，与人口密集地保持距离1 000米以上。鹅舍不能建于低洼、积水等潮湿地区，否则易受有害昆虫、微生物的侵袭。场址土质要求是沙土、沙壤土或壤土，如建于黏土上，则必须在上覆20厘米以上沙质土，否则，雨天会引起排水不良和泥泞，不能保持鹅舍干燥。

3. 坐北朝南　鹅舍尽量建于水源的北边，朝南或偏东南，做到冬暖夏凉，防止冬季吃风，夏季迎西晒太阳。据研究，朝西或朝北建舍与朝南比，其饲料消耗增多，死亡率提高，鹅产蛋率下降。这对小规模粗放管理鹅场尤为重要。

4. 草源丰富　丰富的草源是降低鹅的饲料成本，提高生产性能的基础。鹅舍附近能有较宽裕的牧草生产地，是鹅有青绿饲料供应的保障。如在鹅场周边有果园、荒滩、草地等条件，则更有利于鹅的放牧，可节省饲料，降低成本，建议鹅场建在种植园中去，直接利用种植业副产品和废弃物作鹅饲料，鹅粪还能直接还田，做到农牧循环结合。

5. 交通便捷　鹅场出入的交通便捷有利于饲料、鹅产品的运输，应在有利于防疫和保持环境安宁的条件下靠近交通主线。此外，还应有水、电和通讯条件。尤其是一定规模的养鹅场，在设计和选址时，这些条件必须满足，否则，现代化技术和科学养鹅技术就难以全面应用，严重影响养鹅的经济效益和今后的进一步发展。

（二）鹅舍建筑

鹅舍建筑类型应根据鹅的不同生理阶段、用途、生产目的等进行区分，以利科学管理和节约成本。

1. 育雏舍　一般为28日龄内雏鹅的饲养区。育雏舍要有良好的保温性能，且能保证舍内干燥、空气流通但不漏风。规模养殖应有供温设施。有较大的采光面积，一般窗户与地面面积比为1∶10～15为好。鹅舍高度在2米以上，便于操作。鹅舍地面应比舍外高20～30厘米，做到清洁干燥。对育雏日龄较大的，还应有舍外活动场所和游水池。育雏舍的饲养面积每舍或每栏（圈）80～100只雏鹅为宜，规模养殖的舍生产单元饲养数以1 000～5 000只为宜，育雏设施优良的笼养育雏舍养殖规模可扩大到10 000～20 000只。育雏舍大小应根据生产规模确定，随着养殖规模的扩大，育雏要求提高，育雏方式上已开始实施离地育雏和笼上育雏，这些方式育雏，对育雏舍的结构要求更高，但单位面积的饲养密度增加，如采用2～4层笼上育雏，其育雏舍的单位面积可比地面育雏减少1.5倍左右。

2. 肉鹅舍（育成舍）　育雏结束后鹅的羽毛开始生长，对环境温度抵抗力增强，鹅舍的保温要求不高，在南方只要建简易的棚架或鹅舍就可以了。要求鹅舍能做到遮雨、挡风，北方地区还要注意防寒。鹅舍下部能适当封闭，防止敌害。上部敞开，增加通风量，夏季特别要注意散热。南方至40日龄后，可半露宿饲养，因此，鹅舍外应有舍外水陆运动场，鹅舍与陆地运动场面积的比例在1∶2以上。每舍或每栏鹅群可扩大到200～300只，舍内密度大型鹅6～7只/米^2，中小型鹅8～10只/米^2。

3. 育肥舍　育成期结束后待上市的商品鹅经过一段时间育肥能增加体重、肉质和屠宰性能。育肥舍要求环境安静，光线暗淡，通风良好。平养育肥密度为大型鹅种 3～4 只/米^2，中小型鹅种 5～8 只/米^2。育肥舍中栏圈单位应小些，一般以每群 20～50 只为宜，不应超过 100 只。为提高育肥效率或特殊需要育肥（如肥肝生产填肥），最好选择离地育肥。离地育肥应保证通风、饮水供应充分。对肥肝生产还可实行单栏饲养。

4. 种鹅舍　种鹅舍建筑视地区气候而定。一般也有固定鹅舍和简易鹅舍之分。在南方还可以露天圈养（但需设室内产蛋窝）。北方地区气候寒冷，夏天可露天圈养，冬天则搭建临时保温大棚，大棚的保温性能要根据寒冷程度确定。种鹅舍要有较好的防寒散热性能，光线充足。一般舍檐高 1.8～2 米，采光面积与舍内地面面积比为 1∶10～15。饲养密度大型种鹅 2～2.5 只/米^2，中小型种鹅 3～3.5 只/米^2，在南方，陆地运动场较大的，分别可增加到 4～5 只/米^2 和 6～8 只/米^2。每群大小为 400～500 只。种鹅舍内应清洁、干燥，内有充足的产蛋箱（窝）。一般鹅棚、运动场、游水场地的比例为 1∶2～2.5∶1.5～3。游水场水深 80～100 厘米为宜，陆地至水面连接坡面的坡度以 15°～35°为宜。种鹅舍和运动场要有遮阳装置，在周围种植落叶树，夏季能搭葡萄、丝瓜等棚架，或在运动场上覆遮阳网，进行遮阴防暑。实施反季节生产的要建封闭式种鹅舍，封闭式种鹅舍要设通风、降温设施，一般可安装湿帘进行通风、降温，南方夏天炎热，还可再装冷风机。

5. 孵化舍（室）　人工孵化的，应根据人工孵化要求建筑，并根据饲养规模和发展计划设定孵化室规模。目前我国还有很多地方实行母鹅自然孵化，这就应设自然孵化舍。孵化舍要求环境安静，冬暖夏凉，空气流通。窗离地面高 1.5 米，舍内光线适当暗淡。一般每 100 只母鹅需孵化舍面积 12～20 米^2，舍内安放孵化窝（巢），窝在舍内一般沿墙平面排列安放，舍中安放的，各列间距为 30～40 厘米，便于孵鹅进出和操作人员走动。饲养规模稍大的，为节约孵化舍，可进行层叠孵化，用木架做 2～3 层，让母鹅在上孵化，但操作时必须人工捉放，防止母鹅自行跳跃引起种蛋破损和母鹅跌伤。

6. 鹅场布局　规模鹅场各类鹅舍间的布局要做到因地制宜，科学合理，以节约资金，提高土地利用率，便于生产管理和预防疫病传播。布局时要考虑各类鹅舍和粪便处理的顺序，合理利用风向和地势，达到分区、隔离、不交叉的目的，此外，还要考虑人员生活区对鹅场的影响。一般种鹅舍与自然孵化室相连，接下去是育雏室（要求在上风干燥处），育成、育肥舍相邻，育成结束后可直接迁至育肥舍。一定规模鹅场应设兽医室，鹅粪便清出后应集中堆放在下风处发酵（注意不得露天堆放）。鹅场门口建设消毒池等设施，饲料进出与粪道能分开。

（三）鹅场设施

1. 育雏设备

（1）自温育雏用具　自温育雏是利用箩筐或竹围栏作挡风保温器材，依靠雏鹅自身发出的热量达到保温的目的。此法设备用具简单且经济，但管理费工，故只适用于农家养殖小规模育雏。

①自温育雏箩筐　分两层套筐和单层竹筐两种。两层套筐由竹片编织而成的筐盖、小筐和大筐拼合而成。筐盖直径60厘米，高20厘米，作保温和喂料用。大筐直径50～55厘米，高40～43厘米，小筐的直径比大筐略小，高18～20厘米，套在大筐之内作为上层。大小筐底铺垫草，筐壁四周用草纸或棉布保温。每层可盛初生雏鹅10只左右，以后随日龄增大而酌情减少。这种箩筐还可供出雏和嘌蛋用。另一种是单层竹筐，筐底和周围用垫草保温，上覆筐盖或其他保温物。筐内育雏，喂料前后提取雏鹅出入和清洁工作等十分烦琐。浙东地区小规模育雏用稻草编织的鹅篰一般直径60～80厘米，篰高50厘米，内覆布毯，其保温防湿性能很好，用后在阳光下曝晒后可作下次用。

②自温育雏栏　在育雏舍内用50厘米高的竹编成的篾围，围成可以挡风的若干小栏，每个小栏可容纳100只雏鹅以上，以

后随日龄增长而扩大围栏面积。栏内铺上垫草，篾上架以竹条盖上覆盖物保温，此法比在筐内育雏管理方便。

（2）给温育雏设备　给温育雏设备多采用地下炕道、电热育雏伞或红外线灯等给温。优点是适用于寒冷季节大规模育雏，可提高管理效率。

炕道育雏分地上炕道式与地下炕道式两种。由炉灶与火炕组成，均用砖砌，大小长短数量需视育雏舍大小形式而定。地下炕道较地上炕道在饲养管理上方便，故多采用。炕道育雏靠近炉灶一端温度较高，远端温度较低，育雏时视日龄大小适当分栏安排，使日龄小的靠近炉灶端。炕道育雏设备造价较高，热源要专人管理，燃料消耗较多。

用煤饼或煤球炉加温有成本轻、操作简便的优势。就是用高50～60厘米的小型油桶割去上下盖，在下端30厘米处按上炉栅和炉门，上烧煤饼（球），再盖上盖，盖上接散热管道。一般一次能用1天，每个炉可保温20米^{2}左右（视气温和保温要求定）。但使用时，一定要保证炉盖的密封和散热管道的畅通，并接至室外，否则会造成煤气中毒。

电热育雏伞用铁皮或纤维板制成伞状，伞内四壁安装电热丝作热源。有市售的，也可自制。一个铁皮罩，中央装上供热的电热丝和2个自动控制温度的胀缩饼装置，悬吊在距育雏地面50～80厘米高的位置上，伞的四周可用20厘米高的围栏围起来，每个育雏伞下，可育雏200～300只，管理方便，节省人力，易保持舍内清洁。

红外线灯给温是采用市售的250瓦红外线灯泡，悬吊在距育雏地面50～80厘米高度处，每2米^{2}面积挂1个，不仅可以取暖，还可杀菌，效果良好。此外，太阳能加热水和目前市场上有的电热板等加温、保温器材都可以因地制宜地利用。

对大规模育雏，应采用锅炉热风保温，锅炉加热管道中的空气，再把热空气送到育雏室内，通过由自动温控的散热器，控制热空气流量，使育雏室保持恒温。

2. 喂料器和饮水器　应根据鹅的品种类型和不同日龄的雏鹅，配以大小和高度适当的喂料器和饮水器，要求所用喂料器和饮水器适合鹅的平喙型采食、饮水特点，能使鹅头颈舒适地伸入器内采食和饮水，但最好不要使鹅任意进入料、水器内，以免弄脏。其规格和形式可因地而异，既可购置专用料、水器，也可自行制作，还可以用木盆或瓦盆代用，周围用竹条编织构成。

雏鹅的喂料器和饮水器尺寸见表5-1。40日龄以上鹅饲料盆和饮水盆可不用竹围，盆直径45厘米、盆高12厘米，盆面离地15～20厘米。种鹅所用的饲喂器多为木制或塑料，圆形如盆，直径55～60厘米、盆高15～20厘米，盆边离地28～38厘米。也可用瓦盆或水泥饲槽，水泥饲槽长120厘米、上宽43厘米、底宽35厘米、槽高8厘米。育肥鹅用木制饲槽，上宽30厘米、底宽24厘米、长50厘米、高23厘米。

表5-1　雏鹅用喂料器、饮水器尺寸

日龄	盆直径(厘米)		盆高(厘米)		竹条间距离(厘米)		饲喂鹅数(只)	
	大型鹅	中小型鹅	大型鹅	中小型鹅	大型鹅	中小型鹅	大型鹅	中小型鹅
1～10	17	15	5	5	2.5～3.0	2.5	13～15	14～16
11～20	24	22	7～8	7	3.5～4.0	3.5	13～15	13～14
21～40	30	28	9	9	4.5～5.0	4.5	12～14	13～14

3. 软竹围和围栏　软竹围可圈围1月龄以下的雏鹅，竹围高40～60厘米，圈围时可用竹夹子夹紧固定。1个月龄以上的中鹅改用围栏，围栏高60厘米，竹条间距离2.5厘米，长度依需要而定。

4. 产蛋巢或产蛋箱　一般生产鹅场多采用开放式产蛋巢，即在鹅舍一角用围栏隔开，地上铺以垫草，让鹅自由进入产蛋和离开，或制作多个产蛋窝或箱，供鹅选择产蛋。也可以用高度适合的塑料箱作产蛋箱，方便清洁消毒。

良种繁殖场如做母鹅个体产蛋记录，可采用自动关闭产蛋箱。箱高50～70厘米，宽50厘米，深70厘米。箱放在地上，箱底不必钉板，箱前开以活动自闭小门，让母鹅自由入箱产蛋，箱上面安装盖板，母鹅进入产蛋箱后不能自由离开，需集蛋者在做记录后，再将母鹅捉出或打开门放鹅。

5. 孵巢（筐） 采用自然孵化方式的，要设孵巢（筐）。各地用的鹅孵巢规格不一致，原则是鹅能把身下的蛋都搂在腹下即可。目前常见的孵巢有两种规格：一为高型孵巢，上径40～43厘米、下径20～25厘米、高40厘米，适用于中小型品种鹅；另一种为低型孵巢，上下径均为50～55厘米、高30～35厘米，适用于大型鹅。一般每100只母鹅应备有25～30只孵巢。孵巢内围和底部用稻草或麦秸等柔软保温物作垫物。在孵化舍内将若干个孵巢连接排列在一起，用砖和木板或竹条垫高，离地面7～10厘米，并加以固定，防止翻倒。为管理方便，每个孵巢之间可用竹片编成的隔围隔开，使抱巢母鹅互不干扰。孵巢排列方式视孵化舍的形式大小而定，力求充分利用，操作方便。

设计和建造巢（筐）时必须注意以下几点：①用材省、造价低；②便于打扫、清洗和消毒；③结构坚固耐用；④大小适中；⑤能和鹅舍的建筑协调起来，充分利用鹅舍面积来安排巢（筐）；⑥必须方便日常操作；⑦母鹅在里面孵化能感到舒适；⑧能减少母鹅间的相互侵扰；⑨有利于充分发挥种鹅的生产性能。

6. 运输笼 用作育肥鹅的运输，铁笼、塑料笼或竹笼均可，每只笼可容8～10只，笼顶开一小盖，盖的直径为35厘米，笼的直径为75厘米，高40厘米。雏鹅运输盒一般用瓦楞纸制作，高度25厘米，大小视每盒放雏鹅的数量定，短距离可每盒20～50只，远距离每盒10～20只，每平方米纸盒面积雏鹅数为300～350只。雏鹅小规模运输一般用竹筐，筐底垫少量稻草等垫料，以每筐20～25只为宜。

7. 其他设备及用具 除上述介绍的养鹅设备及用具外，还有其他孵化设备（包括传统孵化设备和机械孵化设备）、填饲机具（包括手动填饲机和电动填饲机）、饲草收割设备、饲料加工机械以及屠宰加工设备等。特别一提的是，鹅场应有青绿饲料切碎设施，因为青绿饲料打浆会影响适口性。

（四）环境卫生设施

鹅场环境卫生对养鹅生产及鹅场周边环境保护十分重要，也是标准化生产的基础。

1. *隔离设施* 鹅场可以用绿化带进行隔离，也可用篱笆、围墙隔离，但成本较高。

2. *粪便处理* 一般规模鹅场产生的粪便可用堆积发酵法处理，在鹅场下风方搭建粪便堆积发酵棚，发酵棚不能漏雨，棚内不积水，周边用墙围起。较大规模场可建造粪便有机肥料厂，也可建沼气池，生产沼气作鹅场能源，沼渣沼液再进行利用。鹅粪还可生产蚯蚓、食用菌。

3. *污水处理* 鹅场产生的污水可进行沼气发酵处理，建造三级生物沉淀池，污水经沉淀池生物氧化后，进行生态循环利用，用于作物灌溉或养鱼，也可通过种植莲藕等进行生物吸收后，达到排放标准。

4. *病死鹅处理* 鹅场必须建有病死鹅无害化处理设施。其他废弃物也应有专门处理设施或方法。

二、标准化养殖技术

养鹅业发展到一定水平，专业化、规模化生产形成，标准化的重要性就开始得到正常体现。随着生产规模不断扩大，养鹅经济市场化理念已被普遍接受。标准化是发展现代养鹅业，走大规模集约化之路的基础。通过标准化，达到生产经营过程中的优化和统一协调，简化和消除这一过程中多余的、可替换的和低功能的环节，发挥最佳的功能，从而降低成本，提高产品市场竞争能力。通过标准的制定和实施，把养鹅生产产前、产中、产后全过程纳入标准化生产和标准化管理的轨道，既可加快科技成果的转化，促进增长方式的转变，又能带动各种生产要素的科学配置和优化组合，促进区域化布局、规模化生产、产业化经营，从而达到产业及经济结构合理调整的目的。标准化集科学技术和管理技术于一体，可促进现代科学技术和科学管理方法在养鹅业中的广泛应用，提高科技含量，规范养鹅生产和产品经营，融入现代社会化产业行列，促进养鹅业现代化建设。我国是养鹅大国，总量占世界80%，但出口比例极低，以标准为基础的产品市场准入成为国际贸易的游戏规则和保护本国畜牧业生产和利益的重要措施。在激烈的国际市场竞争中，掌握国际标准这一贸易制高点，不仅关系到我国鹅产品的打出去，还关系到本国市场守得住。标准化也是畜产品安全的基本保障。

（一）标准的制（修）定

标准制定有一定的程序，一般可分以下几个阶段：

预立项阶段：根据生产、市场和环境竞争需要，确定需要制定标准的对象，再根据对象，收集相关技术资料，明确范围和制定目标。

立项阶段：对证据充分，符合立项条件的制定对象，提出立项申请。

起草阶段：成立起草小组，拟定工作计划，开展调查研究，安排试验验证内容，完成标准征求意见稿。

征求意见阶段：将征求意见稿发往相关单位或个人征求意见，收回并处理意见，提出标准送审稿。

审查阶段：通过会议和函件审查，通过后形成报批稿。

批准阶段：上报标准经审查机构审查，标准化主管部门批准、发布。

出版阶段：批准的标准报批稿送标准出版单位出版。

复审阶段：标准在实施后5年内，进行重新审查，确认有效性，或修正、或废止。

废止阶段：对已无实施利用价值的标准，宣布废止。

（二）标准化

标准化就是为了达到养鹅生产的确定目标，运用系统分析方法，建立相关综合体，并有组织、有步骤地贯彻实施的一种标准化方法。它相对标准体系来说，除采用标准完整性外，标准之间更具相容性、协调性，以保证达到总体目标的最佳效果。

标准化步骤包括：

准备阶段：项目的选择、项目的可行性分析、建立协调机构。

规划阶段：确定需达到的目标，编制标准综合体规划。

建立和贯彻实施阶段：建立标准综合体、贯彻实施、定期评审与修订。

大规模养殖加工企业应建立 HACCP（危害分析关键控制点）、GMP（良好作业规范）、SSOP（生产中为实现 GMP 目标所需的操作规范和程序）、ISO9000（14000）（国际标准化组织发布的质量管理和保证体系）和有机食品认证等标准化质量管理认证体系。

（三）标准的实施与监督

标准的实施是指有组织、有计划、有措施地贯彻执行标准的活动，标准制定部门、使用部门将标准规定的内容贯彻到生产、流通、使用等领域中的过程。这一过程分为七个阶段。

计划：标准制定发布后，应拟定贯彻实施计划，确定贯彻标准的方式、内容、步骤、负责人员、起止时间、达到的要求和目标等内容。

准备：为使贯彻计划顺利开展，应做好思想（宣传）准备、组织（实施力量）准备、应掌握的技术（配套）准备、物资条件（标准施行所需）准备。

试点：按标准建立示范试点，为全面贯彻标准创造条件。

实施：按标准规定组织生产、流通、检验，并因地制宜采取措施，保证标准的贯彻、实施。

检查：检验、检查标准在实施过程中的可行性和先进性以及存在的问题。

总结：对实施、检查结果进行分析、总结。

反馈：将总结结果反馈到标准的起草、发布部门，为标准的修订提供科学的依据。

为确保标准实施的有效性，取得显著的标准化成果，应对标准的实施进行监督。标准实施监督就是通过检验、检测、资料审查、调查走访、测算评估等方法对生产、流通、检验领域的相关标准是否满足实施要求，是否按标准实施及达到预期效果，实施标准的计划、组织、措施是否落实到位，实施中存在的突出问题等开展监督。监督形式有三方面：

第一方监督：实施方的自我监督，建立标准实施监督制度，培养和增强标准化生产意识，对生产的各个环节，对照标准进行自我监督。

第二方监督：实施者相关的各方监督，生产过程中有否违反标准要求，造成相关他方的影响。

第三方监督：具有公正立场的政府或其授权的相关机构进行的监督，如通过检验、检测来确保实施者有否按要求实施标准。

（四）标准化养殖

养鹅标准化应根据不同地区、不同鹅品种及用途实施。在标准化养殖技术应用中，首先要通过研究，制定出科学的品种标准和饲养标准，再根据标准设计建设鹅场建筑与设施，在标准化设施中，按标准要求组织生产，鹅的品种选择、饲养管理、疾病防治等都要符合标准要求（见附件浙东白鹅、象山白鹅标准）。

三、育雏

（一）雏鹅的特点

出壳至28日龄的饲养管理阶段称育雏期。育雏期雏鹅生长发育快，新陈代谢旺盛，一般中小型鹅初生重100克左右，大型鹅120克左右，到4周龄时体重增加近10倍。但雏鹅消化道容积小，肌胃收缩力弱，消化道中蛋白酶、淀粉酶等消化酶数量少、活力低，消化能力不强。雏鹅绒毛稀少，体温调节机能尚未完善，对外界温度的变化适应力弱，特别是对低温、高温和剧变温度的抵抗力很差。雏鹅免疫机能不全，对疾病的抵抗力也较差。此外，在生长过程中，性别对生长速度影响较大，一般公雏比母雏快5%～25%。根据雏鹅的生理特点，育雏阶段饲养管理特别重要，它直接影响雏鹅的生长发育和成活率，继而影响到育成鹅的生长发育和种鹅阶段的生产性能。

（二）育雏前的准备

规模养鹅必须要有育雏室，育雏室要求光线充足，保温、通风良好，并要求干燥，便于消毒清洗。育雏前2～3天育雏室要进行清扫后用消毒药消毒，墙壁用20%石灰乳涂刷，地面用5%漂白粉悬混液喷洒消毒，密封条件好的育雏室最好进行熏蒸消毒，地面用火焰消毒器消毒。饲料盆（槽）、饮水器等用5%热烧碱或0.05%氯毒杀、消毒威或1∶200百毒杀等喷洒或洗涤后，用清水冲洗干净；垫料（草）等清洁、干燥、无霉变，在使用前在阳光下曝晒1～2天。育雏前还要做好保温、育雏饲料、常用药物等准备工作，并考虑到育雏结束后育成计划和准备。进雏前育雏室要进行预温，一般冬季和北方地区要预温至28～30℃，南方春秋季节预温至26～28℃。

雏鹅运输温度保持在25～30℃，运输车上覆被盖，天冷时用棉毯，但要留有通气口，运输中要经常检查雏鹅动态，防止打堆或过热引起“出汗”（绒毛发潮）。

（三）育雏方式

1. *育雏方式*　按育雏设备分，有垫草平养、网上平养和笼养。也可地面平养与网上或笼养结合，饲养1～3周龄转入地面平养。垫草平养要保证垫料干燥清洁，垫草厚度春秋季节7～10

厘米，冬季13～17厘米。小群的可放在鹅篰或竹筐内育雏。网上平养可防止鹅栏潮湿，但必须保温。笼养是大规模育雏的最佳方法，节约育雏室、劳动力，育雏效果好。

按温度来源可分为给温育雏和自温育雏两种，给温育雏就是人工提供热源，育雏效果好，劳动生产率高，适合于大群育雏和天气寒冷时采用。自温育雏就是雏鹅在有垫料的草篰、箩筐、草囤内，上覆保温物利用雏鹅自身散发的体温保温，对小群育雏具有设备简单、经济等优点。

2. 饲养季节　饲养季节与气候条件、青绿饲料供应、鹅产品季节差价等因素有关。从适宜性讲，华东地区3～4月开始饲养，至端午节上市。四川等中部地区习惯饲养冬鹅，即12月育雏，春节上市。浙江地区9～11月饲养肉鹅的市场价最高。南方11月份饲养条件最好，鹅生长也快，效益高。北方地区有“清明捉鹅”的习惯，这时天气转暖，利于育雏，青草生长，青绿饲料来源问题解决。北方冬季不宜养鹅，但采用塑料暖棚等新的饲养方式能解决保温问题。但养鹅最佳季节选择随着市场行情的变化、饲养水平的提高、种草养鹅或集约化舍饲方式的采用而有较大变化，或季节差异在缩小。

（四）饲养管理

1. 开水、开食　“开水”或称“潮口”，即雏鹅第一次饮水，一般雏鹅出壳后24～36小时，在育雏室内有2/3雏鹅要吃食时应进行“开水”。饮水的水温以25℃为宜，饮水中可用0.05%高锰酸钾或5%～10%葡萄糖水和含适量复合B族维生素液的水，“开水”方法可轻轻将雏鹅头在饮水中一按，让其饮水即可。“开水”后即可开食，开食料用雏鹅配合饲料或颗粒饲料加上切细的少量青绿饲料，其比例一般为先1∶1，后1∶2，对小群饲养而无条件的可用蒸熟的硬米饭加些许细米糠替代配合饲料或颗粒饲料。开食方法可将配制好的饲料撒在塑料布上，引诱雏鹅自由吃食，也可自制长30～40厘米、宽15～20厘米、高

3～5厘米的小木槽喂食，周边要插一些高15～20厘米、间距2～3厘米竹签，以防雏鹅采食时跳入槽内将饲料勾出槽外造成浪费。育雏鹅要保证充足饮水，饲料饲喂次数一般3日龄前每天喂6～8次，4～10日龄喂8次，10～20日龄喂6次，20日龄后喂4次（其中夜间1次），精饲料、青饲料配比10日龄后改为1∶3，喂时应先喂青饲料后喂精饲料。如果饲养规模不大或饲养地青饲料供应充裕，还可以加大青饲料饲喂比例，这样能降低饲料成本。

2. 保温　雏鹅保温随育雏季节、气候不同而不同，一般需人工保温3～4周。检测温度计应挂在离地面15～20厘米墙壁上，根据育雏室大小确定温度计的悬挂数量。温度掌握原则：小群略高，大群略低；弱雏略高，强雏略低；冷天略加高，热天略降低；夜间略高，白天略低；昼夜温差不超过2℃。要根据雏鹅表现的观察，确定温度是否适宜，一般要求雏鹅均匀分布，活泼好动，如雏鹅集中在热源处拥挤成堆，背部绒羽潮湿（俗称"拔油毛"），并发出低微而长的鸣叫声，说明育雏温度偏低，应及时加温；如雏鹅远离热源，张口喘气，大量饮水，食欲下降，则表明温度过高，应降温。推荐的温度是对一般情况下的要求而言，如果育雏室湿度较低，温度也可低些；雏鹅健康状况不好，应该高些。保温热源可用坑道、水蒸气（管道）、炉子或红外线等电热源，炉子保温要防止一氧化碳中毒，红外线灯泡保温，灯泡高度应在雏鹅7日龄内离地面40～50厘米，以后随日龄增加而逐步升高，一般每盏250瓦红外线灯泡可保温雏鹅100只。育雏脱温时间要根据饲养季节、饲养地区、育雏室条件等确定，但原则是保证雏鹅能适应脱温后的环境温度。

3. 控湿　湿度与温度同样对雏鹅健康有很大的影响，而且两者是共同起作用的。鹅虽是水禽，但育雏期要求干燥。育雏室要保持干燥清洁，相对湿度在60%～70%，低温高湿使雏鹅体热散发很快，觉得更冷，致使抵抗力下降而引起打堆、感冒、拉稀，造成僵鹅、残次鹅和死亡数增加，这往往又是一些疫病发生流行的诱导因素。高温高湿则使体热难以散发，雏鹅食欲下降，容易引起病原菌的大量增殖，雏鹅发病率上升。在保温的同时，一定要注意空气流通，以及时排出育雏窝内的有害气体和水汽。为防止育雏室过湿，一般要求垫料经常更换或添加，喂水切忌外溢，加强通风干燥，还可用生石灰吸湿（表5-2）。

表5-2　育雏期适宜温、湿度推荐表

日龄	温度（℃）	相对湿度（%）	室温（℃）
1～5	28～27	60～65	15～18
5～10	26～25	60～65	15～18
11～15	24～22	65～70	15
16～20以上	22～18	65～70	15

4. *分栏*　随着雏鹅的长大，要及时进行分栏（分群），一般要求育雏密度1～5日龄每平方米饲养数为20～25只，6～10日龄为15～20只，11～15日龄为12～15只，16～20日龄为8～12只，20日龄后密度逐渐下降，小型品种鹅的饲养密度还可适当增加。分栏应根据雏鹅的大小、强弱进行，每栏（群）以25～30只为宜。最好是进行雏鹅的雌雄鉴别，公、母分开育雏饲养。为提高整齐度，要加强弱群、小群的饲养管理。鹅是水禽，要进行放水，以提高鹅的素质，一般育雏1周左右可进行放水，初次放水应在浅水塘中，自由下水几分钟后即赶上岸，特别是寒冷天气，要防止放水引起受冻。另外，要搞好育雏室的清洁卫生和定期消毒，同时，还要防止鼠害。育雏室保持安静，以防雏鹅应激。

5. *放牧*　有放牧条件一般20天左右雏鹅可以放牧（北方早春应推迟到30天），夏天10天左右就能放牧。放牧鹅群要健康活泼，放牧要求先近后远，放牧场地平坦，嫩草丰富，环境安静。放牧时应做到迟放早归，放牧时间由短到长，开始时间在半小时左右。放牧群体以300～600只为宜。一般放牧1周后，可让雏鹅下水运动，但时间不宜过长。放牧后，白天饲料饲喂次数和数量可逐渐减少，至1月龄后只需晚上补饲。

（五）笼养技术

笼养育雏是规模养鹅的管理基础，具有饲养密度高，育雏质量好，便于机械化操作，劳动生产率高等优点。

1. 笼的设计　笼养育雏适宜于较大规模饲养，笼的设计也可因地制宜，就地取材。笼养时间为4～21日龄。育雏笼见图5-1，一般笼的面积以60厘米×80～100厘米为宜，每笼养鹅10～15只，如浙东白鹅等生长速度较快的鹅种14日龄后每笼养6～8只，饲养规模大的可以把笼养分2个阶段，第1阶段为1～2周龄，第2阶段为3～4周龄，第2阶段笼的面积扩大60%～

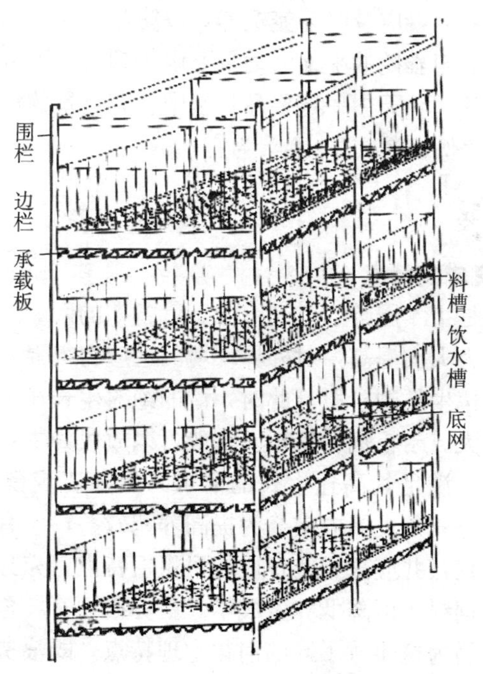

图5-1　育雏笼

100%，因鹅的体重增大，笼底网的强度要加大。笼的高度因鹅的品种和育雏日龄而定，一般30～40厘米，分2个阶段的，高度也增加到50厘米，为便于捕捉，笼的正面要做成活动的，笼的四周围栏，因鹅的跳跃能力较差，高度可在25～30厘米。笼底用1.5厘米×1.2厘米或1.5厘米×6.0厘米网眼的铁丝，也可用2厘米宽的竹条，间距1.5厘米。笼下设承粪板，笼的两边分设饮水槽和喂料槽，槽口离笼底高度根据鹅体大小调节。笼养可单层饲养，也可双层或3～4层饲养。

2. 笼养管理　笼养育雏室内必须人工保温。1周龄室温18～22℃；2周龄14～18℃；3周龄12～14℃。育雏室内保持清洁和干燥，并勤清粪。笼养育雏室保温最好用暖气管道，规模大、有条件的用小型锅炉热蒸汽保温，使室内温度保持均匀。雏鹅3周龄后，个体较大，应及时下笼饲养，以防雏鹅因活动少而发生软脚病等。初下笼雏鹅的平地活动量要由小到大，不可立即外出放牧，下笼前7～10天内一定要在日粮中补充足量的钙、磷和维生素D，钙磷比例控制在1∶0.7为宜。

四、育成

（一）育成鹅特点

育成鹅是指4周龄以上到育肥、后备期的鹅，其觅食力、消化力、抗病力大大提高，对外界环境的适应力很强，是肌肉、骨骼和羽毛迅速生长的阶段。此时，鹅的绝对生长速度成倍高于育雏期，食量大、耐粗饲，管理上一般可以放牧为主，同时适当补饲一些精料，满足其高速生长的需求。但随着规模化养殖的发展，全舍饲方式是发展方向。为提高养鹅效益，应有合理的青绿饲料种植计划，并应根据鹅育成期耐粗饲特点，充分利用当地价廉物美的粗饲料，以降低养殖成本。就养鹅而言，全精料饲养是不可取的，因为这违背了鹅的消化生理特点，既浪费精料，又增加生产成本。育成期鹅的生长发育好坏，与出栏（上市）肉鹅的体重、品质以及作为后备种鹅的质量好坏有着密切的关系，因此，这一阶段的管理虽比育雏鹅简单，但仍十分重要。

（二）饲养管理

1. 饲养方式　育成鹅要养得好就离不开水。因此，育成鹅舍应建在有游水场地处，鹅舍应高燥、向阳，环境安静，有一定的隔离条件，最好周边有放牧场地。育成鹅的饲养方式根据品种、规模、季节等确定，一般可分放牧、半放牧和舍饲三种。对周边放牧场地充裕或饲养规模较小的，可采用放牧方式，饲养成本低、经济效益好；同时，放牧可使鹅得到充分运动，能增强体质、提高抗病力。对放牧条件限制大，具有一定饲养规模的，可采用半放牧方式，如结合种草养鹅，也能获得高的经济效益。无放牧条件或生产规模大的，采用舍饲方式，利用周边土地人工种植牧草，并按饲养规模确定种草面积、牧草品种和播种季节，做到常年供应鲜草，这种方式不受放牧场地和饲养季节等的限制，并能减少放牧时人员的劳动强度，饲养规模大，劳动力、土地利用率高，是现代化大规模养鹅的主要途径。

2. 放牧饲养　对放牧鹅，在放牧初期一般上下午各一次，中午赶回鹅舍休息；天热时，上午要早放早归，下午晚放晚归，中午在凉棚或树荫下休息；天冷时，则上午迟放迟归，下午早放早归，随日龄增长，慢慢延长放牧时间。由于鹅的采食高峰在早晨和傍晚，因此放牧要尽量做到早出晚归，使鹅群能尽量多采食青草。放牧场地，要选择鹅喜食的优良牧草，要有清洁的水源，同时又有树荫或其他荫蔽物，可供鹅遮阴或避雨。鹅的消化吸收能力很强，为保证其生长的营养需要，晚上要补喂饲料，以青绿饲料为主，拌入少量精料补充料或糠麸类粗饲料。夜料在临睡前喂给，以吃饱为度。在放牧过程中要做到“三防”，①防止中暑雨淋，热天不能在烈日暴晒下长久放牧，要多饮水，防止中暑，中午在树荫下休息，或者赶回鹅舍。50日龄以下中鹅，遇雷雨、大雨时不能放牧，及时赶回鹅舍，因为此时期鹅羽毛尚未长全，易被雨淋湿而产生疾病。②防止惊群，育成鹅对外界比较敏感，放牧时将竹竿高举、打开雨伞等突然动作，都易使鹅群不敢接近，甚至骚动逃离，发生挤压、踩踏，不要让狗及其他兽类突然接近鹅群，以防鹅群受到惊吓。③防止中毒，施过农药（包括除草剂）后草地至少要经过一次大雨淋透，并经过一定时间后，才能安全放牧。此外，放牧时要尽量少走，不应过多驱赶鹅群，归牧时防止丢失。放牧鹅群一般以200～500只为宜，大群的也可在700～1 500只，但要有大的放牧场地，放牧人员充裕。

3. 舍饲管理　对于舍饲的育成鹅，要实行种草养鹅。舍饲时要注意游水塘水的清洁，勤换鹅舍垫草，勤清扫运动场。饲料和饮水槽盆数量要充足，防止弱的个体吃不到料，影响生长，拉大体重差异。舍饲每群育成鹅数量以100～200只为宜，大规模可在300～500只，小规模控制在50～100只。舍饲的育成鹅饲料以青绿饲料为主，添加部分粗饲料和精饲料补充料。为防止青绿饲料浪费，喂前应切碎，最好拌入精饲料中饲喂（夏季一次饲喂时间不能过长，以防饲料酸腐）。但因关养鹅缺少运动，特别要注意饲料中蛋白质的营养和钙、磷比例合理，运动场内必须堆放沙砾，以防消化不良。鹅的消化速度快，为促进生长，饲喂次数一定要多，一般日喂3～4次，夜间1次。如青、精饲料分喂，青饲料饲喂次数还可增加。有条件的应尽量扩大运动场面积。

4. 育成指标　育成期饲养管理好坏，要看鹅的育成率和生长发育情况。一般要求育成率达到90%以上，10周龄体重达到成年体重的70%（指肉用品种），如大型品种的体重达到5～6千克，中型品种3～4千克，小型品种2.5千克左右。同时，育成期羽毛生长情况也是十分重要的，要检查鹅是否在品种特性所定的日龄内达到正常的换羽和羽毛生长要求，在正常出栏日龄时羽毛生长不全或提前换羽，将影响鹅的屠体品质。达不到育成指标的应及时调整饲养管理方式和饲料配比、结构。

（三）育肥

1. *育肥方法* 育成鹅在60日龄左右从中选出留种鹅的进入种鹅后备期饲养，其余的鹅应进行育肥。浙东白鹅等早期生长速度快的品种，以半放牧或舍养为主的，育肥日龄可提早到40～50日龄，60日龄就能出栏。育成鹅通过育肥既可加快育成后期生长速度，又可保证肉鹅的出栏膘情、屠宰率和肉质，是饲养肉鹅经济效益的最后保证。鹅的育肥期一般10～14天。育肥过迟，鹅的绝对增重下降，同时，出现第一次小换羽，影响饲料利用率，屠体质量也会下降，育肥过早，鹅处于发育阶段，育肥效果差，饲料利用率低，出栏时羽毛没有长齐。育肥方法，以舍饲、自由采食为多。日喂3次，夜间1次。喂富含碳水化合物的谷类为主，加一些蛋白质饲料，也可使用配合饲料与青绿饲料混喂，育肥后期改为先喂精饲料，后喂青绿饲料。

2. *育肥管理* 育肥期要限制鹅的活动，控制光照与保证安静，减少对鹅的刺激，让其尽量多休息，使体内脂肪迅速沉积，供给充足饮水，增进食欲，帮助消化。要保持场地、饲槽和饮水器的清洁卫生，定期消毒，防止疾病发生。对于有特殊生产要求的鹅，如肥肝生产，还要根据肥肝生产的要求进行强化育肥，肉用仔鹅作烤鹅的，也应适当强化育肥，提高鹅坯品质。

五、生产肥肝鹅的饲养管理

肥肝生产是一项新型养鹅产业，因鹅肥肝的特殊口味和营养价值，使鹅肥肝生产具有较大的经济效益，市场前景广阔。随着我国经济的发展，人们生活水平的提高，鹅肥肝消费量快速增加，同时，国际市场潜力也很大，根据欧盟的最后通牒，到2019年，欧盟将禁止所有成员生产鹅肥肝。这也给欧盟的地区带来了新的外需。据专家预计，随着2019年禁令的发布，匈牙利等国将被迫停止鹅肝生产，鹅肝市场每年将因此会有1 500吨或更多的缺口。因此，掌握肥肝生产技术有很大意义。

（一）生产肥肝鹅选择

1. 品种　品种是影响肥肝生产的首要因素。凡是肉用性能良好的大型水禽品种均适合于肥肝生产；而产蛋多的小型水禽品种不宜用于肥肝生产。国际上常用于肥肝生产的品种有朗德鹅、图卢兹鹅、匈牙利白鹅、莱茵鹅、意大利鹅、以色列鹅、埃姆登鹅等。我国的狮头鹅、溆浦鹅的肥肝性能也较好。浙东白鹅具有较好的肥肝生产性能和肥肝品质，但为了获得更佳的生产效果，建议引入朗德鹅等肥肝生产良种或进行杂交生产，实际经济效益明显。目前，国内外肥肝生产开始转向杂交品种，选择好的杂交组合，其繁殖性能好，肥肝填饲期有所缩短，同时能保证肥肝重和品质，西方国家为了减少肥肝生产副产品（鹅的屠体、体脂等）比例，在品种选育中开始引入肥肝体重比性状，这是今后肥肝生产的主要发展方向。

2. 性别及年龄　鹅填饲年龄不仅与肥肝重量有关，而且影响到胴体的质量和生产肥肝的经济效益。用年龄小的鹅进行填饲，肥育效果差；年龄过大，饲养成本增加。一般来说，掌握在体成熟以后，即肌肉组织生长基本完成时进行填饲比较合适，朗德鹅、浙东白鹅在80～90日龄开始较合适。

用成年和老年鹅生产肥肝，在填饲前要有2～3周的预饲期，在预饲期采用科学的饲养管理，锻炼鹅的消化器官，以便使之适应以后的强制填饲。同时公鹅填肥效果明显优于母鹅，一般公鹅肥肝重比母鹅肥肝重高12%左右。

3. 填饲体重　据试验，肥肝重与鹅填饲始重关系不大，而与填饲末重关系很大。在通常情况下，填饲期绝对增重高的，肥肝大。但填饲体重小，发育年龄相对较短，机体生长发育需养分多，养分转为脂肪在肝脏沉积就少，填饲效果不好。不同鹅品种种质不同，生长发育规律也不同，一般大中型体重在5千克左右，小型3千克以上开始填饲为宜。

（二）填饲期与填饲量

1. 填饲期　在鹅生理允许范围内，肥肝大小随着填饲天数的延长而增加。但是，填饲期越长，消耗的饲料和人工越多，所花费的成本就越大。因此，填饲期的长短，要根据不同品种、体况、生产成本和经济效益等进行综合考虑。一般填饲期为3～5周。填饲鹅消化力减弱，粪色改变、呼吸变深重时填饲就要结束。

2. 填饲量　填饲量的多少直接影响到肥肝的大小和质量。如填饲量不足，体内脂肪形成量少，脂肪不能快速在肝脏沉积，难以形成品质好的肥肝。体内形成的脂肪除供机体代谢需要外，依次在皮下、腹腔和肝脏沉积。鹅的填饲量因品种环境等因素差别较大，一般日填饲量0.75～1千克。一般填饲开始3天，日填饲量从总量的50%逐渐增加到80%，填饲第五天，达到日填饲量，以后可依据嗉囊内不积食、消化良好、健康状况酌情增减。

3. 填饲季节　一般，填饲的最适气温为10～15℃。气温达到25℃以上，由于填饲鹅的热量不易散发，影响健康，填饲鹅的死亡率会提高，肥肝填成率下降，因此不能填饲。夏天填饲应有降温措施，在填饲室内安装喷淋装置或湿帘、冷风机等设施，使室温降至25℃以下。鹅对低温的适应性较强，在4℃的情况下填饲也无不良影响；室温低于0℃以下时要注意防冻保暖。一年四季中以秋季和冬季填饲效果最好。

（三）填饲饲料

1. 饲料选择　玉米是生产肥肝的最佳饲料，因其蛋白质含量低，能量含量高，大量饲喂玉米后，能在肝脏快速沉积脂肪，形成肥肝。据试验，玉米组平均肥肝重比稻谷组、大麦组、薯干组和碎米组分别提高20%、31%、45%和27%。

玉米的颜色对填饲效果影响不大，但与肥肝的颜色有关。一般白色玉米生产粉红色肝，黄色玉米生产黄色肝。此外，在填饲饲料中配合少量植物性油脂，能加速肥肝的形成。

2．加工调制　实践证明，玉米粒和玉米粉的填饲效果也不相同。玉米粒比玉米粉的填饲效果好。填饲的玉米粒按加工方法有炒玉米粒和煮玉米粒之分。用这两种玉米粒填饲效果基本一样。

（1）炒玉米粒的加工　玉米经清除杂质后，倒入铁锅用文火翻炒。当玉米粒呈深黄色（八成熟）时翻炒结束，然后装入麻袋备用。填喂前用温热水浸泡1～1.5小时，待玉米粒表皮泡展为止。

（2）煮玉米粒的加工　玉米经清除杂质后，倒入开水锅内煮，锅内水面浸过玉米10～15厘米，待水烧开后再煮5～10分钟，将玉米捞出倒入料箱填饲。

法国等一些国家在用玉米粒填饲时，常加入0.5%～1%的食盐和1%～2%的动、植物油脂，而我国生产肥肝，在玉米粒中只加食盐，不加油脂，其肥肝生产效果也很理想。目前我国各地所进行的肥肝试验或在生产中，有加油脂的，也有不加油脂的。然而加油脂可增加饲料中的热能，而且起到润滑作用，便于填饲操作。为促进肝脏的脂肪沉积和代谢的正常，还可在填喂饲料中添加一定量的胆碱和少量的微量元素和其他复合维生素。有的还添加磷脂、氨基酸、酵母核酸等促进肝脏生长的营养素。

（四）填饲方法

1．预饲期　一般60～70日龄后的育成鹅或成年鹅要进行2～3周的预饲。进入预饲期应先进行防疫和驱虫，剔除体重过小和不健康个体后进行舍饲。预饲期除供应优质青绿饲料外，每日每只鹅补饲精饲料200克。预饲期间保持较暗的光线和安静的环境，饲养密度控制在3～4只/米^2。

2．填饲方法　预饲期结束后，进入填饲期。为了获得大而优质的肥肝，填饲期必须采用人工强制填饲的方法，使鹅每天摄取大量的高能饲料，使其在短期内快速肥育，并在肝脏中大量储积脂肪，形成肥肝。人工强制填饲一般用填饲机进行，电动填饲机因填饲饲料的料形不同，一般有螺旋推进式填饲机和压力泵式填饲机两种。用手工方法填饲鹅很困难，因为鹅嘴的上下颌开张角度小，而且上下颌边缘的皱裂锋利。所以用手工方法填饲鹅，一般要借助漏斗，先把漏斗从鹅口腔插入食道，再向漏斗中投料，一次投料不要很多，以防漏斗堵塞。填饲时，饲养员先用两腿保定鹅体，左手握住头部，右手分开上下喙，拉出舌头后，缓缓套在填饲管上，踩动填饲机将饲料慢慢填入的同时，将鹅头慢慢退出，左手将饲料慢慢向下捋，待饲料填至将近咽部时，填饲结束。刚开始填时，填饲管插入浅些，填量也由少到多。填饲和抓鹅动作要轻柔，避免鹅驱赶扑腾。

鹅的食道比鸭细而长，因此填一只鹅的时间比鸭长，又由于鹅没有嗉囊，食道容积小，要保证每天的填饲量，就需要增加每天的填饲次数。填饲次数开始时每天 2 次，填饲量和次数慢慢增加，最后达到日填饲 3～4 次，国外生产鹅肥肝也有日填饲 6～7 次的。

3. *填饲期的饲养管理* 加强填饲期的饲养管理，就是为鹅创造在短期内迅速肥育的适宜环境条件，有利于鹅及其肥肝的生长。填饲鹅以舍饲为好，圈外不设运动场，尽量避免外界干扰，保持环境安静；圈舍通风良好，地面平坦，并铺有垫草，粪便要及时清扫，保持地面清洁干燥；舍内饲养密度要适宜，一般为 2～3 只/米^2，每栏养 2～4 只，有条件最好单栏关养，严防互相挤压碰撞；圈舍内保证供给清洁饮水，水盆要经常刷洗、消毒。笼养填饲能提高填成率、填成效率和饲养密度。

（五）填饲鹅常见疾病防治

填饲是一种强制性的饲喂手段，如操作不当，就会造成机械性损伤等一系列疾病。其次，填饲期间随着脂肪的迅速沉积，鹅的抗病力明显减弱，此时很容易感染疾病。所以，要从加强清洁卫生和提高填饲技术着手，加以预防。一旦发生疾病应及时治疗，但不可滥用药物，防止肝脏负担过重和药物在肝中的残留。

1. 喙角溃疡　由于填饲管过粗或在填饲时操作不当，动作粗暴，造成喙角损伤，细菌感染而引起炎症，进而发展到喙角溃疡和局部组织坏死。此病在中小型鹅中发生较多，常发生于夏季，特别在B族维生素缺乏的情况下，更易发生。发病时，病鹅两喙的基部破损、肿胀、溃疡，强行张开两喙填饲时，可闻到腐臭味。

防治中小型鹅应采用较细的填饲管填饲，填饲动作要轻，避免擦破喙角。在饲料或饮水中加入禽用多维素。可使用消炎药和珍珠粉涂抹喙角破损处，有一定的疗效。

2. 咽喉炎　填饲时因将填饲管强行插入，造成机械性损伤引起的咽喉黏膜及其深层组织的炎症。其特征是周围组织充血、肿胀和疼痛。填饲时鹅挣扎不安，且因咽喉肿胀和疼痛，填饲管不易插入。在填饲前应先检查填饲管是否光滑，管口有无缺口，是否圆钝；填饲员指甲要剪光磨平，拉出鹅舌头要轻；插入填饲管时动作要慢，角度正确；如鹅挣扎，咽喉部紧张，应暂停插入，不得硬插。轻度咽喉炎症可内服土霉素，并局部涂擦磺胺软膏。如咽喉损伤严重，则应淘汰。

3. 食管炎　因为食道黏膜受摩擦过度造成损伤所引起的炎症。其特征是食道发炎、肿胀和疼痛，填饲时患鹅表现不安。

预防与咽喉炎相似。采用50厘米的长填饲管填饲，这样填饲管能直接插到食管膨大部，可大大减少食道炎的发病率。插管要谨慎，并使鹅的颈与填饲管保持平行。另外注意每次填料要少，否则大量玉米填入食道，使局部食道迅速膨胀，而往下捋时用力过大，玉米粒与食道壁强烈摩擦，致使食道损伤。

4. 食道破裂　由于填饲管插入时动作粗暴，或者由于填饲管本身存在的金属破口，而造成食道破裂。其症状是填饲后抽出填饲管时，发现管壁沾有血液，继后鹅的颈部肿胀，精神委靡，在下次填饲前用手触摸颈部，可摸到积蓄在颈部皮下的大量玉米。

预防与食道炎相似。发生本病的鹅应及早淘汰。

5. 消化不良和积食　消化机能不良是由于消化机能紊乱，引起以腹泻和排出大量整粒的未消化玉米为主的疾病（非病原菌下痢）。食道积食往往是由于填饲的玉米突然增多，使整个食道及其膨大部的平滑肌松弛，弹力减弱而造成大量玉米积滞在食道和食道膨大部，甚至向下达到腺胃中。

要有填饲预饲期阶段。在预饲期阶段，让鹅逐渐习惯于摄食整粒的玉米和大量的青绿饲料，使整个食道柔软而富有弹性，为大量填饲打好基础。供给粗砂粒，让其自由采食，以帮助消化。填饲量应由少到多，逐步增加。每次填饲前，要触摸食道膨大部，对消化良好的可增加填饲量；对消化不良、食道积滞的玉米粒轻轻捏松，并往下捋，然后少填或停填一顿；也可喂些帮助消化的药物。

6. 跛行与骨折　填饲后期鹅体重一般要增加80%左右，有一部分填饲鹅支撑不住，而出现歪脚、跛行，这是正常现象。还有一部分是因为操作粗暴而造成的腿部受伤，这种情况应避免。另外，捉鹅时要轻捉轻放，否则易造成翅膀和腿部骨折。对骨折的鹅一般不再治疗，如已成熟，应及时屠宰。

7. 气管异物　主要是由于填饲操作不小心，使玉米粒通过喉头落入气管所致。症状是填饲结束后鹅拼命摇头，想把气管中的玉米甩出来，开始呼吸急促，继而呼吸困难，以至窒息死亡。

在插填饲管时，应先将遗留在管中容易掉落的玉米粒去掉；填饲时不要填得过于接近咽喉，拔出填饲管时，动作要轻要快。发现鹅有气管异物症状，应立即提起，使其双脚倒挂起来，并用手摸捏气管，如玉米粒卡在气管接近咽喉处，可以用手指挤出；如卡的位置很深，只能屠宰。

（六）影响鹅肥肝生产的因素

影响鹅肥肝生产的因素很多，但主要以品种、饲料和填饲技术为主。匈牙利专家经研究认为各种影响因素对鹅肥肝生产效率的作用比例如下。

1. 遗传因素　鹅肥肝的遗传力很高，报报道，朗德鹅的肥肝重遗传力达0.5～0.6。因此，选择适宜的肥肝生产鹅品种非常重要，它占鹅肥肝生产效率的25%。

2. 填饲人员素质　肥肝生产的主要操作环节是填饲，填饲人员的熟练程度影响肥肝生产效率的25%，几乎与品种同等重要。一般熟练人员1.5～2.5分钟就能填饲1只鹅，并能从填饲过程中感知鹅的生物学耐受力，从而调整填饲的数量和次数，能减少填饲损失和损伤，保证了生产肝的品质。

3. 填饲技术　采用适宜的填饲方式、填饲时间等填饲技术对肥肝生产效率影响也达到20%。据报道，朗德鹅9周龄填饲18～20天，每天填喂1～1.2千克玉米，增重能达到2.3～2.5千克，肥肝重能超过500克。

4. 饲料　选择好的填饲饲料，配以合理的添加剂，对肥肝生产效率影响度为15%。选择品质好的玉米经炒和煮后，添加适量的食盐、脂肪、维生素，能提高肥肝生产性能。

5. 鹅龄　鹅的年龄对肥肝生产效率的影响度为15%。一般要求填饲体重达到4千克以上才能获得好的填饲效果。在季节上以冬季为好，春、秋也可进行，但夏季不适填饲。

六、种鹅的饲养管理

做好种鹅各阶段的管理是鹅繁育工作的基础，直接关系到整个养鹅业的兴旺。鹅的繁殖生理特点有明显的季节性，目前多从"早春鹅"和"清明鹅"中选种，这样选入的种鹅在夏季休蛋期前就可开产，头窝蛋因个体小、发育不全，不能作种蛋，而此时的雏鹅价格也最低。到下半年产"白露蛋"时，马上就可作种用，此时的雏鹅价最高，因此，这个留种方法的经济效益最佳。

（一）后备鹅

1. 选留季节　在70日龄左右的育成鹅群中选留后备鹅。华东地区的后备鹅选留季节一般在6月中下旬，这时选留的鹅育成期饲料充裕，生长发育好，至11月下旬开产，春节前可齐蛋孵化，接上养殖季节。浙江地区应在3月上中旬选留，至休蛋期（6月份）前产下头窝蛋，休蛋期过后，10月份所产蛋重已基本达到孵化要求，使种鹅当年就可利用，产种蛋量增加。南方地区选留季节还可适当提早1～2个月。东北地区则9～10月选留为宜，第二年5～6月份可生产种蛋，正赶上孵化和肉鹅饲养季节。选留种鹅时还应注意有的品种公鹅性成熟期比母鹅早，根据品种要求和生产季节，公鹅可比母鹅迟选留1～2个月。

2. 饲养　后备鹅仍处于生长发育期，为提高其今后的种用价值，必须加强管理，既保证后备种鹅的正常发育，又要防止过肥或造成性成熟过早，影响成年体重和产蛋能力。

为保证后备鹅正常的生长发育，不宜过早粗饲，放牧的鹅应每日补喂精饲料2～3次，补饲的精饲料、青绿饲料比例以1∶2为宜。大型鹅种110～130日龄，中小型鹅种90～120日龄后开始转入粗饲（限制饲养），在粗饲期间促使种鹅骨架的继续生长，并控制性成熟期，做到开产时间一致。放牧鹅应吃足青绿饲料，一般不喂精料。舍饲的也以青绿饲料为主，适当添加以糠麸饲料为主的粗饲料和其他必需营养成分。后备鹅在正式开产前30天左右应开始加料，数量由少增多，在产蛋前7天加喂到产蛋期的饲料量。

3. 管理　后备鹅的管理先要做好调教合群工作，以便于今后管理。根据饲养要求，可采用公、母分开或混合饲养方式。对舍饲的鹅群要保证适当的运动场面积，保证一定的运动量，保证体格的健壮和避免活动不足引起的脂肪沉积，影响繁殖性能发挥。限制饲养期间应按免疫程序进行免疫接种和体内外寄生虫的驱除工作。同时，为促使换羽保证今后产蛋一致，在后一阶段可进行人工拔羽而强制换羽。后备鹅接近产蛋期时要求全身羽毛紧贴、光泽鲜明，尤其是颈羽要光滑紧凑，尾羽和背羽整齐、平伸，后腹下垂，耻骨开张达3指以上，肛门平整呈菊花状，行动迟缓，食欲旺盛。公鹅达到品种的成熟体重要求，外表灵活，精力充沛，性欲旺盛。在开产前还应准备好种鹅产蛋窝，在新母鹅的产蛋窝内还应放些“样蛋”，以防开产后母鹅随处产蛋，引起种蛋污染。

（二）产蛋鹅

1. 饲养　产蛋期种鹅的饲养是关键，决定产蛋量和种蛋品质。产蛋鹅饲养一般以舍饲为主，有条件的可进行适度放牧。产蛋期一般每日饲喂3次，产蛋高峰期可在晚上补喂1次。产蛋种鹅营养必须保持充足供应，一般中小型鹅品种的精料日饲喂量为120～200克，大型鹅品种200～250克，运动场中堆放沙砾和贝壳，精料中注意补充蛋白质，最好能添加0.1%蛋氨酸，同时要确保青绿饲料的供应。种公鹅在配种期间要喂足精料和青绿饲料，有条件的应单独饲养，并加强种公鹅的运动，防止过肥，以保持其强健的配种体况。浙江省象山县民间为使公鹅在母鹅开产前有充沛的精力配种，在配种前10天左右和配种期间加喂生地（300～500克）和荔枝或桂圆干若干枚，以补阴养精，提高受精率。

2. 管理　产蛋前期要及时查看产蛋情况，注意产蛋量的上升情况，按繁殖要求确定配种方案，保证种蛋的受精率，对所产种蛋应及时收集、除污、消毒和贮存，特别对个别母鹅在产蛋窝外产的蛋，要立即拣走，并消除产蛋环境，否则不便于管理和种蛋质量的保证。保持种鹅舍清洁、卫生、干燥。保持产蛋窝填草柔软、干燥，发现赖抱母鹅占窝要随时移出。在上午产蛋期间，尽量保持环境安静。种鹅饲养中要注重光照控制，以促进产蛋、减少就巢性，从10月份以后，可在鹅舍（非露天关养的鹅群）适当开灯补充光照，达到基本稳定或逐渐缩短，最后保持每天12～14小时光照，这能提高部分产蛋率。如浙东白鹅等品种有不同程度的就巢性，要加强母鹅恋巢期的管理，对自然孵化的母鹅在孵化结束后，进行日夜加料，任其吃饱，尽快恢复体质，为产下一窝蛋打下基础。如不进行自然孵化的，就要采取醒抱措施。人工醒抱就是把就巢母鹅从产蛋窝或就巢窝里移出，放在有水的光线充足处关养，还可进行断水断料（气温高时不可断水），以促进醒抱。另外，可用醒抱灵等药物醒抱，但使用药物醒抱时，一定要在刚出现就巢性时马上进行，否则影响醒抱效果。公、母鹅分开饲养的，要加强公鹅的饲养管理，并设定固定的配种时间，以保持其旺盛的性欲，提高种蛋受精率。公、母鹅混养的也应采用人工辅助配种等方式增加公、母鹅的配种机会。对产蛋期采取放牧的，要求母鹅产蛋尽量集中，并在产蛋结束，上午10时后进行放牧，放牧场地应离鹅舍较近且比较平坦，放牧时因母鹅行动迟缓，应慢慢驱赶，尤其是上下坡时，更应防止跌伤。鹅抗寒性能好，种鹅在南方地区可露天关养；而北方地区，因冬季气温过低，需要进行保温，为节约成本，可搭塑料暖棚关养，有条件的，晚上在暖棚内可适当加温。

（三）反季节繁殖种鹅

1. 饲养　反季节繁殖种鹅需要人工调节光照，饲养管理措施要与光照处理模式适应。在自然生产情况下，种鹅于4～6月停产，再于9月份开产，其休产期大约为2.5月左右，鹅群在一年中完全没有蛋的时间一般为55～65天，因此如果要使鹅在4月上旬或3月份开产，一般按2个月的休产期计算，应该使鹅在3月上旬或1月中下旬停产。再按照鹅还必须接受30～40天的长光照处理才能停产，因此最早的处理必须于1月中旬开始甚至更早地于12月上中旬开始。鹅在接受长光照时，可能会表现出产蛋率升得很高的现象。同时，还会表现出减少采食量的现象，由于鹅在此时产蛋高而采食量低，会出现软脚问题，甚至完全不采食而死亡。因此这一时期需要喂营养价值高一些的饲料，最好是在光照处理后一开始就加入20％～30％的种鸭料或蛋鸭料，以防止这一问题的发生。在鹅出现软脚问题时，需要将其隔离，白天多晒太阳，并可注射维丁胶性钙，增加钙的吸收利用。如软脚问题与病原有关，还需注射抗生素。在鹅接受长光照处理后约30天，鹅会开始脱掉小毛，到光照处理后第30～35天（从开始点灯处理算起的第30～35天），此时也已经开始停蛋了。于光照处理后35～40天，可以对公鹅拔去大毛（主副翼羽和尾羽）。母鹅在长光照处理后35～40天基本处理停产状态，每天只有很少一些鹅蛋产出。但在长光照处理50天左右，又会表现出大规模脱掉小毛的现象，应该继续长光照使这些小毛继续脱掉。然后在长光照处理后55～60天（比公鹅晚20～25天），拔掉母鹅的大毛。此时母鹅的饲料供应控制在每天125～140克稻谷（有青草可以减少饲料或稻谷用量），以推迟其大毛生长或使鹅群羽毛生长更为集中一致，从而使母鹅不要过早产蛋，使母鹅的产蛋与公鹅的生殖活动恢复同步，减少无精蛋发生。当母鹅开产后，应该给予营养价值较高的饲料。提高鹅饲料中的蛋白含量。或者在第一鹅开产时，在饲料中加入20%的蛋鸭料，然后随着产蛋量的上升，在每天产蛋率达到20%以上时，在饲料中加入30%～40%的蛋鸭料。每隔5天，添加一些多种维生素。但在产蛋高峰以后，要相应减少蛋鸭料的使用。6月份天气炎热时，产蛋母鹅容易发病，应多喂多种维生素等抗热应激添加剂。要经常性地添加一些抗生素，以防止炎热季节细菌繁殖太快而造成传染病暴发。

2. 管理

（1）公、母鹅分开管理　在长光照开始处理后55～60天，开始将公、母鹅分开，把公鹅的光照时间缩短为每天13小时，即晚上7点钟关灯，早晨就不用开灯了（假定早晨6点钟天亮）。而此时母鹅的光照时间仍然维持在每天18小时，再过4周或30天左右，把母鹅的光照时间也缩短为每天13小时（与公鹅的一样），并使公、母鹅混合在同一群体。此时稍稍增加一些饲料（每天150克），预计再过3周左右母鹅即可开产。开产时种蛋的受精率达到30%以上，再过几天可以达到80%。夏季产蛋，要在运动场上架遮阴膜，同时保持良好通风，降低炎热的不良影响。

（2）公、母鹅集中管理　如果母鹅拔毛比公鹅晚25天，可以一直使用长光照，即将长光照处理一直进行到第75～80天，此后缩短光照可以每3天缩短1小时（每隔3天从原来的晚上12点关灯改为提前1小时关灯），预计再过3周左右母鹅即可开产。这样做的好处是不需要分开公、母鹅，但可能鹅蛋的受精率会受一点影响。产完蛋的抱窝鹅，其光照处理与产蛋鹅一样，白天放出鹅舍外，夜间同样需要关进鹅舍内缩短光照，这样可以持续保持和促进其生殖器官处于发育状态，使其可以尽快进入下一轮产蛋高峰。

（四）休蛋鹅

1. 换羽　鹅每年都有休蛋期，一般种鹅在5～6月份后，开始进入休蛋期。进入休蛋期种鹅群产蛋率和种蛋品质下降，母鹅羽毛逐渐干枯开始脱落，体重下降。种公鹅生殖器官萎缩、配种能力下降、体重减轻，也出现换羽现象。

当种鹅休蛋并开始换羽时，为达到鹅群的一致性和提早产蛋，可采用强制拔羽的办法，达到统一换羽的目的。拔羽一般先拔主翼羽、副翼羽，后拔尾羽，并可拔去腋下绒羽（绒羽的经济价值较高，可以利用，不容忽视）。拔羽一般公鹅要比母鹅提前10～20天，拔羽应在温暖的晴天进行，拔羽前后要加强营养和管理，并在饲料中添加抗生素、抗应激和防出血药物，拔羽后当天不能下水，以防毛孔感染。强制换羽后一般鹅群产蛋整齐，并能提早产蛋，增加产蛋量。

2. 饲养管理　休蛋种鹅可进行放牧，舍饲的也以喂青绿饲料为主，适量添加一些糠麸类粗饲料。休蛋期饲喂次数1天1～2次。有条件的在休蛋期可自然放牧，不再补饲。至母鹅产蛋前30～40天开始加料，饲料数量和质量由少增多、增高，至产蛋前7天达到产蛋料水平。公鹅加料应比母鹅提前15天，以确保配种。

重点、难点提示

1.鹅场建筑场址选择和鹅舍的建筑布局是养好鹅的基础，养鹅设施的合理、健全是规模养鹅的关键。

2.根据出壳至28日龄雏鹅的特点，是否根据育雏准备工作、育雏方式选择、育雏管理（开水、开食、保温、放牧等）等要点育雏，是育雏成败的关键，也是今后鹅生产性能发挥好坏的基础。

3.笼上育雏技术是提高劳动生产率、扩大饲养规模的新技术。

4.育成期主要做好放牧、分栏（舍养）和饲喂管理。商品鹅育成后期应进行育肥，以提高商品鹅的品质和饲料利用效率。

5.肥肝鹅生产与管理有其特点，在饲养过程中要掌握肥肝生产鹅选择、填喂饲料、填喂季节与数量方法等，并在生产中尽量减少填饲常见疾病的发生。

6.种鹅饲养管理分后备期、产蛋期、休蛋期3个部分。后备期要做好种鹅选留季节选择、饲料的合理配比；产蛋期要保证饲料中营养的满足，提供安静的产蛋环境；反季节繁殖种鹅饲养管理措施要与光照处理模式相适应；休蛋期要做好换羽管理、疫病预防等工作。

7日通——第六讲
鹅的疾病防治

摘要

本讲主要介绍鹅疫病的综合性防治措施，传染病、寄生虫病、普通病等疾病的发病特点、诊断技术和防治方法。要求掌握鹅疫病的免疫程序，树立预防为主的观念。对疾病发生应做好早诊断、早防治，尽量减轻损失。

鹅的疾病防治是养鹅的重要环节之一，有时是养鹅能否成功的关键。尽管与其他家禽相比，鹅的适应性和抗病力较强，但有些疾病，特别是传染病一旦发病，损失巨大。防疫灭病不仅是养鹅生产安全的必要保证，而且也是维护人类健康的必需措施。鹅的疾病可分为三大类，一类是由于饲养管理不善等原因引起的疾病，如外伤、饲料中毒及缺乏某种营养等普通病；二类是由于寄生虫寄生在鹅体内或体表引起的寄生虫病；三类是由病原微生物引起，具有一定的潜伏期和症状，并能传播蔓延的传染病。随着工厂化、集约化和现代化养鹅业的日益发展，预防和控制鹅的疾病显得尤为重要。有效地防治鹅病，是养鹅场生产经营成功的一个重要保障。为此，必须高度重视鹅的疾病防治工作，严格贯彻“以防为主，防治结合”的方针，采取综合性防治措施，降低发病率、死亡率，提高成活率，确保鹅群健康和养鹅生产的顺利进行。

一、鹅病的综合性防治措施

（一）采取科学的饲养管理措施，提高鹅的抗病力

1. *把好引种关*　引进的种雏和种鹅，必须来自于健康和高产的种鹅群。外来鹅隔离观察20天后，未发现疾病的才允许混入原来的鹅群或鹅场，以保证鹅场的安全生产。对引入种蛋的，为防止疾病垂直传播，除做好孵化消毒外，孵出的种雏也要隔离观察。

2. *满足营养需要*　疾病的发生与发展，与鹅群体质强弱有关，而鹅群体质强弱，与鹅的营养状况有着直接的关系。如果不按科学方法配制饲料，鹅缺乏某种或某些必需的营养元素，就会使机体所需的营养失去平衡，新陈代谢失调，从而影响生长发育，体质减弱，易感染各种疾病。另外，有时虽然按科学方法配制了饲料，但由于饲喂和管理方式不科学，也会影响机体的正常代谢功能，使其营养的消化吸收减弱或受阻，导致机体的体质减弱、生长发育受阻。因此，在饲养管理过程中，要根据鹅的品种、大小、强弱不同分群饲养，按其不同生长阶段的营养需要，供给相应的配合饲料，在做到饲料全价性的同时，采取科学的饲喂方法，以保证鹅体的营养需要。鹅是水禽，除供给足够的清洁饮水外，要经常注意鹅体的体质锻炼，让鹅下水游泳，增加放牧时间或运动时间，增加鹅的运动量，提高鹅群的健康水平。这样，可以有效地防止多种疾病的发生，特别是防止营养代谢性疾病的发生。

3. *创造良好的生活环境*　注意鹅舍建筑设施和管理程序的合理性。鹅舍要按照鹅群在不同生长阶段的生理特点，能控制适当的温度、湿度、光照、通风和饲养密度，便于隔离、消毒，保证饲养放牧环境的安静，尽量减少各种应激反应，防止发生惊群而影响抵抗力。管理程序要符合鹅的不同生长阶段的生理特点，以满足鹅的生长发育需要。

4. 搞好清洁卫生工作　圈养鹅群的场地潮湿，适宜病原微生物生长，是发生疾病的疫源地。搞好鹅群生活环境的清洁卫生，就是要清除病原菌生存和繁殖的适宜环境条件。鹅场的排水沟、垃圾要经常清理，垫料要经常更换；粪便要及时清除；用具要经常清洗和消毒。鹅舍要保持干净、干燥、通风、舒适，场地要保持清洁、卫生、干燥。

5. 合理处理垃圾、粪便垃圾、粪便等是病原微生物生存和繁殖的主要场所，应严格防止其污染饲料、饮水和道路，杜绝鹅群接触粪便。为此，应将垃圾、粪便运送到距鹅舍百米远的地方，堆积发酵和消毒，以杀灭病原菌。

6. 做好日常观察工作，随时掌握鹅群健康状况　逐日观察记录鹅群的采食量、饮水表现、排便、精神、活动、呼吸等基本情况，统计发病和死亡情况，对鹅病做到“早发现、早诊断、早治疗”，以减少经济损失。

通过观察，可对鹅群的健康状况作出基本的判断：①健康鹅精神奕奕，羽毛洁净、顺贴紧凑、具有光泽，并常用嘴整理自身羽毛，嘴与脚部润滑饱满，两眼明亮有神，眼、鼻干净，食欲旺盛，消化良好，粪便正常，对外界各种刺激的反应十分敏捷，有时会发出声调低短的“哦！哦!”欢叫声，还会企胸扑翼奔跑。②初发病和轻病症的鹅颈背上端的小羽毛失去平常那种顺伏紧贴感，有微微松起现象，喜欢卧伏，采食减少，常常遭到同群鹅的驱赶和啄咬，还常有摇头、流鼻水、眼黏膜潮红、双翅及腹部羽毛有被污水玷污的现象。③病情较重的鹅表现精神不振，厌食，不愿走动，全身羽毛松乱，腹部和翅部羽毛好像被脏水玷污，常呆立或独居一隅，鼻孔周围十分干燥或明显流鼻水，眼部有结痂物，头瘤、脚、嘴等部位均失去光泽，用手摸之有灼热感；接近死亡的鹅则伏地不起，无力挣扎，头部肉瘤及脚部冷却。

观察鹅群的最好时间是在每天早晨天刚亮、中午和深夜的时候。这时鹅群正处在休息状态，病鹅容易表现出各种异常状态，比较容易发现与检出初发病和轻症的病鹅。具体检查方法是：在接近大群鹅时，要从远到近慢慢地向前走动，一边接近一边观察，注意发现各种异常现象。如果突然接近会使病鹅、健康鹅同时都受惊、奔跑、鸣叫，很难发现病鹅，尤其难以发现初发病和轻症的病鹅。如果认为有必要进行个体检查时，可用捉鹅杆（前端带有S钩）卡紧可疑病鹅的颈部，从鹅群中吊出，进行详细检查，注意观察羽毛、头部肉瘤、脚的表面温度及挣扎等方面是否有异常。

（二）加强消毒隔离

1. *及时发现、隔离和淘汰病鹅* 饲养人员要经常观察鹅群，及时发现精神不振、行动迟缓、毛乱翅垂、闭眼缩颈、食欲不佳、粪便异常、呼吸困难、咳嗽等症状的病鹅，及时将其隔离或淘汰，并查明原因，迅速对症处理。

2. *严防禽兽窜入鹅舍* 严防野兽、飞鸟、鼠、猫、狗等窜入鹅舍，防止惊群、咬伤和传播病菌，尤其要注意定期灭鼠。另外，还应防止昆虫传播疾病。

3. *禁止人员来往与用具混用* 应避免外人进入和参观鹅场，以防止病原微生物交叉感染。同时要做到专人、专舍、专用工具饲养。工作时要穿工作服、鞋，接触鹅前后要洗手消毒，以切断病原传播途径。

4. *鹅场（舍）进出口设消毒池* 在鹅场（舍）进出口处设消毒池，并保持消毒池内有消毒药物（生石灰或2%烧碱水），以便对进出人员、车辆进行消毒。

5. *定期对鹅舍及设备用具消毒* 消毒的目的是消灭环境中的病原微生物，预防传染病的发生或阻止传染病的蔓延。对种蛋、孵化室、设备器具、棚舍地面、屋顶及墙壁，必须按规定清洗和消毒，防止病原微生物的传染，这是一项重要的防病措施。

消毒药物种类很多，主要有醛类、氯制剂、碘制剂、季胺类、氧化剂、酸碱类等，还有紫外线、高温、高压、火焰、清洗等物理消毒方法。要根据不同消毒目的选择不同的消毒方式和消毒药物、剂量。

鹅舍内的用具搬到舍外用水清洗后，用福尔马林、消毒威、百毒杀等消毒药浸泡消毒。鹅舍的消毒程序是，首先将垫料、粪便等废弃物清除干净，再用清水彻底清洗地面、墙壁和设备，然后用2%的烧碱水进行全面消毒；对密封条件较佳的房舍也可以用每立方米空间高锰酸钾7克、福尔马林14毫升、水7毫升，进行熏蒸消毒。然后将鹅舍空置2周以上，到进鹅群前，再洗去残留的消毒剂。只有通过严格的消毒，才能为饲养下一批鹅创造一个安全的场所。

应注意的是，用高锰酸钾和福尔马林熏蒸消毒时，不能使用玻璃容器，而要使用铁制或陶瓷容器，容积要比福尔马林溶液大10倍。将容器放在消毒鹅舍中央加药熏蒸的地方，先加少量水，再加入高锰酸钾，最后加福尔马林。拌和药剂熏蒸时要穿戴防护衣服和眼镜、口罩，否则，因反应剧烈，易造成人身伤害。

（三）实施有效的免疫计划，认真做好免疫接种工作

免疫接种是指给鹅注射或口服疫苗、菌苗等生物制剂，以增强鹅对病原的抗病力，从而避免特定疫病的发生和流行。同时，种鹅接种后产生的抗体，还可通过受精蛋传给雏鹅，提供保护性的母源抗体。

1. 鹅的免疫接种程序　我国已有多种疫苗用于家禽传染病的预防，但是目前用于预防鹅的传染病的疫苗还较少。目前对禽流感、小鹅瘟、禽霍乱等常见疫病可用疫苗预防。一般免疫程序也以此为主。

（1）雏鹅的免疫接种　未经小鹅瘟疫苗免疫注射的种鹅所产种蛋孵化出的雏鹅，应在出生后注射抗小鹅瘟血清，每只0.3～0.5毫升；若雏鹅已感染了小鹅瘟，即在鹅群中已发现有患小鹅瘟病的雏鹅时，全群鹅都应注射抗小鹅瘟血清，每只0.8～1.0

毫升。10～15日龄皮下注射鹅副黏病毒灭活苗，每只0.3毫升，根据疫情可同时免疫禽流感灭活疫苗0.5毫升。4～5周龄的仔鹅应再用禽流感疫苗免疫。

（2）种鹅的免疫接种　禽霍乱疫苗在育成期或休产期中使用，疫苗用量按说明书确定，每注射1次免疫期3个月。小鹅瘟疫苗在种鹅开产前1个月左右进行第1次注射，每只1毫升，并根据疫情可同时注射鹅蛋子瘟灭活苗1毫升。也可在开产后10～14天再进行小鹅瘟疫苗第2次注射。经过免疫的母鹅所产的种蛋孵出的雏鹅对小鹅瘟有较强的免疫力，一般不必再对其进行抗小鹅瘟血清注射。产蛋前20天根据疫情注射鹅副黏病毒灭活苗每只0.5毫升，禽流感灭活苗1毫升。种鹅禽流感每年免疫2～3次。

2. 疫苗接种方法与要求　常用的疫苗接种方法有注射法和饮水法：

（1）注射法　注射各种疫苗时，必须按说明书规定的稀释倍数和注射部位进行，稀释液一般用灭菌注射用水或蒸馏水。注射时必须确认已注入皮下或肌肉内（灭活疫苗应肌内注射），若发现针头穿过皮肤而将疫苗注射到体外，则必须重新注射，绝不能将疫苗注入腹腔或胸腔。

（2）饮水法　用不含有氯离子或其他消毒剂、清洁剂的凉水稀释疫苗。若用含氯的自来水时，要先煮沸放置过夜后再使用。为增加疫苗的活力和持续时间，最好在稀释液中加入0.2%的脱脂奶粉。饮水用具要洗干净，稀释的疫苗液数量要充足，保证每只鹅在2小时内饮到规定剂量的疫苗。此外，根据外界气温情况，采用饮水接种前，一般停止供水2～4小时。

3. 接种疫苗时应注意的事项

（1）严格按说明书要求进行接种疫（菌）苗　疫苗的稀释倍数、剂量和接种方法等都要严格按照说明书规定进行。如确需调整，要在兽医指导下进行。

(2) 疫苗应现配现用　稀释时绝对不能用热水，稀释的疫苗不可置于阳光下曝晒，应放在阴凉处，且必须在2小时内用完。

(3) 接种疫苗的鹅必须健康　只有在鹅群健康状况良好的情况下接种，才能取得预期的免疫效果。对环境恶劣、疾病、营养缺乏等情况下的鹅群接种，往往效果不佳。

(4) 妥善保管、运输疫苗　生物药品怕热，特别是弱毒苗必须低温冷藏，要求在0℃以下，灭活苗保存在4℃左右为宜。要防止温度忽高忽低，运输时要有冷藏设备。若疫苗保管不当，不用冷藏瓶提取疫苗，存放时间过久而超过有效期或冰箱冷藏条件差，均会使疫苗降低活力，影响免疫效果。

(5) 选择恰当的疫苗接种时间　接种疫苗时，要注意母源抗体和其他病毒感染对疫苗接种的干扰和抗体产生的抑制作用。

(6) 接种疫苗的用具要严格消毒　对接种用具必须事先按规定消毒。遵守无菌操作要求，对接种后所用容器、用具也必须进行消毒，以防感染其他鹅群。

(7) 注意接种某些疫苗时能用和禁用的药物　在接种禽霍乱活菌苗前后各5天，应停止使用抗菌药物；而在接种病毒性疫苗时，在前2天和后5天要用抗菌药物，以防接种应激引起其他疾病感染；各种（菌）疫苗接种前后，均应在饲料中添加比平时多1倍的维生素，以保持鹅群强健的体质。

由于同一鹅群中个体的抗体水平不一致，体质也不一样，因此，同一种疫苗接种后反映和产生的免疫力也不一样。所以，单靠接种疫苗预防传染病往往有一定的困难，必须配合综合性防疫措施，才能取得预期的效果。同时，有条件的可对鹅群进行抗体水平监测，确定免疫效果。

（四）采用药物防治疾病，提高鹅群健康水平

除对鹅群进行科学的饲养管理，做好消毒隔离、免疫接种等工作外，合理使用药物防治鹅病，也是搞好疾病综合性防治的重要环节之一。鹅场应本着高效、方便、经济的原则，通过饲料、饮水或其他途径有针对性地对鹅使用一些药物，以有效地防止各种疾病的发生和蔓延。如在饲料中添加多种维生素、微量元素和氨基酸等，可起到弥补饲料养分不足和防治疾病的作用。为防止鹅寄生虫感染，可使用驱虫净、可爱丹、氯苯胍等抗寄生虫药物。此外，为防止饲料发霉变质可加入丙酸钙等防腐剂；为防止饲料的氧化分解，可添加乙氧基喹啉（山道喹）、丁基化羟基甲苯（BHT）等抗氧化剂。值得注意的是，长期对鹅使用某一种化学药物防治疾病，易在鹅体内产生耐药菌株，从而使药物失效或达不到预期效果。因此，需要经常进行药物敏感试验，选择高效敏感化学药物进行防治。同时，在使用药物时要注意药物的残留，必需要按无公害畜产品生产要求来使用各种药物。病鹅经治疗康复后，必须经1周以上的正常饲养才可上市出售，以防药物残留。

（五）发现疫情迅速采取扑灭措施

1. 提高疫病诊断水平，减少疫病造成的损失　由各种病原引起的疫病，具有一定的特点和相似之处，必须要迅速正确地进行诊断，才能做到对症下药，及时采取防治措施，防止疫病蔓延扩大，减少疫病造成的损失。疫病诊断一般应从症状、解剖病变和流行病学调查着手，对相似症状、病变进行区别诊断，在此基础上组织实验室诊断。实验室诊断应按照诊断要求采集病料，对所采病料进行病原体观察、培养，并进一步作琼扩试验、荧光抗体试验、PCR检测等确定病原。大规模养殖的，还可继续进行药敏试验、疫苗制作和高免抗体制作，提高防治疫病效果。

2. 及时发现疫病，实施防治措施　只有饲养人员随时观察鹅群动态，才能做到对鹅群疫情的早发现、早确诊、早处理，有利于控制疫病的传播和流行。因此，饲养人员要随时注意观察饲料、饮水的消耗，排粪和产蛋等情况，若有异常，要迅速查明原因。发现可疑重大传染性鹅病时，应根据动物防疫的有关法律、法规要求和传染病控制技术尽快确诊，同时，及时报告当地兽医和动物防疫部门，并隔离病鹅，封锁鹅舍，在小范围内采取扑灭措施，对健康鹅群采取紧急接种疫苗或进行药物防治。

3. 加强封锁和控制，严禁出售和转运病鹅　疫情发生时，要加强封锁和控制，严防传染病的流行和扩散。严禁食用病死鹅，严格隔离病鹅群。病死鹅的尸体、内脏、羽毛、污物等不能随意乱扔，必须焚烧或深埋，重症病鹅要淘汰。病鹅舍和病鹅用过的饲养用具、车辆、接触病鹅的人员、衣物及污染场地必须严格消毒，粪便经彻底消毒或生物发酵处理后方可利用。处理完毕后，经半个月如无新的病例，再进行一次终末彻底消毒，才能解除封锁。

二、传染病

（一）小鹅瘟

小鹅瘟是由小鹅瘟病毒（鹅细小病毒）引起的以危害雏鹅为主的一种急性败血性传染病，又称小鹅病毒性肠炎。该病主要侵害4～20日龄的雏鹅，5～15日龄为该病高发日龄，发病率和死亡率均可达90%以上。近年来，鹅对小鹅瘟易感日龄增大，70～120日龄仍能发病，其死亡率也可达10%以上。本病一般流行季节为春夏之交或冬季多雨季节。

1. 症状　7日龄以内的雏鹅感染后，往往呈最急性型，有时不显现任何症状即突然死亡，病程0.5～1天。一般为急性型，雏鹅感染后，采食异常，随采随抛而不咽下，精神委顿，缩头蹲伏，羽毛蓬松，步行艰难，常离群独处；继而食欲废绝，严重下痢，排出混有气泡的黄白色或黄绿色水样稀粪，鼻分泌物增多，病鹅摇头，口角有液体甩出，喙和蹼色发绀；病鹅临死前出现神经症状，全身抽搐或发生瘫痪。病程1～2天。慢性的以食欲不振和下痢为主，病程1周以上，有的可自然康复。

2. 病变　最急性死亡，小肠黏膜肿胀、充血，内覆大量淡黄色黏液。急性、亚急性死亡，小肠中下段黏膜炎症，形成管状假膜，肠黏膜成片坏死、脱落，与纤维素性渗出物凝固形成淡灰白色或淡黄色栓子，栓子外观异常膨大，质地坚硬呈香肠状；肝脏肿大、郁血、质脆，呈深紫色或黄红色，有的表面有纤维素性假膜；脾脏肿大、充血；胰脏肿胀，呈淡红色，偶见针尖状、灰白色结节；肾稍肿大，呈暗红或紫红色；有的腹腔有黄色渗出液。

3. 诊断　小鹅瘟可根据以下几点进行诊断：

（1）流行特点　主要发生于1月龄以内的雏鹅，成年鹅或其他家禽均不易感染。

（2）临床特点　严重下痢，排出混有气泡的黄白色或黄绿色水样稀粪，病鹅临死前出现神经症状，全身抽搐或发生瘫痪。

（3）剖检特点　小肠显著膨大，内有袋子状或圆柱状的灰白色假膜凝固的栓子。不过，这种典型变化不是每一只病鹅都能看到，因此在检查时应当多解剖几只病鹅，才能作出初步诊断。

4. 防治

（1）预防　小鹅瘟为病毒性疾病，一般抗菌药物无效，目前较好的办法是采取隔离病鹅，加强饲养管理和环境消毒等综合性防治措施。免疫接种是防治本病的主要手段，具体免疫程序为：母鹅开产前1个月左右，每只注射小鹅瘟弱毒疫苗1毫升。对母鹅未注射疫苗的，雏鹅出壳后第1天注射雏鹅用小鹅瘟弱毒疫苗0.5毫升；也可用小鹅瘟免疫血清每只注射0.5～0.8毫升或免疫蛋黄1毫升进行预防。

（2）治疗　本病无特效治疗药物，每只鹅注射小鹅瘟免疫血清或蛋黄1毫升，病情严重的，可隔3～5小时重复注射1次，效果较好。饲料中可添加抗病毒或提高免疫力的中药制剂，可起到辅助治疗作用。

（二）禽流感

禽流感是由A型流感病毒引起的禽类疫病，因感染病毒类型毒力不同、鹅的年龄不同，发病、死亡率相差较大。它能感染不同日龄的鹅，死亡率一般在5%～35%，严重的可达90%以上。

1. 症状　病鹅表现精神极度沉郁，食欲减退或废绝，仅饮水，呼吸困难；排白色或青绿色稀粪；喙和头瘤呈紫黑色并干枯坏死，脚蹼发绀，有的鼻孔流血，有的眶下窦、颈部前端肿胀，触有波动感；眼睛潮红或出血，眼睛四周羽毛沾有分泌物，严重者瞎眼，鼻孔流血；产蛋鹅的产蛋率突然下降甚至停产，或产异常蛋，如产软壳蛋、无壳蛋、沙壳蛋等；死前出现神经症状。病程1天或2～3天不等。

2. 病变　气管、肺脏出血或郁血；胰腺表面有出血点或白色坏死点，或透明样、液化样坏死点、坏死灶；心冠脂肪出血，心肌表面有灰白色条纹样坏死，心包炎，心包积液；腺胃黏膜局灶性溃疡，乳头有出血点、斑，肠道黏膜出血或有出血环；有的肠外表有环状出血带；肝脏、脾脏等脏器肿大郁血或出血；脑膜出血，脑组织软化；产蛋母鹅腹腔内积有卵黄，输卵管及卵巢充血、出血，病程较长，患病母鹅的卵巢中的卵泡萎缩、变形变性。

3. 诊断　诊断要点：

(1) 流行特点　各种家禽均可发病。H_5型流感毒株对各种日龄和各种品种的鹅群均具有高度致病性。流行季节以冬春季为主。

(2) 临床特点　喙、头瘤和蹼呈紫黑色，眶下窦、颈部前端肿胀，眼睛潮红或出血，眼睛四周羽毛沾有分泌物，鼻孔流血；母鹅产蛋减少，产畸形蛋。

(3) 剖检特点　各脏器出血。胰腺表面有出血点或灰白色坏死点，或透明样、液化样坏死点、坏死灶；心肌表面有灰白色条纹样坏死。

根据以上流行特点、临床症状和病理变化的特点可作出初步诊断，要作出确诊需进行血清学试验。

4. 防治

(1) 预防　加强消毒和引种工作，控制本病传入是关键性措施。在加强饲养管理提高鹅的抵抗力的同时，可用禽流感灭活苗预防。种鹅每年注射2～3次，每次1头份，雏鹅6～7日龄预防注射1次。

(2) 治疗　本病无特效药治疗。一旦发现由高致病力的禽流感病毒引起发病的，应立即报告防检部门，对疫点进行及时隔离、封锁、扑杀，并进行彻底消毒，以免蔓延扩散。一般的发病可用免疫蛋黄每只注射1毫升，同时在饮水、饲料中添加盐酸金刚烷胺或其他抗病毒中药制剂，并用抗菌药物控制继发感染。

(三) 鹅副黏病毒病

副黏病毒病是由禽副黏病毒引起的一种急性传染病。各种年龄的鹅都具有较强的易感性，一般日龄愈小，发病率、死亡率愈高，可达到95%以上。本病的流行没有明显的季节性，一年四季均可发生，常引起地方性流行。本病给养鹅业造成巨大的经济损失，是目前鹅病防治工作的重点。

1. 症状　患鹅精神委顿、缩头垂翅，少食或拒食，口渴喜饮水，排白色或黄绿色稀粪，眼睑周围湿润。行走无力，或不愿下水，或浮于水面随水漂流。患病后期，有的鹅出现明显的神经症状，表现为扭颈、转圈、抑头。雏鹅发病时，有甩头、咳嗽等呼吸道症状。病程一般5～6天，不死的鹅会逐步康复。

2. 病变　病鹅一般脱水、消瘦，眼球下陷，脚蹼干燥。肝脏肿大，表面有散在性灰白色坏死灶，胆囊充盈；脾脏肿大，并有散在性坏死灶；心肌变性，心包内有黄色积液。十二指肠、空回肠黏膜有灰白色痂块，并有出血、溃疡，盲肠、盲肠扁核体肿大出血或有结痂溃疡病灶，有的腺胃、肌胃出血。有神经症状的病例，脑充血、出血、水肿。

3. 诊断　本病可根据病鹅脱水、消瘦、饮水量增加、拉稀和神经症状，以及肠道黏膜出血、坏死、溃疡、结痂等特症，作出初步诊断。

4. 防治

（1）预防　加强该病的检疫，对已发生地区鹅群可在6～7日龄用鹅副黏病毒灭活苗0.5毫升注射，为提高免疫效果，同时用新城疫Ⅳ系倍量滴鼻。

（2）治疗　可用新城疫、鹅副黏病毒双联免疫血清或蛋黄每只注射0.5～0.8毫升。无血清和蛋黄的可用鹅副黏病毒灭活苗和新城疫Ⅱ系进行紧急免疫，一般免疫5天后能控制发病。

（四）禽霍乱

禽霍乱是由禽型多杀性巴氏杆菌引起的一种急性、败血性传染病，具有发病快、发病率和死亡率高的特点。种鹅及育成中后期鹅易发。本病的发生无明显季节性，但在秋冬或早春较多。

1. 症状　最急性型是在流行初期，鹅在无任何症状情况下突然死亡。急性型病鹅精神委顿，闭目呆立，羽毛松乱，不敢下水，不食或少食，体温升高至41.5～43℃，饮水增多；随后食欲废绝，鼻、口中流涎，排绿色、灰白色或黄绿色稀粪，呼吸困难，最后昏迷痉挛死亡，病程1～3天。一般在流行后期，有的病鹅转入慢性型，鼻、口常流少量黏液，腹泻，消瘦，贫血，有的病鹅关节肿大、发炎，跛行，病程可达数周。产蛋鹅群发病后可造成产蛋急剧下降。

2. 病变　最急性型很少有病理变化，一般仅心冠脂肪有少量出血点。急性型皮肤有散在的出血点，心外膜、心冠脂肪有出血斑、点，心包液增多，呈淡黄色，有的有纤维素性絮状渗出；有的产蛋鹅腹腔内有纤维素性凝块，特别是卵巢表面更多；肝脏肿大，呈土黄色或暗红色，质地脆，表面有针尖状出血点和灰白色坏死点，胆囊充盈；肠道充血、发炎、出血；肺脏有炎症和出血，呼吸道黏膜充血、出血，气囊发炎、混浊；其他黏膜充血、出血。慢性型以呼吸道炎症为主，肿胀关节内有干酪样渗出物，肝脏有脂肪变性或坏死灶。

3. 诊断　本病的诊断要点：

（1）流行特点　本病鸡、鸭、鹅均可发病，以种鹅或育成鹅最易发生，主要以秋冬和早春多发。

（2）临床特点　发病快，发病率、死亡率高。病鹅严重腹泻，排出白色、绿色或黄绿色稀粪。

（3）病理特点　病鹅皮下及各组织器官出血，特别以心冠脂肪出血、心包积液、肝脏肿大、肝脏表面有针尖状出血点或灰白色坏死点为本病的特征性病理变化。但已使用过抗菌药物的，肝脏病变一般难以发现。

4. 防治

（1）预防　种鹅产蛋前1个月以内，注射禽霍乱灭活苗2毫升，每年注射2～3次，注意疫苗使用前后1周不使用抗菌药物。对育肥鹅群或疫苗注射不便的，可采用抗菌药物作定期的预防性治疗，选用药物一般有磺胺类、喹诺酮类、抗生素类等药物，但用药应注意疗程、抗药性和药物残留等问题。

（2）治疗　发病后应立即隔离病鹅，并清栏消毒，特别是水体消毒，有条件的可迅速将未发病鹅迁出，加强饲养管理。药物治疗方案：①发病严重的，每只鹅注射青霉素10万单位、磺胺嘧啶1毫升（也可用磺胺-6-甲氧嘧啶），同时在饲料或饮水中添加倍福星（Pefloxacin Mesyla）每千克饲料或饮水中加1.5克，连用三天。②一般发病在饮水和饲料中添加复方敌菌净每千克添加1克（首次剂量加倍）和2%环丙沙星每千克加1.5克，连用3天。③也可用土霉素、金霉素等抗菌素，磺胺5甲氧嘧啶，复方新诺明及抗菌中药制剂。

（五）小鹅流行性感冒

小鹅流行性感冒是由鹅流行性感冒志贺氏杆菌引起的一种危害雏鹅的疾病，又称鹅渗出性败血症。冬春季节常发，一般雏鹅经长途运输、机体抵抗力下降、天气变化大、雏鹅受冻、饲养管理不善等原因可诱发本病的发生流行。本病多发于14～28日龄的雏鹅，发病后死亡率一般50%～60%，高的可达90%以上。

1. 症状　病鹅食欲不振，精神委靡，羽毛蓬乱，缩颈闭目，行走站立不稳，喜蹲伏，体温升高，怕冷，常挤成一堆。病鹅鼻孔流出多量澄清水样黏液，有的有泪水，呼吸急促，有咕噜声，有的张口呼吸。病鹅常强力摇头甩出鼻黏液，并在身上揩擦，黏液污染羽毛。严重的出现下痢、脚麻痹，站立时经常翻倒，两脚朝天挣扎。本病潜伏期几小时，病程2～4天。

2. 病变　呼吸器官有明显的纤维性薄膜增生，肺脏充血，呼吸道有多量半透明的渗出物，气囊表面附着湿润的颗粒凝乳状渗出物，鼻腔内黏液充盈；皮下、肌肉出血；心脏、肝脏表面有黄白色纤维素膜覆盖，心包积液，腔内充满黄色液体，肝脏有脂肪性病变，心外膜充血、出血；脾脏、肾脏充血肿大；肠黏膜充血、出血。

3. 诊断　本病诊断要点：

（1）流行特点　多发生于冬春或早秋季节，尤以长途运输、天气多变、寒冷潮湿、饲养管理不善情况下多发。本病以2～4周龄的小鹅最易发病，成年一般很少发病。

（2）临床特点　病鹅精神委靡，怕冷，常挤成一堆。呼吸急促，有咕噜声，有的张口呼吸。流鼻水，频频摇头，甩头擦背，身体污染黏液。

（3）剖检特点　呼吸道有多量渗出液，黏膜充血。气囊表面附着湿润的颗粒凝乳状渗出物。

4. 防治

（1）预防　加强饲养管理，提高雏鹅抵抗力，1月龄内雏鹅要加强保暖和鹅舍防湿工作，天气突变时应注意避免放牧、游水时受凉。在本病常发地区可以对6～7日龄雏鹅注射志贺氏杆菌灭活苗预防。

（2）治疗　发病后应迅速隔离病鹅，更换垫料，加强消毒，有密封条件的鹅舍可用米醋煮沸等方法进行带鹅熏蒸。抗菌药物治疗有一定疗效。每升饮水中添加5.5%红霉素粉2克，每千克饲料中添加2%环丙沙星1.5克，连用3～5天。病鹅每只可肌内注射青霉素5万～10万单位，每天2次，连用2～3天。

（六）鹅卵黄性腹膜炎

鹅卵黄性腹膜炎俗称“蛋子瘟”，病原以大肠杆菌为主，副伤寒杆菌和沙门氏菌也能引起本病。本病主要发生于产蛋期，能引起种鹅种用性能下降，产蛋期淘汰率增加，甚至死亡。一旦产蛋结束，发病亦告停止。

1. 症状　母鹅开产后不久，有部分母鹅精神沉郁，食欲减退，两脚紧缩，蹲伏地上，不愿活动，游水时只在水面上漂浮。病初鹅群产软壳蛋、薄壳蛋增多，产蛋率下降。以后由于卵巢、卵子和输卵管感染发炎而发展为广泛性卵黄性腹膜炎，故而泄殖腔周围沾有污物及发臭的排泄物，排泄物中混有蛋清、凝固的蛋白或卵黄小块，鹅体消瘦。最后停食失水，眼球下陷，直至衰竭死亡，病程2～6天，有的达2周。只有少数母鹅能自愈康复，但不能恢复产蛋。母鹅发病率一般接近20%，死亡率一般为11%～27%，高的达70%以上。

患病公鹅症状较轻，仅在外生殖器上出现红肿、溃疡或结节。病情重的，在阴茎表面布满绿豆般大小的坏死灶，剥去痂块即为溃疡灶，因此阴茎无法缩回泄殖腔内，丧失交配能力。

2. 病变　主要病变在生殖系统，卵子皱缩呈瓣状，卵膜薄而易破，卵黄变成灰色、褐色或酱色。腹腔内充满淡黄色腥臭的液体和卵黄液，腹腔器官表面有一层淡黄色、凝固的纤维素性渗出物，易刮落。腹膜有炎症，肠管相互粘连。如腹腔中的卵黄积留时间较长，即凝固成块状，发炎和变形，有的有皱纹，表面呈灰色、褐色、红褐色等不正常颜色，切开卵子，里面充满浓稠的蛋黄。子宫出血，发炎。心包腔液增多，肝脏、肾脏肿大。

3. 诊断　根据在产蛋季节发病、流行；产蛋量下降，软壳蛋、薄壳蛋增多；卵子变性，腹腔内充满卵黄液，有恶腥臭等特点可作出诊断。

4. 防治

（1）预防　加强育成期饲养管理，防止感染病原菌，严格淘汰慢性带菌病鹅和生殖器官异常或病变的鹅；保证环境清洁卫生，尤其是游水塘水的清洁；提倡人工授精；对常发地区可注射卵黄性腹膜炎弱毒疫苗预防；常发地区也可用药物预防，一般母鹅开产后用呋喃西林每只每天拌料喂 15～20 毫克，连用 3～5 天，接着用 2%环丙沙星每千克料添加 1.5 克，连用 3～5 天，隔 1～1.5 月为一疗程，连用 2 个疗程。

（2）治疗　发病后淘汰症状明显、消瘦的病鹅，对病初的和大群鹅用抗生素治疗，一般用复方敌菌净每千克饲料添加 1.5 克（首次剂量加倍），2.5%氟哌酸 1 克，每日 2 次，连用 3 天；肠炎净每千克饲料添加 0.5 克，连用 2～3 天。

（七）鹅副伤寒

鹅副伤寒是由沙门氏杆菌引起的疾病，又称沙门氏菌病。30 日龄左右雏鹅发病严重，多呈急性和亚急性，可以引起大批死亡，成年鹅往往呈慢性或隐性感染，成为带菌者。本病除鹅外，其他家禽也能发生，并能通过种蛋垂直传播。雏鹅抵抗力下降，气候突变都能诱发本病，严重时死亡率较高，可达 30%左右。转入慢性则影响今后的种用价值。

1. 症状　急性者多见于雏鹅，慢性者多见于成年鹅。潜伏期一般为 12～18 小时，有时稍长。急性病例常发生在雏鹅出壳数天后，往往不见症状就死亡。这种情况多是由种蛋传播或雏鹅在孵化器内接触病菌感染。雏鹅 1～3 周易感性高，表现为精神不振，食欲减退或消失，口渴，喘气，呆立，头下垂，眼闭，眼睑浮肿，两翅下垂，排粥状或水样稀粪，当肛周粪污干固后，则阻塞肛门，排便困难，结膜发炎，鼻流浆液性分泌物，羽毛蓬乱，关节肿胀疼痛，出现跛行。成年鹅呈慢性，表现为下痢、产蛋量减少，引起卵黄性腹膜炎等。

2. 病变　急性病例中往往无明显的病理变化，病程较长时，肝脏肿大，充血，呈古铜色，表面被纤维素渗出物覆盖，肝实质有黄白色针尖大的坏死灶；肠道有出血性炎症，其中以十二指肠较为严重，肠系膜淋巴肿大。脾脏肿大，伴有出血条纹或小点坏死灶；胆囊肿胀并充满大量胆汁；心包炎，心包内积有浆液性纤维素渗出物，盲肠内有干酪样物质形成栓塞；有的气囊混浊，上有灰白色点状结节。在慢性病例中表现为腹腔积水，输卵管炎及卵巢炎。

3. 诊断　本病无明显的特征性症状和病理变化，诊断较为困难。根据发病日龄、精神状态、下痢以及肝脾肿大、胆囊肿胀并充满大量胆汁等，可获得印象诊断。确诊必须进行实验室检查。

4. 防治

（1）预防

①防止蛋壳污染　保持产蛋箱内清洁卫生，经常更换垫料。每天定时及时捡蛋，做到箱内不存蛋。每天的种蛋及时分类、消毒后入库。蛋库的温度为12℃，相对湿度为75%。要做到经常性消毒，保持蛋库清洁卫生。种蛋入孵前再进行1次消毒。孵化器和孵化室的卫生防疫消毒工作非常重要，要制订相应的制度，闲人免进，做到室内无病毒、无细菌。

②防止雏鹅感染　接运雏鹅用的箱具、车辆要严格消毒。育雏舍在进雏前，对地面、空间和垫草要彻底消毒。消灭鼠类和蚊蝇，防止麻雀等飞进育雏舍。

③加强雏鹅阶段的饲养管理　育雏舍内要铺置干燥清洁的垫草，要有足够数量的饮水器和料槽。舍内温度在1周龄内要保持28～30℃，以后每增加1周龄舍温下降2℃。雏鹅不要与种鹅或育肥鹅同栏饲养。冬季注意防寒保暖，夏季要避免舍内进雨水，防止地面潮湿。

（2）治疗　每升饮水加倍福星1.5克，每千克饲料加2.5%氟哌酸1克，连用3天；复方敌菌净每千克饲料加1克，肠炎净每升饮水加0.5克，连用2～3天；也可用磺胺-5-甲氧嘧啶、倍福星、土霉素、环丙沙星等药，严重的病鹅注射庆大霉素、林可霉素等治疗。

（八）禽传染性浆膜炎

传染性浆膜炎是由鸭疫巴氏杆菌引起的禽类传染病，1月龄内雏鹅易感，发病时死亡率较高，可达15%～40%，病程3～5天，环境卫生不好、饲养管理不善是本病诱因。

1. 症状　发病较突然，病鹅精神沉郁，嗜睡，缩颈，不愿走动，食欲不振，呼吸困难，呼吸道分泌物增多，眼部周围羽毛被分泌物沾湿，排黄绿稀粪；最后出现痉挛、摇头、点头等神经症状，抽搐死亡。

2. 病变　本病的主要病变特征是浆膜出现广泛性的纤维素性渗出，以心包膜、气囊、肝脏表面以及脑膜最为常见。心包液明显增多，并有白色絮状的纤维素性渗出物，心包膜增厚，并附有一层灰白色纤维素性渗出物，严重的可与心脏或胸壁粘连。肝脏表面覆盖着一层灰白色纤维素性膜，易剥离。气囊混浊增厚，有纤维素附着。其他脏器都有纤维素性炎症，有的肺炎，脾脏肿大，关节炎等。有神经症状的，脑膜充血、水肿、增厚，有的也可见到纤维素性渗出物。

3. 诊断　诊断要点：

（1）流行特点　主要以1月龄以内的小鹅最为易感，日龄越小，其发病率和死亡率就越高。应激因素与本病的发生有密切关系。

（2）临床特点　不愿走动，有的出现跛行，常有头颈震颤、歪颈等神经症状。

（3）病理特点　浆膜发生纤维素性炎症，以心包膜、气囊、脑膜和肝脏出现纤维素性渗出物附着为本病的特点。

4. 防治

(1) 预防　加强饲养管理，改善环境卫生，定期消毒，消除各种应激因素；10日龄雏鹅接种传染性浆膜炎灭活苗。

(2) 治疗　本病治疗与禽霍乱、副伤寒相似，隔离病禽，对鹅舍和用具进行彻底消毒。一般单一或交替使用抗菌素、喹啉酮类、磺胺类药物均可。

(九) 曲霉菌病

曲霉菌病是由烟曲霉菌为主引起的真菌性疾病，也称曲霉菌性肺炎，主要侵害雏鹅，3～10日龄最易感，多呈急性发生，潜伏期48小时左右，病程3～5天，死亡率可达50%。本病传播途径是呼吸道和消化道，在育雏期因饲养管理不善，温差大，湿度高，通风不良，密度过高都可诱发本病。

1. 症状　病鹅呼吸次数增加，不时发出摩擦音，张口吸气时颈部气囊明显胀大，呼吸如同打喷嚏样。当气囊破裂时，呼吸时发出尖锐的"嘎嘎"声，有时闭眼伸颈，张口喘气。同时，体温升高，精神委顿，眼鼻流液，有甩鼻涕现象，食欲减少，饮欲增加，迅速消瘦。到后期，呼吸困难，出现下痢，吞咽困难，最后麻痹死亡。病程较长的有时出现霉菌性眼炎。

2. 病变　肺脏和气囊炎症，气囊和胸腹腔粘连，在肺脏、气囊和胸腹腔上可见到大小不等的灰白色或浅黄色的霉菌斑、霉菌结节，其内容物呈干酪样变化。肺脏可见弥漫性炎症，出现肺脏肝变。脑炎性曲霉菌病，可见一侧或双侧大脑半球坏死，组织软化，呈淡黄或淡棕色。

3. 诊断　根据本病流行特点、临床症状和剖检病变可作出初步诊断，但确诊必须进行实验室诊断。

4. 防治

(1) 预防　不使用发霉垫料和霉变饲料，垫料用太阳曝晒后使用，进雏前育雏室进行熏蒸消毒；保持清洁、干燥，在保温的前提下，加强育雏室通风。

(2) 治疗　药物治疗效果较差，一般可用制霉菌素。每只雏鹅日用0.5万～1万单位，拌料内服，每日2次，连用3天，停药2天，连续2～3个疗程，有一定效果，既可预防，又可治疗。另外用硫酸铜水溶液，浓度1∶3 000，作为饮水内服，连用3～5天，可治疗本病。也可用碘化钾每升水加5～10克饮水3～5天。

(十) 其他传染病

1. 鹅的鸭瘟病　鹅的鸭瘟病是由鸭瘟病毒引起的一种传染病。本病对各种日龄的鹅均可感染，但雏鹅最为易感。一般鹅与患鸭瘟的病鸭密切接触而引起感染，发病时，一般周围鸭子也发病。鹅的鸭瘟病与鸭瘟的症状、病变相似，出现流泪、头部肿大、口腔和食道黏膜有出血、假膜和溃疡等。

预防本病首先要与鸭群分开饲养，绝对不允许到鸭瘟疫区放牧、饲养，定期注射鸭瘟疫苗可起到较好的预防作用，但剂量要加大到鸭剂量的5～10倍。发病后用鸭瘟疫苗紧急控制，剂量为鸭的20倍，有较好的效果，并用抗菌药物预防细菌性疾病的继发。

2. 雏鹅病毒性肠炎　由腺病毒引起，主要危害3～30日龄雏鹅。小肠肠管膨大是特征性变化，小鹅瘟肠管分节膨大似香肠是与本病的主要区别，其他症状、病变与小鹅瘟相似，防治措施同小鹅瘟。

3. 鸭病毒性肝炎　由鸭病毒性肝炎病毒引起，主要危害雏鹅。肝病变和死前角弓反张是特征性变化，疫区可在出雏时注射疫苗预防，发生时用免疫血清或蛋黄治疗。

4. 葡萄球菌病　由金黄色葡萄球菌引起，可使雏鹅发生脐炎、败血症，大鹅发生关节炎。雏鹅发生葡萄球菌性脐炎时，腹部出现膨大，脐部肿大发炎，局部呈紫黑色或黄红色，触摸硬实，病鹅常于数日内因败血症而死亡。中鹅、种鹅发生关节炎时，蹠、趾关节肿胀，红痛，两脚发软，站立不稳，行走时出现跛行，病程久之关节肿胀发硬、溃烂、结痂，最后消瘦、衰竭死亡。

预防本病主要是做好鹅舍及环境卫生工作，避免和减少鹅体皮肤的损伤。治疗本病可用抗菌素如氟哌酸、环丙沙星、红霉素、庆大霉素等都可起到较好的效果。

5. 鹅口疮　由白色念珠菌引起，2月龄内雏鹅和中鹅易感，上部消化道黏膜生成白色的假膜和溃疡是特征性变化。防治措施：加强饲养管理，搞好清洁卫生，鹅舍保持良好的通风和干燥，控制饲养密度是预防鹅口疮的重要措施，避免长期使用抗菌药，防止消化道正常菌群的破坏。药物治疗与曲霉菌病相同。

6. 鹅链球菌病　由链球菌引起，各种日龄的鹅均可感染发病，但以小鹅为主，是小鹅的一种急性败血性传染病。以消瘦、嗜睡、共济失调、下痢以及实质器官出血和腹膜炎等症状为主。加强饲养管理、注意卫生和消毒、防止种蛋污染是预防本病的关键。如鹅场发生本病，可选用青霉素、链霉素、庆大霉素、新霉素或复方新诺明治疗，均可取得一定的效果。

7. 其他　鹅其他传染病有痘病毒感染、淋球菌病、肉毒梭菌中毒、禽结核病、李氏杆菌病、衣原体病、螺旋体病、顶辐孢霉病等，一般不常发，其诊断、防治办法可向当地兽医技术人员咨询。另外，应注意鹅出血性坏死性肝炎、鹅里默氏杆菌病、鸭黄病毒病等新发病的动态，发现可疑对象，应立即报告当地动物防检部门。

三、寄生虫病

（一）绦虫病

在鹅体寄生的绦虫种类很多，常见的且危害性大的主要有矛形剑带绦虫和片形绉缘绦虫。本病主要发生于夏季，对雏鹅、中鹅危害较大。

1. 症状　病鹅通常表现食欲不振，消化机能障碍。粪便稀薄，先呈淡绿色，后呈灰白色，内混有米粒样绦虫节片。以后，生长发育受阻，贫血消瘦，精神委顿，羽毛松乱，翅膀下垂；严重时，出现神经症状，运动失调，走路摇晃，有时失去平衡而摔倒，难以站起。夜间有时仰颈张口如钟摆摇头，然后仰卧，作划水动作。严重的发病后1～5天死亡。成年鹅感染后可引起营养不良，贫血消瘦。

2. 病变　小肠黏膜发炎、充血、出血，肠内发现面条样虫体，数量多时可堵满整个肠道，并可引起肠扭转、肠破裂。其他黏膜、浆膜也常见有大小不一的出血点，心外膜上尤为显著。

3. 防治

（1）预防　首先对各龄鹅分开饲养和放牧，及时清理粪便进行发酵灭虫处理。成年鹅每年1～2次预防性驱虫，雏鹅、中鹅放牧20天后，全群驱虫1次。投药24小时内，应把鹅群圈养起来，以便把粪便集中堆积发酵处理。

（2）驱虫　吡喹酮每千克体重用10～35毫克；丙硫苯咪唑（抗蠕敏）每千克体重用10～20毫克；硫双二氯酚每千克体重用150～200毫克。严重的7～10天重复驱虫一次。

（二）线虫病

在鹅体寄生的线虫种类也很多，如寄生于肌胃的裂口线虫，寄生于气管的比翼线虫，寄生于盲肠的异形同刺线虫和微细毛圆线虫，主要寄生于小肠的蛔虫等等，均有一定的危害性，其中的蛔虫危害较常见，较严重。雏鹅和中鹅寄生线虫后，可表现症状，严重的发生死亡，对生产有一定影响。

1. 症状　感染蛔虫后病鹅生长不良，精神不佳，行动迟缓，羽毛松乱，可视黏膜贫血，食欲减退或异常，下痢，逐渐消瘦。成鹅感染可不表现症状，但严重的能使生产力下降，鹅体消瘦。

2. 病变　可在小肠内找到大量的线样虫体，小肠黏膜炎症，胆囊充盈。

3. 防治

（1）预防　搞好鹅舍清洁卫生，保持运动场地干燥，及时清除粪便。对常发地区可进行预防性驱虫。

（2）驱虫　左旋咪唑或丙硫苯咪唑（抗蠕敏）每千克体重10～20毫克，严重的1周后重复驱虫1次；驱虫净（四咪唑）每千克体重40～50毫克，连用7天；三氯酚每千克体重70～75毫克。

（三）鹅虱

鹅虱是常见的鹅体表寄生虫，寄生于头部、外耳道和体部羽毛上，一年四季都可感染，以冬季最严重。鹅虱体形很小（体长1～3毫米），以食羽毛和皮肤鳞屑为主，有的也吸食血液。

1. 症状　鹅虱大量繁殖后刺激鹅体，引起瘙痒，经常用喙啄毛，造成羽毛脱落，并影响采食和休息，造成鹅食欲不振，产蛋下降，对自然孵化的母鹅，影响其抱窝孵化；寄生外耳道的引起发炎，产生干性分泌物。寄生严重的引起鹅衰弱、消瘦死亡。

2. 防治　流行期间彻底清扫场地，然后用0.03%除虫菊酯喷洒杀虫，鹅体用0.5%灭虱精或0.2%敌百虫液涂擦鹅体，使用敌百虫应注意防止中毒；也可用烟叶1份，加水20份煮1小时后的溶液涂擦鹅体。驱虫工作应在秋后进行，初春再驱一次较好。

（四）组织滴虫病

易发于朗德鹅，病原为火鸡组织滴虫，寄生于鹅的盲肠和肝脏，在肠腔内的虫体具有一条脆弱的鞭毛。异刺线虫可作为组织滴虫的传播媒介，病鹅一般有异刺线虫寄生，严重的发病、死亡率在10%以上。

1. 症状　病鹅消瘦，羽毛粗乱，无光泽，排黄绿色稀粪，喙发绀，病后期瘫痪，有的呈神经症状。

2. 病变　十二指肠严重出血，内含大量黄色稀薄内容物。盲肠肿胀，有的内有大量异刺线虫，肠管内充有干酪样固体内容物，横切面上见呈同心圆状，盲肠壁严重出血。肝脏质地坚硬变脆，色泽灰黄，有的体积增大，胆囊肿大，胆汁充盈。

3. 防治　灭滴灵（甲硝唑）：每只鹅服100～200毫克，连用2～3天，或二甲硝咪唑：饲料内加0.06%～0.08%，连用5～7天，或饮水中加0.05%，连用6天。

预防：要强调建立严格的卫生制度。成年鹅和幼鹅分开饲养。用抗蠕虫药鹅群驱虫。在流行区用抗组织滴虫药物，以预防量混入日粮中进行药物预防。

（五）其他寄生虫病

1. 球虫病　球虫主要寄生于小肠或盲肠，可引起出血性肠炎，对雏鹅危害较大，可用各种抗球虫药物治疗。

2. 吸虫病　感染鹅的吸虫种类较多，对鹅有一定危害，用左旋咪唑等药物驱除。

3. 其他寄生虫　鹅蛉螨、蜱、嗜白细胞原虫等多种鹅寄生虫严重时可对鹅群造成一定危害，其诊断和防治办法可请教当地兽医部门。

四、普通病

（一）中毒病

1. 有机磷农药中毒　有机磷农药中毒是养鹅生产中，特别是放牧鹅群常见的中毒病。随着农田农药使用量的增加，鹅群中毒事件经常发生，给养鹅业带来一定的影响。常见的有机磷农药有甲胺磷、敌敌畏、敌百虫、1605、对硫磷、氧化乐果等。

（1）症状　一般鹅在放牧采食过程中或牧归时，鹅群突然大批发病，表现呼吸困难，两脚站立不稳，频频摇头，口中有涎，并甩出食入的饲料，全身抽搐，有的泄殖腔急剧收缩，频排稀粪，最后昏迷死亡。一般健壮、采食旺盛的鹅先死亡。剖检时，有程度不同的肠胃炎，黏膜充血或出血、脱落、溃疡，食道膨大部和肌胃内容物有大蒜样气味；肝、肾脏肿大，质地变脆，脂肪变性，血液呈暗红色。

（2）防治　加强农药的保管、贮存和使用安全；施用农药的地块在药效期内禁止放牧或割草喂鹅。中毒后，首先应停止饲喂可疑饲料，严重的立即注射解磷定，每只成年鹅肌内注射2毫升（80毫克），隔15分钟再注射一次，雏鹅量酌减。用硫酸阿托品每只成鹅注射1毫升，15分钟后再注一次，也可用阿托品片每只口服1片（首次可加倍），中鹅按0.5～2千克体重首服1片，以后0.5片。饮水中添加葡萄糖、维生素C和生理盐水，加快排毒速度。

2. 痢特灵中毒　中毒后雏鹅饮水量大增，精神委靡，有的精神兴奋，站立不稳，走路摆动，扭颈，转圈。严重的开始出现大量死亡。病鹅死后前期变化不明显，慢性的可见肝脏肿大，呈橘黄色，全身水肿，肺脏郁血，心肌变性，肠道出血。嗉囊、腺胃、肌胃内有黄色黏液。中毒后应在饮水中加5%葡萄糖和速补14（或维生素C）、生理盐水等减轻中毒症状。

3. 雏鹅水中毒　由于雏鹅起初饮水不足，引起干渴而脱水，后一旦有饮水供给，就会引起暴饮，使体内水分突然增加，失去平衡，导致细胞水肿而中毒。

（1）症状　雏鹅水中毒一般发生在暴饮水后半小时左右，表现为精神沉郁，四肢无力，步态不稳，共济失调，张口摇头或回头看嗉囊，口流黏液，后退或转圈，并排出水样粪便，数分钟后倒地死亡。部分鹅经过一段时间后可康复。

（2）防治　预防水中毒关键在于雏鹅出壳后要及早饮水，平时要保证供给充足的饮水，以防脱水或暴饮。如果雏鹅发生脱水，应在饮水中加入少量食盐，使其浓度在0.9%左右，同时控制饮水量，不让其暴饮。

4. 其他中毒病

（1）有机氯中毒　与有机磷中毒相似，可用阿托品解毒，其他处理措施与有机磷中毒相似。

（2）除草剂中毒　草甘膦等除草剂对雏鹅有较大毒性，常发生中毒，解毒药物用阿托品，同时用葡萄糖、维生素C等减轻中毒症状。

（3）有毒植物中毒　夹竹桃的叶、花及茎皮含有夹竹桃苷、糖苷等多种强心苷类物质，通常会引起鹅中毒，中毒后用10%氯化钾等渗葡萄糖液加入适量B族维生素、维生素C静脉注射，根据瞳孔散大程度，每隔4～6小时注射1次1%阿托品0.2毫升。放牧鹅易发生其他有毒植物中毒，一般较零星，处理方法根据不同有毒植物进行特殊处理，常规的可用阿托品解毒，并同时在饮水中添加葡萄糖、复合维生素等。

（4）重金属中毒　汞中毒除常规解毒外，还可用二巯基丙醇解毒。另外有铅中毒、砷中毒和磷化锌中毒等，按兽医规定处理。

此外，食盐中毒、氨中毒、霉菌毒素中毒和呋喃丹等其他农药中毒都比较常见，应予以注意。

（二）营养缺乏症

1. 软脚病　多发于秋、冬寒冷季节，雏鹅、中鹅易发。长期饲喂单一饲料、笼养、长期关养突然放牧、密度过大鹅舍阴暗潮湿等可引发本病。发病原因主要是缺乏维生素D和钙。病鹅可表现为生长停滞，两腿无力，步态不稳、跛行，有的跗关节触地，常伏卧在地。本病发生后首先要加强运动和光照，其次在饲料中添加足量的维生素D和钙质，一般发病后每只鹅可服用磷酸氢钙（或贝壳粉）、鱼肝油，另外适当饲喂微量元素添加剂，并加大复合维生素的饲喂量。

2. 维生素A缺乏症　鹅长期关养，青绿饲料饲喂不足，饲料单一易发此病。7～14日龄雏鹅发病后引起生长发育受阻，羽毛蓬乱，喙部颜色急速减退，一侧或双侧眼流泪，严重的可见眼睑下方有干酪样分泌物，角膜混浊、转化，甚至穿孔至失明。产蛋鹅可引起产蛋量下降，蛋黄色变淡，受精率、孵化率下降，鹅群喙、蹼颜色变淡。对维生素A缺乏，应在饲料中添加维生素A或富含维生素A、胡萝卜素等的饲料，同时加强营养，促使康复。

3. 其他缺乏症　饲养管理不善、不喂或少喂青绿饲料、长期饲喂单一饲料、应激等等都可引起营养缺乏，如维生素B_1、维生素B_{12}等各类维生素和磷、锌、硒等微量元素缺乏症，这必须根据鹅的营养需要，合理搭配日粮予以解决。各种营养成分缺乏症具有不同症状和病变，防治时要做到对症下药。同时，各种营养成分搭配不平衡或过多，也会因过多而中毒，应引起注意。

（三）常见病

1. 中暑　天气炎热高湿，通风不良，或在阳光直射下都可引起鹅中暑，雏鹅发生中暑较为常见，中暑严重的可引起大群发病和死亡。在夏季烈日直射下或长期间在灼热的地面上引起的中暑为日射病；在炎热的夏季，温度高，鹅舍过分拥挤，湿度大，通风不良，饮水不足，热量难以散发引起的中暑为热射病。

（1）症状　热射病的病鹅表现呼吸急促，张口伸颈喘气，翅膀张开下垂，口渴、体温升高，随后出现晕眩，走路不稳或不能站立，虚脱，很快发生惊厥而死亡。日射病一般表现为烦躁不安，战栗，体温升高，最后出现昏迷、麻痹、痉挛、死亡。

（2）病变　死鹅眼结膜潮红。大脑和脑膜充血、出血和水肿，有的心肌有点状出血。

（3）防治　为防止本病发生，应避免在炎热夏季正午放牧，特别是雏鹅更要引起重视，牧地要有凉棚和遮阴处，并让鹅有充分的游水时间，炎热夏季要注意鹅舍关养密度和通风。发病后要立即将鹅移至通风阴凉处，或赶入水中游水降温，对鹅群喷水。供给充足饮水，饮水中加维生素C、葡萄糖盐水或红糖盐水，也可在饮水中添加十滴水每升水20～50滴，或藿香正气水每升水1支（5毫升），严重的每只鹅注射安钠咖或樟脑0.2毫升。

2. 硬嗉病　鹅饿后暴食或食入大的块根饲料、纤维、羽毛等堵塞消化道而引起本病，又称嗉囊阻塞。病鹅消化道膨大，触之坚实，内有硬固食物停留不消化。鹅神态不安，翅膀下垂，呆立不动，废食。一般可灌植物油后用手按摩，将食物压下消化道，进入胃内，严重的可手术取出，消毒后缝合，禁食12小时。为防本病，平时饲喂时要剔去饲料中纤维、绳索等物，饲料切碎，大小适中。

3. 其他疾病　其他常见的鹅普通疾病有输卵管（泄殖腔）外翻脱垂、舌下垂、脚趾脓肿、咽喉炎、食道炎、气管异物、公鹅生殖器外露等，对轻度的可请兽医予以治疗，较严重的为防感染而发生其他病原性疾病，应尽早作淘汰处理。

重点、难点提示

1.严格落实科学的饲养管理、加强消毒隔离、执行免疫程序、提高鹅群健康水平、迅速扑灭疫情等鹅病综合防治措施，是养好鹅的保障。

2.对小鹅瘟、禽流感、禽霍乱、副黏病毒病、小鹅流行性感冒、鹅副伤寒等主要传染病的流行特点、症状、病变和诊断方法、防治要点要熟练掌握，只有这样才能及早发现并及时扑灭疫情，确保养鹅安全。

3.绦虫病、线虫病等寄生虫病对鹅危害较大，需根据防治方法进行及时驱虫。加强饲养管理，防止中毒病和中暑、营养缺乏症等常见普通病的发生，减少养鹅损失。

7日通——第七讲

鹅产品加工

摘要

本讲主要介绍鹅的屠宰技术，包括鹅肉、鹅蛋产品的种类和加工方法，鹅肥肝加工，鹅羽绒及绒裘皮加工。如何因地制宜灵活应用这些加工技术与方法，实行养、加、销结合，是养鹅生产获得高效的关键。要求对当地有生产加工价值的鹅产品加工种类和方法熟练掌握。

鹅是经济价值很高的食草水禽，但生产者能否取得好的效益关键取决于鹅产品加工程度和销售环节。目前，我国鹅产品总体来说加工能力较差，加工程度较浅，以现加工鲜食用为主，保鲜期短，难流通，产品附加值低，销售渠道也不十分通畅，现主要依靠部分养鹅大户和鹅贩销人员组织销售，农户特别是散养户的利益经常得不到保障。因此，只有尽快开发高档次的鹅产品、建立鹅专业市场、组织专业协会，才能确保养鹅生产健康发展，真正成为农民致富的门路。

一、鹅的屠宰

（一）宰前处理

活鹅经过收购、运输等过程，容易发生应激反应，直接屠宰会影响胴体的品质。活鹅运到屠宰场后，应给予12～24小时的充分休息，供给清洁的饮水，不供给饲料，这样彻底排空胃肠道的内容物，减少屠宰过程中对肉质的污染。待宰的肉鹅应从运输笼中抓出，放于水泥地面，注意保证有充足的水槽，防止因抢饮水而发生挤压死亡。有条件的屠宰场，鹅在宰杀前应进行清洗，方法是在通道上设置淋浴喷头，鹅群经过时完成清洗。

（二）放血

将绝食14～18小时后的待宰鹅送入屠宰车间放血，放血要求部位准确，切口小而整齐，保证屠体美观，同时要保证放血充分。放血方法有下列三种，但前两种较多见和常用。

1. *颈部放血法* 颈部放血法又称为切断三管法。即从鹅的喉部用利刀切断食管、气管和两侧血管。这种方法操作简单，放血充分，死亡较快；缺点是刀口暴露、易扩大，易造成微生物污染，而且胃内容物会污染血液。颈部放血法要求切口越小越好，注意要同时切断颈部两侧血管。这种放血方法不适合整鹅的加工，一般适合分割鹅肉和罐头的加工。

2. *口腔放血法* 先将鹅两脚固定倒挂于屠宰架上，一手掰开鹅的上下喙，另一手持手术刀伸入鹅口腔至颈部第二颈椎处，刀刃向两侧分别切断两侧颈总静脉和桥状静脉连接处，随后抽回刀将刀尖沿上颚裂口扎入，刺破延脑，加速死亡。口腔放血法优点是鹅颈部无伤口，胴体外观好，不易受到污染，适合烧鹅、烤鹅等整鹅加工。操作时应注意练习宰杀位置和手法，尽量加快鹅只死亡。

3. *耳静脉放血法* 方法是一手握鹅头，在耳叶后下方用剪刀剪一小切口，切断血管，一般切断一侧动脉和静脉即可。这种放血方法切口小，操作简单，但一定要找准位置。缺点是死亡慢，鹅容易挣扎。

（三）浸烫拔毛

1. *浸烫* 鹅放血致死后要立即进行浸烫拔毛。浸烫要严格掌握水温和浸烫时间，一般肉仔鹅水温控制在65～68℃，时间为30～60秒。老龄鹅水温控制在80～85℃，时间同上。具体水温和时间应根据鹅的品种、年龄、季节灵活掌握，保证鹅皮肤完好、脱毛彻底，而且毛绒不变色、不卷曲抽缩。浸烫时要不断翻动，使身体各部位受热均匀。

2. 拔毛　手工拔毛时先拔去翼、尾部大毛，然后顺羽毛生长方向拔去背部、胸部和腹部羽毛，分类收集。脱毛机脱毛容易使胴体和羽毛受到损伤，降低利用价值，要正确操作，才能减少损失。

3. 拔细毛　屠体羽毛基本拔光后，还有许多小毛和毛管残留在屠体表面，必须拔掉，因此要将鹅的屠体浸在清水槽中，右手持一特制的小刀，用拇指和食指把细毛与毛管尽可能地拔干净。拔细毛时水槽中水要盛满并不断外溢，以流去刚拔下浮在水面上的细毛。这样一边拔、一边冲，把残留下来的细毛和皮肤上的毛管尽可能地拔干净。对于手工不易拔尽的细毛，可用酒精火焰喷灯燎除，去掉所有细毛的痕迹。

（四）净膛

净膛的过程就是去除鹅的内脏。净膛时，刀口一般在右翅下肋部，开口7厘米左右。在掏出内脏前，在肛门四周剪开，剥离直肠和肛门，然后连同肠道一块从肋下切口取出。取出心、肝、脾、肠、胃等内容物后，用清水将腹腔冲洗干净。

（五）整形冷藏保鲜

将净膛后的白条鹅放在清水中浸泡0.5～1小时，除尽体内血污，冲洗后悬挂沥干后冷藏上市或深加工。加工分割鹅肉的，应根据加工要求分割成腿、脯、掌（蹼）、头、翅等部分，并分类包装贮存。

二、鹅肉的加工

介绍地方特色的鹅肉加工技术。掌握盐水鹅、广东烧鹅、烤鹅、糟鹅、酱鹅、板鹅等产品的制作工艺。

鹅肉肌纤维粗，肌间脂肪含量低，含水量少，持水能力差，蛋白质含量较高，瘦肉率高，含有多种氨基酸，因而肉质鲜美，酸度偏高（pH6左右）。鹅肉肌纤维中肌红蛋白较多，故肉色深暗（鸡肉含较多肌白蛋白）。尽管鹅肉较粗，但其中结缔组织少，其嫩度优于牛肉，鹅肉品质与牛肉相近，又因鹅以食草为主，肉中抗生素、重金属及农药残留量低，食用安全，是现代人们理想的肉食品之一，产品消费量逐年增加。各地由于自然条件、风俗习惯不同，鹅肉消费也形成了许多地方特色。南京的盐水鹅、板鹅颇负盛名，广州则偏爱烧鹅，而白斩鹅、熏鹅和酱鹅则分别是浙江宁波、温州、杭州的传统食品，风鹅则是江苏地区近几年刚开发的新产品。鹅产品加工也正在兴起，分割鹅肉、鹅肉松、羽绒、鹅肥肝加工等。同时，中国加入WTO后，为鹅产品的出口提供了广阔的市场，发展前景十分广阔。

（一）盐水鹅

盐水鹅是南京特产之一，特点是加工方法简单，腌制期短，味道咸而清淡，肥而不腻，口感香嫩，风味独特。盐水鹅的加工方法如下：

1. 选料　选用当年健康肥鹅。宰杀后拔毛，切去脚掌（蹠蹼）和小翅。右翅下开膛去除全部内脏，用清水冲净体腔内外，放入冷水中浸泡1小时后，清洗挂起晾干待用。另准备食盐、八角、葱、姜等必需品。

2. 擦盐　每只鹅用盐150～160克、八角4～5克，将盐和八角粉放入铁锅中炒熟（最好用细盐）。先取3/4的盐放入鹅体腔中。反复转动鹅体使体腔中布满食盐。剩下的盐涂擦在大腿外部、胸部两侧、刀口处，口腔也应放一点食盐。在大腿上擦盐时，要用力将腿肌由下向上推，使肌肉与骨骼脱离，便于盐分进入肌肉。

3. 抠卤　擦盐后的鹅体逐只放入缸中或堆码在板上进行腌

制。夏秋季经过2～4小时，冬春经过4～8小时，经过盐腌后的鹅体内部渗出水分增多，要适时取出倒掉体内盐水。方法是一手抓鹅翅、颈，使鹅头颈向上，另一手打开肛门切口，盐水即可顺利排出。

4. 复卤　第一次抠卤后，重新放入缸中，经过4～5小时后，用老卤再腌制1次。老卤配制：100千克水中加盐50～60千克，煮沸后配制饱和盐溶液，加入八角300克，鲜姜500克。将鹅体浸入老卤中24～36小时。

5. 烘干或晾干　复卤后出缸，沥尽卤水，放在通风良好处晾挂。烘干方法是用竹管插入肛门切口，体腔内放入姜、葱、八角，在烤炉内烘烤20～25分后，鹅体干燥即可。干燥后的鹅体可长期保存或煮制食用。

6. 煮制　水中加三料（姜、葱、八角），煮沸，然后停止烧火，将腌好烘干的鹅体放入锅中，开水很快进入内腔，提鹅头放出腔内热水，再将鹅放入锅中让热水再次进入腔内，依次一一将鹅坯放入锅中，压上竹盖使鹅全浸在液面以下，焖煮20分钟左右，锅中水温约85℃，20分钟后加热升温到水似开未开时，提鹅倒汤，再入锅焖煮20分钟后，第二加热升温至90～95℃时，再次提鹅倒汤，然后焖5～10分钟，即可起锅。焖煮时水不能开，始终维持在85℃左右，否则水开肉中脂肪溶化，肉质变老，失去鲜、嫩特色。

7. 食用方法　煮好的盐水鹅冷却后切块。取煮鹅的汤水适量，加入少量的食盐和味精，调制成最适口味，浇于切块鹅肉上，即可食用。

（二）广东烧鹅

烧鹅各地均有制作，以广东烧烤技术最为讲究，特点是色泽鲜红美观，食之皮脆肉香，肥而不腻，味美适口。

1. 选料　选取60～70日龄，体重2.25～3千克的仔鹅。另外，还要准备好盐、五香粉、白糖、饴糖稀（或用麦芽糖）、豉酱、芝麻酱、白酒、葱、蒜、生抽等调味品。

2. 制坯　仔鹅口腔放血法屠宰后煺毛，在腹部靠近尾侧开膛除去全部内脏，在二关节处切去脚掌和小翅，洗净体腔和体表，沥干水分待用。

3. 加料　调料配制，五香盐粉按盐10份、五香粉1份配制，每100千克鹅坯需五香粉4.4千克；酱料需豉酱1.5千克，蒜泥200克，麻油200克，盐20克，搅拌成酱。然后再加入白糖400克，白酒50克，芝麻酱200克，葱末、姜末各200克，混合均匀，供100千克鹅坯用。

按每只鹅用量从腹部开口加入五香盐粉和酱料，转动鹅体使之均匀分布或用小勺伸入腹腔进行涂抹。用竹针将刀口缝合，然后用70℃热水烫洗鹅坯，注意不要让水进入体腔。最后将稀释后的糖稀或麦芽糖均匀涂抹于体表，使之在烤制中易于着色。

4. 烤制　把晾干的鹅坯送进特制烤炉，先用微火烤20分左右，烤干体表水分，然后大火继续烤制。烤制过程中，先烤鹅背，再烤两侧，最后将胸部对着炉火烤25分即可出炉。炉火温度应达到200～230℃，整个烤制过程需60～70分钟。

5. 出炉食用方法　当鹅体烤至金红色时出炉，在烧鹅身上涂抹一层花生油。稍凉时食用味道最佳，切片装盘直接食用。切片时刀工较为讲究，在宴会上应拼成全鹅形状装盘。烧鹅应现买现吃，保持新鲜，保存时间过长，质量会明显下降。

（三）烤鹅

烤鹅与烧鹅在加工过程中都需进行烤制，不同之处是烤鹅在烤制中，要在体腔中灌汤，外烤内煮，食之外脆里嫩，风味与烧鹅有一定差异。各地均有烤鹅加工，但以南京烤鹅较为有名。

1. 选料　选当年成长经育肥的健康鹅，体重在2.5千克以上。另需配料有盐、葱、姜、八角、饴糖稀等。

2. 制坯　仔鹅口腔放血宰杀后煺毛，切去脚掌和小翅，在右翅下肋部切口开膛，去除全部内脏，用清水把鹅体内冲洗干净，再放入冷水中浸泡1小时，以除净体内存血。沥干水分备用。

3. 淋烫　将鹅坯自颈部挂起，用100℃沸水浇淋晾干后的鹅体，使全身皮肤收缩、绷紧。

4. 挂色　饴糖和水按1∶5调匀做挂色料，待淋烫的鹅体表干后均匀涂抹于皮肤各个部位，置于通风处晾干糖稀。

5. 填料　用竹管填塞肛门切口，从右翅下切口放入适量的盐、八角、葱、姜等配料。

6. 灌汤　向鹅体腔中灌入70～100毫升100℃沸水，保证鹅坯烤制时能迅速汽化，加快烤鹅成熟。灌汤后烤制，达到外烤内煮，食之外脆里嫩。灌汤后可再涂抹2～3勺糖色。

7. 烤制　开始烤炉温度以180～200℃烤30～40分钟，以达到烤熟目的。再升温至240～250℃爆烤5～10分钟。烤时要先将右侧切口对着炉火，促使腹腔内汤汁迅速升温汽化。右侧鹅体呈橘黄色后，转动鹅坯，烘烤左侧。左右两侧颜色一致后，转动鹅坯，依次烘烤胸部、背部。这样反复烘烤，待全身各部均匀一致呈枣红色时即可出炉。

8. 食用方法　烤鹅出炉后，拔掉肛门中竹管，收集体腔中的汤汁，加少量的开水，再放入味精、酱油、盐、糖调制熬煮待用。烤鹅稍放一会儿不烫手时，切块直接食用或浇上汤汁食用。烤好的鹅最好立即食用，冷鹅回炉经短时间烤制，仍可保持原有风味。

（四）糟（醉）鹅

糟（醉）鹅是以60～70日龄仔鹅为原料，用曲酒、酒糟卤制而成。各地糟（醉）鹅其糟（醉）制方法基本相同，以苏州糟鹅久负盛名。苏州糟鹅以当地太湖鹅仔鹅为原料，特点皮白肉嫩，醇香诱人，味清淡爽口，为夏季时令佳肴。

1. 选料　选用2.0～2.5千克重育肥仔鹅，颈部放血、去毛，腹部开膛去除全部内脏。浸泡1小时后清洗干净，沥干备用。每50只鹅准备陈年香糟2.5千克、黄酒3千克、大曲酒250克、葱1.5千克、姜200克、花椒25克。

2. 盐腌　将沥干的鹅坯入锅用旺火煮沸，除去浮沫，随即加葱0.5千克，姜50克，黄酒0.5千克，用中火煮40～50分钟后起锅。起锅后，在每只鹅身上撒些盐，然后从正中剖开成两半，并将头、脚、翅斩开，一起放入经消毒的容器中。约1小时，使其冷却，将锅内原汤中的浮油提清，再加酱油0.75克后，盐1.5千克，葱花1千克，姜末150克、花椒15克，倒入另一容器中冷却。

用大糟缸一只，将冷却的原汤放入缸内，然后放入鹅块，每放两层加一些大曲酒。放满后，配的大曲酒正好用完，并在缸口盖上一只盛有带汁香糟的双层布袋，袋口比缸口略大一些。以便将布袋捆扎在缸口，使袋内汤汁滤入糟缸内，浸润鹅体，待糟液滤完，立即将糟缸盖紧闷4～5小时，即为成品。

带汁香糟的作法是：将香糟2.5千克，黄酒2.5千克倒入盛有冷却的另一容器内，拌和均匀即可。

3. 食用方法　适当冲洗后上笼蒸制，老龄鹅延长蒸制时间。蒸制时最好切块，配姜末、葱花。冷却后切片食用。

（五）熏鹅

熏制是传统的禽肉加工方法。重庆熏鹅是有名的熏鹅产品，其特点是外形美观、色泽红亮、便于贮存、肉味鲜美、风味独特。

1. 选料　选取2.5～3.5千克肥嫩仔鹅，宰杀，煺毛，沿中线将胸腹腔剖开，去除内脏，浸泡1小时，冲洗干净沥干备用。香料粉配制：用等量白胡椒、花椒、肉桂、丁香、八角、砂糖、陈皮、桂皮等磨细。每10份食盐加1份香料粉拌匀组成调味盐。每只鹅用调味盐100克左右。熏料用干燥的山毛榉、白桦、竹叶、柏枝等。

2. 腌制　将调味盐均匀涂抹在鹅坯全身各部，包括切开后的体腔内侧。然后将多个鹅坯背向下平放入腌缸中，夏秋季腌制时间2～3小时，冬春季9～12小时。起缸后用竹片加撑，挂于通风处晾干。

3. 熏制　晾干后的鹅坯平放在熏床上熏烤，熏床设置在背风处，忌用明火烤，以免烧焦鹅坯。熏烤时烟热要大，应不时翻动鹅坯，使各部熏烤一致，颜色均匀。当鹅坯各部位呈棕色时停止，需时间20～30分。熏好的鹅坯冷却后可长期保存。

4. 食用方法　用温热清水洗去烟尘，放入蒸笼内，大火蒸30～35分。出笼冷却，涂抹花生油，切块装盘食用。

（六）酱鹅

酱鹅制品，其加工着重在“酱”字上，色泽酱红，能刺激食欲，历来是很受消费者欢迎的熟禽制品。

1. 选料　选重在2千克以上的鹅为好。宰杀后，放血，去毛，腹下开膛，取尽全部内脏，洗净血污等杂物，晾干水分。

2. 腌制　用盐把鹅身全部擦遍，腹腔内也要撒盐少许，放入木桶中腌渍，根据不同的季节掌握腌渍时间，夏季为1～2小时，冬季需2～3天。

3. 配料　按50只鹅计算，需用酱油2.5千克，盐3.75千克，白糖2.5千克，桂皮150克，八角150克，陈皮50克，丁香15克，砂仁10克，红曲米375克，葱1.5千克，姜150克，硝30克（用水溶化成1千克），黄酒2.5千克。

4. 酱制　下锅前，先将老汤烧沸，将上述辅料放入锅内，并在每只鹅腹内放入丁香1～2只，砂仁少许，葱结20克，姜2片，黄酒1～2汤匙，随即将鹅放入沸水中，用旺火烧煮，同时加入黄酒1.75千克；汤沸后，用微火煮40～60分钟，当鹅的两翅“开小花”时即可起锅，盛放在盘中冷却20分钟后，在整只鹅体上，均匀涂抹特制的红色的卤汁，即为成品。

5. 卤汁制作　用25千克老汁以微火加热溶化，再加火烧沸，放入红曲米1.5千克，白糖20千克，黄酒0.75千克，姜

200克，用铁铲在锅内不断搅动，防止锅底结巴，熬汁的时间随老汁的浓度而定，一般烧到卤汁发稠时即可。以上配制的卤汁可连续使用，供400只酱鹅生产。

6. 食用方法　酱鹅挂在架上要不滴卤，外貌似整鹅状，外表皮呈琥珀色，取卤汁0.25千克，用锅熬成浓汁，在鹅身上再涂抹一层，然后鹅切成块状，装在盘中，再把浓汁烧在鹅块上，即可食用。

（七）板鹅

板鹅为腌制品，可以长期存放而不变质，而且便于远距离运输和销售。加工板鹅所需设备少、投资少，适合在养鹅地区推广。板鹅加工步骤如下：

1. 制坯　选取当年育肥仔鹅，屠宰后烺毛，腹部切口取出全部内脏，切除小翅和脚，清洗干净后沥干。

2. 擦盐　细盐加适量花椒粉炒干，炒盐冷却后备用。每只鹅用盐200～300克。将鹅坯背朝下平放木板上，用2/3炒盐反复揉搓胸、腿、翅、颈以及体腔，剩余1/3揉搓背部，嘴中放入少量盐。

3. 腌制　将擦好盐的鹅坯背部向下堆码在缸中，顶部用石块压紧。经过8～10小时腌制后，倒掉污盐水和污血水，加入卤盐水浸腌24小时。卤盐水盐浓度达到饱和，里面加入适量八角、生姜等调味品。

4. 干燥　板鹅中水分不得超过25%。干燥方法有自然晾干法和人工干燥法。自然干燥一般适合冬季加工，挂在通风处，约需10天时间。人工干燥为通过鼓风机吹干或微热烘干，约需1天时间，最后再挂于通风处经2～3天，达到彻底失水要求。

5. 造型与系绳　腹部开膛，用竹片撑开，使皮肤绷紧。在一侧前后1/3处钻两孔，系绳便于携带和悬挂。也可用塑料袋包装后放置于硬纸盒中，提高美观度。

（八）鹅肉松

鹅肉松是干制品，易于长期保藏，是风味独特、食用方便的食品。加工方法如下：

1. 原料　选用健康老鹅，尤其是鹅脯、鹅腿部位的瘦肉，经剔骨去皮，除去皮下脂肪和结缔组织等，洗净淤血和污物。

2. 煮制　在锅内放入肉块，加入与肉等量的水，用大火煮肉，同时加入肉重的0.4%生姜和葱、0.15%的八角，肉蔻等香料，用纱布包好后投入。

肉下锅后要全面翻动，使肉块均匀收缩，煮沸后用勺子去除浮油、杂质，加入适量的白酒，煮沸后半小时左右，改为文火焖煮2小时左右，待肉块肌纤维发酥即可。

3. 撇油、加料、收膏　将煮好的鹅肉块捞出置于瓷盘上，拣去筋膜、碎骨和姜葱香辛料等物，然后把煮好的肉块放入锅中，加入原汁汤和适量的水，加大火力煮沸后，减小火力撇去浮油，再按鲜鹅肉重量加入白酱油7%～8%，味精0.4%左右，收膏，收膏时火力不宜太大，要勤翻，防止结锅巴，直到汤液全部被吸进肉内为止。

4. 烘炒、擦松、人工炒松　应用小火，边翻边压，勤翻快炒，以防出现黑焦巴，黄斑等。如用机械炒松，根据各类炒松机的特点，灵活掌握火候，炒松后，当肉松中的水分含量不超过20%时应立即用擦松机擦松。直至肉松纤维疏松呈金黄色絮状为宜。

5. 拣松、包装　炒好的经擦松的成品鹅肉松应在无菌间冷却，拣松，最后用筛子筛出碎松，及时进行严密的包装，一般用塑料袋真空包装。

6. 成品鹅肉松的质量要求　外观油润，呈金黄色，肌纤维疏松，无杂质，无焦黑，水分不超过20%，含脂肪小于7%。

（九）鹅火腿

鹅火腿属于腌腊制品。加工季节宜在农历10～12月和1～2

月底。选用饲养期比较长、体大腿肉发达的老鹅。生产鹅肥肝和活拔毛的鹅，不宜整只加工利用，宰杀分割取其两只鹅腿作为加工原料。鹅火腿的特点是皮白、肉红、肉质细嫩、紧密、味香。其加工方法如下：

1. 取腿整形　将宰杀全净膛的鹅体。按常规分割方法取下两腿。去掉鹅蹼，初整成柳叶形，去掉腿部多余脂肪，洗净血污待腌。

2. 擦盐　用盐量为净鹅腿重的1/16，按每50千克盐加入八角30克的配比放入铁锅中。用火炒干，加工碾细，将盐擦遍鹅腿，然后排放缸内码腌8～10小时。

3. 复卤　将擦腌好的鹅腿。放入预先配制好的老卤中，压上竹盖，防止鹅腿上浮，使鹅腿全部浸入在老卤中，复卤8～10小时。

4. 卤的配制　卤有新卤和老卤之分。新卤是用去内脏后浸泡鹅尸的血水，加盐配成，在50千克血水中加盐25～35千克，放入锅中煮沸，使食盐溶解，并撇去血沫与污泥，澄清后倒入缸内冷却，每缸（约50千克）中加入打扁的老姜50克、八角25克，葱100克，使盐卤产生香味，腌过多次鹅腿的卤经煮沸后称老卤，老卤越老越好。

5. 洗、晾、整形　复卤好的鹅腿，出缸后用自来水冲洗表面盐水，然后用塑料绳结扎腿骨，吊挂在阴凉处风干，随着干缩每天整形一次，连整2～3次。整形主要是削平股关节。剪齐边皮，挤揉肉面使鹅腿肉面饱满。形似柳叶状的火腿形。经3～4天的风干，转入发酵室。吊挂在木架上保持距离，以便通风，控制室内温度和湿度，经2～3周的成熟发酵即可下架堆放，即为成品。

6. 食用方法　一是水煮。将鹅腿放入清水中浸泡2小时以上，洗净、拔盐、泡软，先在清水中加入葱、姜、八角煮沸后投入鹅腿，停止烧火。保持85℃左右温度下焖煮30分钟即熟。冷却后切片装盘食用。二是蒸煮，经洗、泡后的净腿，切成片块，放入盘中。上放姜两片葱三节，八角两粒放于盘中，然后放在锅中蒸30分钟即熟。

（十）烤鹅翅

1. 腌制液配制

磷酸盐	0.5千克	味精	0.4千克
食盐	5～7千克	黄酒	1千克
糖	2千克	洋葱、桂皮、香醋	适量(事先加水煮开)

加水配至100千克

2. 加工工艺　原料处理→腌制→烘烤→成品。

（1）原料处理　摘去翅膀上的残毛并洗净。

（2）腌制　腌制液为翅膀重量的20%～30%，温度为5℃，时间为20～24小时。

（3）烘烤　将腌过的翅膀控干，放入涂抹过油的盘中，然后放进烤炉，170℃烤20分钟。然后涂抹黄油或香油，继续烤15～20分钟，中间抹1～2次油或糖液。

（4）成品　棕黄色、味香、有咬劲，是下酒佳肴。

（十一）香酥鹅排

1. 选料　选取鲜鹅翅，按自然关节用刀分割成三节，洗净沥干待用。

2. 卤煮、调卤　鹅翅10个，水是鹅翅重的1.5倍，姜末少许，黄酒10克，精盐5克，葱少许，花椒粉少许，白糖5克，酱油100克。将卤烧开，先大火20分钟再转入文火焖煮30分钟，捞出冷却。

3. 涂糊料　涂料配比：油30克，面粉63克，鸡蛋65克，糖15克，水40克，混合搅匀。将煮好的鹅翅放入涂上薄薄一层，撒上面包渣或馒头渣。

4. 油炸　用植物油放入锅中，升温至160～180℃，放入鹅翅。边炸边翻，炸至表面酥脆，呈橘黄色即可出锅，一般油炸时间4～5分钟。

5. 食用方法　香酥鹅排以现炸现吃最为适宜。也可真空包装，是很受消费者欢迎的方便食品和佐酒佳肴。

（十二）鹅肠

1. 鹅肠初加工　开膛取出的鹅肠，先去掉附在肠上的2条白色的胰脏，然后用剪刀头穿入肠头一端，顺直肠剖开。为防戳破肠衣，入剪前可先在肠内放入1粒黄豆，在剪时作引导。用明矾、粗盐等搓去肠壁上的污物、黏液、洗净，再用开水烫一烫即为半成品。

2. 食用方法

炒鹅肠原料：

鹅肠	250克	青蒜段	150克
姜末	少许	黄酒	5克
精盐	5克	香醋	少许
味精	少许	麻油	少许
生油	500克（实耗10克）		

操作方法：将剖开、洗净的鹅肠切成段，放在开水里烫一下，再将生油倒入锅内用大火热至高热后，将鹅肠放入稍炸，再倒入漏勺，滤去油。然后把青蒜、姜末倒入锅内用大火略煸炒，随即将鹅肠倒入。加油、醋、盐、味精、辣椒等略煸炒即可。

特点：又白又绿，青蒜、鹅肠脆而不烂。

（十三）西式鹅肉火腿

西式火腿又称盐水火腿，依其形状可分为圆火腿和方火腿，又有熏烟和非熏烟之分，属于高档肉类制品，是国外主要肉制品之一，其加工方法如下：

1. 工艺流程　原料鹅肉的整理→腌制→漂洗→成熟、滚揉→装模→煮制→冷却→脱模→检验→冷藏或销售。

2. 工艺步骤

(1) 原料肉的选择及修整　选用符合卫生标准的新鲜或解冻

后的鹅胸肉或后腿鹅肉。剔净骨、筋膜、淋巴、血污、脂肪及伤斑等不适宜加工的部分。原料肉的修整应10℃以下进行。以防温度过高而降低pH，有碍蛋白质形成凝胶。

（2）腌制　腌液配方：原料肉100千克，水81.5%，食盐17.0%，黄原胶0.06%，硝酸钠0.16%，硝酸钠0.260%，葡萄糖0.2%，蔗糖0.260%，味精0.148%，玉米淀粉0.02%，焦磷酸钠0.15%，三聚磷酸钠0.15%，异维生素C钠0.08%。

腌制：将修整后的原料肉一次倒入拌匀后的腌液内，并适当进行翻动，腌制温度严格控制在10℃以下；最好是5℃左右下腌制48小时，每天应翻动一次，以使腌制均匀。一般西式火腿加工过程中，原料肉在腌制前要进行盐水注射。因鹅肉块状较小，就没必要进行注射，直接进行浸渍腌制即可。

（3）漂洗　当腌透后，取出沥尽腌液，放于10℃以下净化的流水中漂洗，以除去多余的盐分和杂质。漂洗的时间，依肉的咸度而定。即肉比较咸，漂洗时间可稍长一些，否则可短一些。

（4）成熟　成熟的作用主要在于使腌制更均匀一致，提高保水力，以及改善产品颜色和风味，提高制品的品质。成熟温度4～5℃，成熟时间一般要4～5天，在成熟期间应特别注意成熟温度和肉的变化情况，并定期将肉上下翻动几次。

（5）滚揉　滚揉是采用外力对成熟后的肉进行机械的揉擦、翻滚、碰撞以破坏肌肉结构，促使盐分进一步渗入和均匀分布，增进肉块之间的黏结力和保水能力。阻止火腿在煮制时肉汁外逸，以达到最后增重的目的。

滚揉适度的标准是肉块柔软发黏，肉块和肉块之间相互粘连，但不能滚揉过度。否则使成品呈橡皮状。

（6）装模　定型所用的模具为方腿模（亦有圆腿模），可由各种定量规格的不锈钢或铝合金制成。

在装模填肉时，应逐块填入模肉，要填严实，不得有空隙，在模内的底层和上层最好填几块完整的肉块，有条件的地方填满后抽真空为最佳。以防成品切片时出现空洞，影响组织状态和保存期。模装满后盖上模盖，用力将弹簧压紧，直至无法再压为止。

（7）煮制　一般采用平底方锅或采用瓷砖砌成，内铺有蒸汽管道的方锅，其大小视生产规模而定。煮制时，先将锅中水浇开，然后下模，模与模之间应保持一定的距离，水量以高出模盆3～4厘米为宜。煮制温度应保持在75～80℃，煮制时间视重量而定，2.5～3千克重的火腿模应煮制3.5～4小时，待中心温度达到68～72℃即可停止加热，准备出锅。

（8）冷却、冷藏　火腿出锅后，应立即用过滤水或将模倒置在10℃以下的流水中冷却20～30分钟，然后置于室温下冷却2～3小时，再转入0℃的冷库或冰柜中冷藏12～15小时后。便可脱模检验即为成品。可整只或切片销售。如不能即时销售者应连模在冷库或冷藏柜中保藏。

（十四）西式鹅肉灌肠

灌肠是西式肉制品三大品种之一，具有滋味浓郁、肉质细嫩、营养丰富、食用方便等特点，近几年来随着人民生活水平的提高，灌肠等西式低温熟食越来越受到广大消费者的欢迎。其加工方法如下：

1. 材料

原料：新鲜的剔骨鹅肉。

辅料：

盐渍料：食盐；

发色剂：亚硝酸钠、硝酸钠；

发色助剂：葡萄糖、红曲米、抗坏血酸；

品质改良剂：三聚磷酸钠、六偏磷酸钠、焦磷酸钠；

增稠剂：玉米淀粉；

调味料：白糖、味精；

防腐剂：EDTA、乙酸乙酯；

香辛料：五香粉、曲酒、大蒜、生姜。

2. 工艺流程　原料选择→原料整理→配腌制剂→低温腌制→绞碎→五香辅料→准备搅拌→灌肠→烘烤→煮制、烟熏→包装成品。

3. 操作步骤

（1）原料选择：选用鹅后腿肉和胸脯肉。

（2）原料整理：去皮拆骨，修去软骨、筋腱、淤血、伤斑等，再将鹅瘦肉切成3～4厘米宽的长条，猪肥膘切成0.8厘米的方形丁备用。

（3）配料：将鹅肉、猪肥膘、发色剂、盐腌剂、发色助剂、品质改良剂、防腐剂，按照不同配方要求混合均匀进行腌制。

（4）低温腌制：腌制不只是赋予原料一定的咸味，而且同肉馅结着力、肠体弹性以及发色效果、成品率的高低及风味等均有密切的关系。

揉擦盐硝：腌制料和原料肉按一定比例混合，反复搅拌是腌制好的前提。其好处是：绞碎时不易发糊，烘烤和烟熏时不易出油，肉馅结着力强，肠体弹性好，有利于提高产品成品率。鹅肉灌肠腌制与制馅时配方见表7-1。

表7-1　鹅肉灌肠腌制与制馅配方

材料类型	材料名称	不同的配方		
		Ⅰ组	Ⅱ组	Ⅲ组
盐渍料	食盐	√	√	√
发色剂	亚硝酸钠	√	√	√
	硝酸钠	√		√
发色助剂	维生素C	√	√	√
	葡萄糖		√	√
	红曲米		√	

（续）

材料类型	材料名称	不同的配方		
		Ⅰ组	Ⅱ组	Ⅲ组
品质改良剂	焦磷酸钠		√	√
	三聚磷酸钠	√	√	√
	六偏磷酸钠		√	√
增稠剂	玉米淀粉	√	√	√
防腐剂	EDTA	√	√	√
	乙酸乙酯	√	√	√
调味料	白糖	√	√	√
	味精	√	√	√
香辛料	五香粉	√	√	√
	曲酒	√	√	√
	大蒜	√	√	√

注：打“√”者为采用的材料，Ⅰ为简单配方、Ⅱ为低硝配方、Ⅲ为复杂配方。

腌制温度：腌制时，腌制温度和时间是相互影响、相互作用的两个因素，适宜的温度范围应该是保证大多数微生物受到一定的抑制，肉坯又不会冻结，盐硝可以渗透扩散，在短期内腌透腌好；另一方面也有利于亚硝酸钠转变成亚硝酸，并进一步分解出一氧化氮。一氧化氮与血红蛋白、肌红蛋白作用分别结合成一氧化氮血红蛋白和一氧化氮肌红蛋白，再加上后道工序中继续发色，有助于发色更完全，一氧化氮血红蛋白和一氧化氮肌红蛋白是玫瑰色物质，能使肉色红润美观，在不冻结的条件下，腌制期间绞碎后还能吸收一定量的水分，成品率可相应提高。

腌制时间：腌制时间是影响腌透腌好的重要因素，腌制温度越高，腌制液向肉组织内渗透扩散越快，腌制时间越短，反之，时间越长。一般腌制时间在2～4天范围内。

（5）绞碎或斩拌　腌制好的肉需立即进行绞碎或斩拌，绞碎是在绞肉机中进行，一般须将肉绞3～4次，成肉糜状，绞碎是一道很重要的工序，绞碎好的肉糜不仅易于灌肠，而且能改善其结着力，使质地紧密，切面光滑，也有利于烘烤煮制工序，从而提高灌肠的出品率。绞碎时肉会升高3～5℃，肉的系水力会下降，所以绞碎时加适量的冰，可以降低肉温，提高灌肠出品率。

（6）制馅　把各种调味料、增稠剂、一定量的水加入肉糜中（生姜、大蒜在绞碎时已加入），搅拌制馅，用双手反复多次搅拌均匀。馅制得好坏对灌肠的感官质量有很大关系。

预先拌好辅料：将规定的水放到容器内，再将按配方要求称量好的各种配料慢慢加入适量水中，并一边加辅料一边搅拌，至辅料加完为止。

搅拌要求香辛料、增稠剂与肉糜充分混合均匀。搅拌不好的肉馅，灌肠的保水力下降，降低成品率，产品质地粗糙，切面呈蜂窝状，影响外观。

（7）灌肠　灌肠的好坏直接影响烘烤效果。选用猪肠衣，灌肠前将肠衣在温水中浸泡，仔细清洗肠衣，排尽留在肠衣内的残液。

灌肠时先将肠衣套在灌肠机肠馅出口套管上，灌入的肠馅要松紧得当，如灌得过紧煮制时肉糜受热膨胀，会使肠衣破裂，若灌得过松，内部肉馅松弛，影响灌肠的结着力和弹性，切片性不好，如发现有气泡产生，应用细钢针刺破肠衣，将气泡排出，以免受热时肠衣被胀破。灌肠的长度应视规格而异，灌好的肠末端应立即结扎封口。

（8）烘烤　烘烤的目的不只是起表面脱水作用，更重要的是和煮制时肠衣是否会爆破、着色的难易有很大的关系，因而要掌握好以下要点。

烘烤室的温度变化：烘烤室内温度调节十分重要，开始时采用高温烘烤使灌肠表面水分迅速蒸发，蛋白质迅速变性，使得肠衣和肉馅结合紧密，然后迅速降温，使灌肠在较低温度下，烘烤较长时间，有利于灌肠的发色，使结着力增强，弹性变好，这种烘烤方法优点突出。

排湿：排湿要畅通。烘烤的要求是在较短的时间内把肠体的表面水分烘干，排湿速度要快，为此，刚开始烘烤时，把烘烤室的门适当拉开，以提高气流速度，使水分尽快蒸发、排出，待肠体表面水分基本干燥后，把门关小，但不能全关闭，要留有一定的排气条件。

挂架高度：挂架高度要适中，过高不易烘干，过低容易烧焦流油，肠体松软，煮制时散烂，影响结着力和弹性。

烘烤时间：不同规格的灌肠其烘烤时间是不一样的。

总之，烘好的肠体不仅表面已干燥，同时由于肠衣收缩紧紧包裹，肉馅与之结合成一体，肠衣牢度增加，干燥的肠衣煮制时容易着色，烘烤完毕，肠表面温度至少在50℃以上，已超过大多数蛋白质热变性温度而凝固，肠衣和肉馅已黏合在一起，煮制时肠衣不破裂。

（9）煮制　用圆锅盛足够水加热至所需温度，再将烘烤好的灌肠放入其中煮制，以防酸败、变质。煮制的目的是将灌肠煮熟，呈现灌肠特有的风味。各种灌肠粗细差别很大，其下锅水温、定温温度、煮制时间各不相同。

（10）烟熏　烟熏材料：烟熏材料的选择为白糖。烟熏的化学成分及其作用极为复杂，目前已知达200多种，分别属于酚、有机酸、酯、酮、醇等，其中有效成分为酚、醛、有机酸和羧基化合物，这类物质对肠的风味、色泽、杀菌、防腐、抗氧化等方面均起到不同程度的有益作用。

烟熏方法：先将敞口锅底放入一定量的白糖，然后将带有挂架的烟熏室放入敞口锅上，再将煮制好的灌肠挂在挂架上，肠体间要保持适当距离，以不相碰为原则，否则会产生“阴阳面”，挂好肠子后，再将盖板盖上，接通电源，让白糖受热燃烧，产生大量烟雾，进行熏制，经过一定的时间即可。

（十五）脆嫩鹅肫干片

1. 产品特点　精心加工的鹅肫干片入口香脆，有多种味道，耐咀嚼，脆嫩香酥，既是很好的休闲食品，又是家庭、宾馆餐桌上的一道佳肴。

2. 制作方法

（1）剖开　鹅肫的外形好像蛤蜊，加工时从右面的中间用刀斜形剖开半边，以刮去鹅肫里面的一层黄皮和余留的食物。

（2）洗净　用清水洗净内外，洗时须细心用手指在肫内抹去污液。为了洗净肫内脏物，可用少许盐轻轻在肫内擦去酸臭余物，如洗不干净，酸臭气味存留于肫内，就会影响成品质量。

（3）卤腌　鹅肫洗净后，用食盐水腌制，盐水与肫重的比例为1.3∶1，配料是每100千克沸水，溶盐21千克，糖0.5千克，冷却到室温，放入净肫，加盖压入液面以下10～12厘米，腌8～12小时，腌制时若加0.1%的亚硝酸钠，则颜色呈粉红色，更为美观漂亮。

（4）卤煮　肫重与卤水的比例仍为1∶1.3，按100千克鹅肫加丁香30克，肉蔻50克，草果、八角、花椒、陈皮各40克，白糖2.5千克，白酱油0.2千克，酒0.5千克，葱、姜各150克，葱姜不要切得太细，切成大片即可，香料用纱布包扎好，煮沸35分钟或80℃再焖煮15分钟。出锅放入盘中冷却。

（5）切片　用手工或切片机将肫切成0.3厘米厚的薄片。

（6）浸卤　用卤煮的原汁，按10千克计，加酱油1千克（也可不加），糖0.5千克，姜15克（切成小末用纱布包好），味精、鲜辣粉各30克（用绞肉机粉碎成末），辣油50克，混匀煮沸，将肫片快速浸烫10～15分钟，立即捞出入干燥箱稍微烘至干燥。

（7）干燥　捞出后，入干燥房干燥，80℃温度，5分钟，冷却后为成品，成品用真空包装或盒装，成品率为50%，即干制品约为新鲜鹅肫重量的50%。

(十六) 风腊鹅肫干

1. 产品特点　风味鹅肫干既属于腌腊制品，也属于干制品，产品酥脆，食时切片，食用方法多样，而且保存时间长。色泽黑而发亮，味道鲜美，营养价值高，便于携带，食用方便。

2. 加工步骤

(1) 剖开　在肫的右面的中间用刀斜形剖开半边，洗尽肫内污物。

(2) 去内筋　用手撕或刀刮去鹅肫内一层黄皮（内筋），然后用清水洗净内外。再用5%食盐搓揉，擦去肫内酸臭物质，然后用清水洗尽，沥干。

(3) 腌制　每100只鹅肫用盐0.75千克，加硝20克（先将盐、硝称量后混匀），拌匀擦匀，腌制24～48小时。

(4) 漂洗　用清水漂洗2次，每次浸漂30分钟。洗净附着在肫上的污物及盐中溶解下来的物质。

(5) 穿绳露晒　用麻绳在肫边穿起来，每10只一串，在日光下晒干，一般3～5天，晒到七成干时取下整形（第三天开始整形）。

(6) 整形　把鹅肫干放在桌上，右手掌的掌部放在肫上，用力压扁搓揉3～4次，使鹅肫两块较高的肌肉成扁形，使鹅肫改善外观，易干燥，便于运输。

(7) 阴凉保存　将制好的鹅肫晾挂在室内通风凉爽处保存，晾挂时间最多为6个月，出品率50%。

(8) 包装与食用　食前用冷水浸泡，使之回软，并清洗干净，放在冷水中煮沸后，用微火煮1小时即可出锅，冷后切成薄片，食之香、脆、嫩、鲜，味美可口。也可以切片后真空包装，外套纸盒包装，即可上市销售。

(十七) 鹅肝肠

1. 产品特点　该产品用鹅肝和猪瘦肉、猪肥膘为原料加工而成，产品味道鲜美，结构细腻，口感极佳，能充分利用鹅肝高营养的特点。

2. 配方

原料：鹅肝30千克，猪腹部脂肪40～45千克，猪瘦肉25～30千克。辅料：溶化猪皮30克，食盐20克，亚硝酸钠0.08克，异维生素C钠0.3克，三聚磷酸钠3克，香辛料3.8克，洋葱2克，奶油适量。

3. 原料处理

（1）鹅肝用红葡萄酒浸泡，放入冰箱过夜。

（2）猪腹部肉和猪瘦肉用80℃水煮，40～45分钟，然后用绞肉机绞成肉馅。

（3）洋葱用黄油或大油炒熟。

（4）部分鹅肝用黄油炒一下，切成小丁。

4. 加工工艺

（1）工艺流程　原料肉→腌制→配料→斩拌→充填→熟制→冷却→成品。

（2）选料　采用一般鹅的肝脏和国内现有的香辛料。

（3）斩拌　将上述处理过的鹅肝，放入斩拌机斩至发泡，加入亚硝酸钠、磷酸盐和维生素C钠，最后加入食盐，斩好后取出。再把处理过的肉放入斩拌机斩拌，温度在40～45℃，把斩好的鹅肝和香辛料加入。拌入鹅肝时，斩拌机里的温度不能超过60℃，否则肝蛋白会变性，使脂肪外流；温度低于40℃时脂肪凝固，蛋白不能把脂肪包住，影响产品质量。为了增加花色品种，可以把经不同处理或不同配料的鹅肝加入，斩几转后取出，温度一般为45℃左右。

（4）充填　根据需要可以灌入肠衣内，也可以用模子成型。肠衣可选用纤维肠衣或直肠。

（5）熟加工　肠衣直径8～10厘米，充填后用78～80℃水煮，煮制时间1.5小时，具体依肠衣的粗细而定，放在模子里的肝酱要在烟熏炉里干燥。温度为78℃，中心温度达68℃时为止。

（6）冷却　取出灌制煮熟的肝肠或模子型肝酱，自然冷却。

（7）成品　具有鹅肝特有的风味，组织细腻，肝肠可以直接切片食用，口感良好，滋味可口，肝酱的涂抹性能好。

（8）包装　真空包装，在0～4℃的条件下贮藏、运输和销售。属低温熟食类鹅肉制品。

三、鹅蛋的加工

鹅蛋营养丰富，适宜人体的营养需要，是鹅产品加工的重要方面。

（一）鹅蛋的构成及营养

鹅蛋比其他禽蛋个体大，蛋壳约占蛋总重量的16%，蛋白约占52.5%，蛋黄约占31.5%。鹅蛋的化学成分为：水分约70.6%，蛋白质约14.0%，脂肪约13.0%，碳水化合物约1.2%，无机物约1.2%。鹅蛋中含有丰富的营养成分，如蛋白质、脂肪、矿物质和维生素等。鹅蛋中含有多种蛋白质，最多和最主要的是蛋白中的卵白蛋白和蛋黄中的卵黄磷蛋白。蛋白质中富有人体所必需的各种氨基酸，是完全蛋白质，易于人体消化吸收，其消化率为98%。鹅蛋中的脂肪绝大部分集中在蛋黄内，含有较多的磷脂，其中约有一半是卵磷脂。这些成分对人的脑及神经组织的发育有重大作用。鹅蛋中的矿物质主要含于蛋黄内，铁、磷和钙含量较多，也容易被人体吸收利用。鹅蛋中的维生素也很丰富，蛋黄中有丰富的维生素A、维生素D、维生素E、核黄素和硫胺素。蛋白中的维生素以核黄素和尼克酸居多。这些维生素也是人体必需的维生素。

（二）商品蛋的主要用途

商品蛋是指专门供给人们消费和加工的鹅蛋，包括不合格或停孵后的种蛋、无精蛋、专门饲养母鹅所产的蛋，其用途比较广泛。

1. 直接供食用　新鲜的鹅蛋可供人们煮、蒸、炒、煎等熟制食用，或者作为食品工业原料，加工蛋糕、面包等食品。

2. 加工再制蛋　再制蛋是指经过加工仍保持蛋的原有形态不变。再制蛋是利用新鲜蛋经盐、碱、糟等辅料制成别有风味的皮蛋（松花蛋、彩蛋）、咸蛋（腌蛋）和糟蛋等。再制蛋不仅具有良好的风味，而且保存时间长，是人们喜爱的佳肴。

3. 加工熟制蛋　熟制蛋是指利用新鲜蛋经过高温处理后制成的具有一定风味的熟制蛋，包括茶蛋、虎皮蛋和卤蛋等。

4. 加工蛋制品　蛋制品是指利用新鲜蛋的内容物加工制成的蛋品。主要制品有冰冻类和干蛋类。冰冻类是将蛋壳去掉用蛋液冻结而成的制品，有冻全蛋、冻蛋黄、冻蛋白之分。这些冰冻类蛋制品主要用于食品工业。干蛋类是去掉蛋壳，利用内容物经加工制成干蛋品，有全蛋粉、蛋黄粉、蛋白粉之分。这些干蛋类制品不仅为食品加工所利用，而且还可为纺织、皮革、造纸、印刷、医药、塑料、化妆品等工业所利用。

此外，鹅蛋还可加工蛋白胨、蛋壳粉和提取卵磷脂等。

（三）几种蛋制品的加工方法

1. 松花蛋　松花蛋又名皮蛋、彩蛋。它不但具有美丽的花纹，还具有醇厚的特殊清香味。

原料：纯碱（Na_2CO_3，即无水碳酸钠、含碳酸钠在96%以上）、生石灰（CaO，要求块大体轻，有效氧化钙含量达70%以上）、食盐（NaCl，含氯化钠达36%以上）、茶叶（以红茶末为佳，其他茶叶也可，但用量要加大）。有的为加快成熟度还加黄丹粉（即氧化铅PbO，用量不能超过食品卫生规定的含量标准）。

常规配料方法：每100枚蛋需纯碱400克，生石灰1 250～1 500克，红茶末100～150克，食盐150～200克，黄丹粉7.5～1克，水5～6千克。

制作方法：挑选蛋壳坚实、完整、无裂纹的新鲜蛋，并将其洗干净，摆放在缸内。配料要用两个容器，一个容器加 1 500 毫升水，放入茶叶煮开，然后放入纯碱充分搅拌，使其溶解；另一个容器装水 3 000 毫升，并将生石灰分 2～3 次投入，待石灰停止沸腾时，加入食盐搅拌，待充分溶解后，将不溶解的石灰杂质捞出。然后再将两个容器中的溶液混合并搅拌均匀，再加入黄丹粉，最后加水到 5 000 毫升，搅拌均匀后，倒入放蛋的缸内，压上竹盖，使料液淹没蛋面。密封缸口，在常温下（20～25℃）1 个月即成熟。

2. 咸蛋　咸蛋又称盐蛋、腌蛋，是用食盐溶液腌制而成的蛋品。鹅蛋脂肪含量比较高，适宜腌制。食盐水溶液有一定的防腐能力，可抑制蛋内微生物和酶的活动，延长蛋的保存期，同时还改善蛋的风味。咸蛋的加工方法，各地有所不同，但较多采用的是盐泥涂布法、盐水浸泡法及草灰法等。

（1）盐泥涂布法　鹅蛋 80～100 个，食盐 0.6～0.75 千克，干黄泥粉 0.65 千克，冷开水 0.4～0.45 千克。将食盐放入瓦缸或塑料桶中，加入清水，稍加搅拌，待盐全溶后加黄泥，并适当搅拌，使之成为均匀的泥浆。泥浆是否适度，可取一个鹅蛋放入泥浆中检验：如果该蛋一半浮在上面，一半沉入泥浆内便为适度。把挑选的新鲜鹅蛋，放进泥浆中，使全蛋沾满泥浆后取出放到缸内或箱内，经 20 天左右便成咸蛋。有些地方，在涂盐泥后再滚灰，使蛋彼此不相粘连。

（2）盐水浸泡法　清水和盐按 4∶1 配备，即 1 千克清水加 0.25 千克盐。浸泡时以盐水能浸过蛋面为准。腌多少蛋，就配多少盐水。将盐和清水放入缸内，充分搅拌，使盐全溶后，把蛋放入盐水中，经 15～20 天便成咸蛋。也可按 20％的盐水浓度配制盐水，即 40 千克开水加 8 千克食盐，放在容器中搅拌，使盐全溶，冷至 20℃左右便挑选好的蛋放进盐水中浸泡，经 30 天左右即成。

盐水腌制的蛋，成熟期比盐泥涂布法快，这是由于盐水对鲜蛋的渗透作用较盐泥为快。

(3) 草灰法　鹅蛋80～100个，草灰（以稻草灰为主）2千克，食盐0.6千克，清水1.8千克。先把清水煮沸后倒入食盐中，适当搅拌，待盐全溶解冷却后加入稻草灰，边加边搅均匀，使灰浆稀稠适度。灰浆准备好后，将挑选合格的鹅蛋逐个放入灰浆中，使全蛋沾上灰浆，再行滚灰，即把有湿料的蛋再包上一层草灰。包的草灰要厚薄适中，如果包得过厚，会吸去湿料的水分，影响蛋腌制成熟时间。包好后的蛋放在缸内，加盖密封，经30～45天便可成熟。

腌制成熟的咸蛋，在25℃以下的条件，可保存2～3个月。

3. 茶叶蛋制作方法　茶叶蛋是人们熟悉的一种熟制蛋品。其做法是：将鲜蛋煮熟后凉透，轻敲蛋壳使其有多处裂纹，再放入锅中加一定量凉水、食盐、酱油、红茶、八角、陈皮、桂皮、花椒等一起熬煮而成。各种作料的用量要依据蛋的多少而定。这种熟制品热食较好，有五香风味，故称五香茶蛋。

四、鹅肥肝加工

鹅肥肝是一种新型的家禽产品，是指达到一定月龄，生长发育良好的肉用仔鹅，通过在短时期内，人工强制填饲大量的高能量饲料——玉米，使其快速育肥，并在肝脏中大量积贮脂肪，而形成一种比正常的鹅肝大5～6倍，甚至10倍以上的特大的脂肪肝。一般鹅肝重60～100克，而鹅肥肝重600～900克，最大的重达2 300多克。这样巨大的鹅肥肝，并不是一种病态，是由于鹅肥肝中沉积了大量不饱和脂肪、卵磷脂、脱氧核糖核酸等，据测定，鹅肥肝含脂肪60%～70%，其中软脂酸21%～22%，亚油酸1%～2%，中链脂肪酸及16碳烯酸3%～5%，肉豆蔻酸1%，不饱和脂肪酸高达65%～68%。每100克鹅肥肝中卵磷脂含量为4.5～7克，核糖核酸9～13.5克。鹅肥肝还含丰富的维生素、多种消化酶、肝糖原、ATP、磷酸腺苷以及一系列颇有营养价值的物质，鹅肥肝在质量和重量方面均与正常的鹅肝有很大差别，营养十分丰富，对人体具有保健功能，特别是心脑血管疾病有很好的预防、食疗价值。鹅肥肝质地细嫩，口味鲜美，还有一种独特的香味，可促进食欲，在国外被认为是世界三大美味之一，在国内消费群体日趋增大。

（一）肥肝鹅的屠宰

鹅的屠宰脱毛程序包括：宰鹅、放血、浸烫、脱毛、拔细毛和洗净六个程序。

1. *宰鹅* 宰鹅有两种方式，一种是原始的手工操作，助手右手紧握鹅的两脚，左手捉住鹅的两翅，把鹅保定；屠者用刀切断鹅喉部气管与颈动脉放血，但鹅体重力大，保定是很累的，因此，法国农家采用一种简单的设备，将鹅倒塞在一只漏斗形的装置中，漏斗的上方正好将鹅的两翅保定，人工割断颈部气管与动脉后，鹅血流在下设的一只圆盘中，一次可放宰鹅5只。另一种改进的方法，是用一只较大的圆锥形转盘，把肥鹅的两脚倒挂在转盘上面，下面有一扎钩可扎住鹅的鼻孔，把鹅保定，随后在颈部宰杀放血，鹅血流到转盘下的血槽中，再流入桶内集中。

目前国外采用先进的机械宰鹅流水线。在肥鹅运到肥肝食品厂时，卡车直接开到屠宰车间的门口，运输员将装在运输笼中的鹅取出，两脚朝上倒挂在宰鹅流水线的悬挂传送链上。随着传送链的传动，肥鹅倒挂送入屠宰车间，人工割断喉部气管与颈动脉放血，鹅血流入传送链下面的不锈钢集血槽内集中。这样宰好的肥鹅一边放血，一边随着传送链倒挂着移动，经5分钟左右，鹅血正好放完，悬挂式的传送链也逐步降低高度，把宰好的鹅放入浸烫池。采用这种方法屠体放血充分，可使屠体白净，同时肥肝质量和色泽也较好。

2. *浸烫* 放血一结束，屠体即浸入65～70℃的热水槽中浸烫。由于鹅的尾脂腺发达，羽毛上带油，热水不易浸入毛根，因此需用木棍轻轻搅动，使热水能浸入羽毛里，但要注意不要触及腹部，以免损伤肥肝。采用机械化宰鹅流水线的，浸烫槽中设有流动装置，可以省去人工搅动。鹅的屠体倒挂在传送链上，缓慢地随着流水线的传动，在浸烫池中浸烫3分钟左右，即随流水线传动到脱毛机。浸烫的水温很重要，水温过高，会造成"热烫"，影响屠体质量；水温过低，会使拔毛困难。

3. 脱毛　浸烫结束，传送链即将屠体运往脱毛机脱毛。但这种脱毛机仅适于肉用禽的脱毛，而生产鹅肥肝的屠体，由于肥肝有一半是在腹部的，使用脱毛机往往会损伤肥肝，因此，为了获得优质的鹅肥肝，即使在使用宰鹅流水线的国外，也情愿采用手工拔毛。拔时先将浸烫过的鹅放在长方形的长桌上，先趁热拔除两翅的翼羽，每鹅可拔取供制羽毛球的翼羽（俗称"大令毛"）10～13根，将其另行放置、晒干后，每千克售价要比鹅毛贵4倍。接着用手捋去鹅胫、蹼以及喙上的表皮，随后趁屠体温热之际，把全身的羽毛全部拔光。然后在清水中把所有细毛拔光。

4. 洗净　最后将屠体喙内、舌根和颈部刀口的血液，全部用清水冲洗干净；再把整个鹅体洗净。随后切除头、颈、翅尖和蹠、蹼。

（二）屠体的预冷和凝结

屠体洗净后，胸腹部向上，平放在特制的金属车架上，车架分七层，每层可并排放屠体5～7只，沥干水分后，将车架连同屠体一起推入4～10℃的预冷车间，进行预冷。一般停放18个小时，使屠体冷凝和干燥。因为肥鹅的腹部充满脂肪，而鹅脂肪的熔点极低（32～38℃），如在脱毛洗净后立即剖腹取肝，就会使腹脂流失；同时更重要的是鹅肥肝内脂肪含量高达45%～60%，热肥肝十分软嫩，内脏还温热时就摘取肥肝，很容易抓破肥肝和胆囊，影响肥肝质量。因此必须将屠体预冷，使屠体干燥，脂肪凝结，内脏变硬而又不至于冻结时，才有利于剖腹取肥肝。如摘取肥肝工艺和加工条件合理，则不需预冷直接取肝，取出肥肝后，立即整形，再放入1%的冷盐水中浸泡10分钟凝结固定。

（三）肥肝和内脏的摘取

填鹅的最终目的是取得优质合格的鹅肥肝，但是一些重要的副产品如鹅的胴体、腹脂、内脏等，也应该尽量地加以利用，以提高肥肝生产的经济效益，因此在剖腹取肝时，应十分注意操作的方法，既要保证肥肝的高质量，还要尽可能保持胴体胸肌的完整性，使取肝后的胴体依旧受到消费者的欢迎。过去摘取肥肝主要采取开胸取肝的方法，把鹅的胴体从胸到腹面纵开两半，随后再摘取肥肝。采用这种方法主要是因为鹅肥肝有一大半是长在龙骨下面的，把腹面和龙骨全部剪开，有利于摘取肥肝，但把胸肌纵切两半，破坏了胸肌的完整性，无法再做烧鹅、烤鹅和盐水鹅等，降低了胴体的价值，出口亦不受欢迎。

目前采用的剖腹取肝的方法，即用刀沿龙骨后缘，从左到右开一横切口，再在腹中线作一纵切口，把整个腹腔打口，再取肥肝。这种做法，虽然保持了胸肌的完整，但胴体的完整性依旧破坏了，只能把鹅的胴体分割后供出口，影响了胴体的充分利用。

而匈牙利的取肝方法，既方便又卫生，还能保持胴体的完整性。值得推广。具体操作程序如下：

1. 剖腹　将经过预冷的肥鹅屠体，从金属车架上取下，放置在操作台上，取肝者面向操作台站立，肥鹅屠体胸腹部向上，尾部朝向取肝者。操作时左手按压屠体保定，右手持刀，从鹅龙骨末端处开始，沿腹中线向下作一纵切口，一直割到泄殖腔前缘，把皮肤切开。但不能切得过深，以免将肥肝与肠管切破。随后在切口上端两侧皮肤各开一小切口，用左手食指插入胴体右侧小切口中，把右侧腹部皮肤勾起，右手持刀轻轻沿着原腹中线切口把腹膜割破，接着用双手同时把腹部皮肤、皮下脂肪连腹膜向两侧扒开，使腹脂和部分肥肝暴露出来。此时用左手从鹅体左侧伸入腹腔，把内脏向右侧扒压，右手持刀从内脏与左侧肋骨间的空隙中，把刀伸入腹腔，刀刃向下然后向右侧，刀刃到鹅体右肋骨处向上，把刀沿着肋骨、脊柱、肋骨与内脏间锯割，使腹腔中的内脏包括腹脂、肌胃、肠管、泄殖腔和部分肥肝等与胴体的腹腔剥离，只有内脏的上端还和胴体连接。然后把剖好腹的鹅胴体头向上、双翅背挂在流水线的悬吊传送链上，传送到取肝室。

2. 取肝　取肝工人面对着传送链上送来的鹅腹朝向自己的胴体，这时由于剖腹后内脏和胴体已剥离了，内脏下垂并部分突出在剖开的腹腔外，而鹅肥肝也大部分已落到腹部，取肝工人只要双手插入剖开的腹腔中，二手轻轻向上托住肥肝，把肥肝轻轻地向下钝性剥离，这时附在肥肝上的胆囊亦随之剥离肥肝，内脏和胴体一起随着传送链向下一车间输送。取肝时万一胆囊破裂，可立即将肥肝上残留的胆汁用水冲洗干净。取肝工人唯一的工作是取肝，每取好一只肥肝，冲洗一下双手；肥肝取下后立即放到身旁的操作台上。由另一工人将肥肝上的结缔组织与胆囊部位的绿色渗出物切除，随后整形、分级和装盒。

3. 取出内脏　摘取肥肝后的胴体，连内脏随悬吊式传送链传到下一车间后，操作工人左手拉住胴体已剖开的腹部，把胴体保定，右手伸入腹腔把内脏掏出，放在身旁的操作台上；另一工人先将掏出的内脏中附着在内脏上的胆囊钝性剥离，随后将腹脂和内脏分离开来，把每只鹅的腹脂集中卷成一团，单独装盘。而第三个工人则将附在内脏上的心脏剥下，洗净后集中装盘；接着把鹅的肌胃割下，剖开，剥除肌胃中的角质层，洗净后集中装盘；鹅肠则用剪刀剖开后，洗净单独装盘。

（四）肥肝的处理和分级

肥肝的处理和分级是依靠人的眼力、嗅觉和手指来进行，在这方面分级人员的经验就显得特别重要。因为即使是同等体积的两块肥肝，由于质量不同，等级和价值亦不一样，而有经验的操作人员，就能根据肥肝的不同质量，进行恰当的处理和分级。

刚摘下来的肥肝，可用特制的塑料模型盘进行整形，再由肥肝分级员先用小刀修除附在肝上的神经、结缔组织和胆囊下的绿色渗出物，切除肥肝中的郁血、出血或破损部分，然后按肥肝的大小和质量进行分级，装入相应的塑料盘中。在装盘前还要先将肥肝用清水洗净，然后放入1%的盐水中浸泡10分钟，捞出后再用清洁的布将水吸干，然后再装盘。为保证肥肝尽可能新鲜和卫生，避免布上的纤维黏附到肥肝上，确保肥肝的高质量。操作时在十分注意清洁卫生的前提下，可把冲洗、浸泡和吸干三道工序全部省掉。在整个取肝、处理和分级过程中，室内温度要求保持在4～6℃。

（五）肥肝的利用和运输

1. 整肝　特级和一级鹅肥肝一般采用冰鲜形式运输，如果运输路线近，即在取肝室把肥肝处理和分级后，单个装入塑料食品袋，封口后，直接装入专用塑料盘。在塑料盘上下铺一层碎冰，冰上再放塑料盘连肥肝一起放入冷藏箱中，箱内可重叠放七层，关上箱门，用透明胶水带黏合，温度可保持在2～4℃。把冷藏箱连肥肝一起用飞机、汽车或火车运往销售点，在这种温度下，经过72小时，肥肝也不会变质。

2. 碎肝　稍次的一级肥肝，主要用切块机切成肥肝块后出售。而其他的二三级肥肝，是一种刚刚可以称为肥肝的小肝，这类肥肝，在市场是不太受欢迎的。对碎肝最好进行深加工，作为肥肝酱的主要原料，在国内还可以加工成各种营养丰富、风味独特的即食食品。

3. 速冻肥肝　不鲜销的肥肝要进行速冻保存，方法是将刚摘下的鹅肥肝，逐只装入塑料袋，平放在铁皮盘中，放入－28℃的速冻库中速冻24小时，然后取出加以整形。先剔除肥肝上的结缔组织和清理摘除胆囊后残留在肥肝上的绿色痕迹，再用小刀刮除肥肝上的血斑，称重分级后，再将肥肝单只或2～3只一起，放入塑料食品袋中，分别按肥肝级别装入特制的瓦楞纸板箱中，每箱放鹅肥肝10千克，捆扎好箱子后，存放在－20～－18℃的冷库中，可保存2～3个月。

（六）鹅肉的处理和包装

鹅的屠体摘除内脏后，剩下的胴体先切除头、颈、翅尖和爪，分别包装，随后装进印有专门商标的塑料食品袋，真空包装后装入瓦楞纸板箱，每箱装4只，放进－28℃的速冻库速冻后贮存。

鹅的胴体还可做成分割鹅肉或去骨鹅肉，将胸肌、腿等单独装箱。鹅胴体剔除一定的脂肪，打浆后加调味品制成鹅肉酱或丸子，也可以加工成鹅肉香肠、调味品等，具有独特风味，在农村市场很受欢迎。

（七）鹅肥肝酱的加工

1. 工艺流程　肥肝解冻→冲血→水煮→配料→打浆→高温杀菌→无菌包装→成品。

2. 操作要点

（1）解冻　将冻结肝置于4℃温度下缓慢解冻，防止水分和脂肪流失。

（2）冲血　用清水把血冲洗干净，以免影响肥肝酱的色泽。

（3）水煮　肥肝解冻后，由于酶的活性提高和微生物的污染，在以后的加工中极易变质。因此，用85～95℃的热水烫，有利于抑制酶的活性和微生物的生长繁殖。

（4）配料　为了提高肥肝酱的风味和增加其稳定性，按比例加入食盐、味精、香辛调料和稳定剂。每千克配方如下：等外肝88.0克，葵花油4.0克，洋葱4.0克，鲜姜0.5克，曲酒0.5克，精盐1.5克，白糖0.5克，味精0.1克，五香粉0.2千克，香油0.1克，胡椒粉0.05克，维生素E0.05克，酪蛋白0.5克。

（5）打浆　用打浆机把原料和辅料粉碎成均匀的浆液。

（6）高温杀菌　因为肥肝中可能有肉毒梭状芽孢杆菌等耐热菌，所以鹅肝酱必须在115～118℃条件下灭菌30～40分钟。

（7）包装　杀菌后的肥肝酱，应在无菌条件下趁热装罐、封口。空罐应严格消毒。包装后的罐头放在35℃温度下保温一周，剔除胀罐、漏罐和变形罐后即为合格产品。也可装罐后高压杀菌，包装入库。

3. 产品合格指标

(1) 肥肝酱色泽与外形　开罐后表面有一层1毫米厚的白色油脂层。油层下的肝酱呈灰黄色，质地细腻柔软。品尝时味道鲜美，咸淡适中，香味浓郁。

(2) 营养成分　水分49.64%，干物质50.36%。其中，粗脂肪77.91%，粗蛋白10.81%，无氮浸出物7.45%，粗灰分3.33%，钙0.37%，磷0.13%。

(3) 卫生指标　经卫生防疫部门和质量检查部门认定，各项卫生指标需符合GB2725－81标准。

五、鹅肥肝烹饪

(一) 西式鹅肥肝的烹饪

法式西餐和中餐是两种不同的饮食文化代表。法国餐通常由一份开胃菜（Entree），一份主菜（肉类或海鲜，蔬菜常作为配菜附在主菜中）以及一份餐后的乳酪或甜点组合而成。而香煎鸭肥肝（Foie gras saute）则常作为开胃菜，是首先上桌的一道佳肴，与之配套的开胃酒（Aperitif）则常选用白葡萄酒，如苏玳酒（Sau-terne）或香槟酒（Champagne）等。

法国的肥肝生产已有上千年的历史，是当今世界上最大的肥肝生产国和消费国。肥肝的烹饪艺术，可以被认为是法国文化的一部分，特别在法国西南部，更是肥肝及黑松露等珍馐佳肴的宝库。现在的法国菜可以分成两大潮流，一种是沿袭宫廷风格的高贵路线，也就是国际性宴会中经常采用精致豪华的法国菜；另一种是具有产地特色的地方菜。鹅肥肝和黑松露是法国最高档的美味佳肴，本书限于篇幅，仅介绍几种通常采用的烹饪方法。

1. 香煎果汁鹅肥肝　先将葡萄剥皮去子，放入平底锅加少量黄油（白脱油，Butter）煎一下，加一点牛肉汤和少量甜葡萄酒熬成果酱汁，再加入剥皮去子的葡萄（用提子切成两半更好）稍煮备用。将鹅肥肝切成1厘米多厚的薄片，在平底锅中倒入少量的鹅油（鹅油能使煎出来的鹅肥肝保持原汁原味）或黄油（能使煎出来的鹅肥肝具有奶香味），用旺火使锅中油温迅速上升，将一片片的鹅肥肝平铺在锅中煎一下，再将每片肥肝反面煎一煎，随后把火力调小，把两面煎成微焦，在上面洒上少许精盐与白胡椒粉，装入温热过的盆子，倒上果酱汁，再放上几粒葡萄和少量有喙欧芹叶即可上桌。做此菜的关键是开始时火力要旺，使鹅肥肝的切面迅速凝固，以免肥肝内部的脂肪溶解而流出，但旺火的时间要短，否则肥肝会烧焦；接着改用文火是把鹅肥肝煎熟。肥肝煎的时间约2分钟，把肥肝煎成八成熟即可，时间煎得一长，肥肝中的脂肪都煎出来，就吃不出肥肝的感觉了。通常鹅肥肝煎过后，至少有14%左右的脂肪会流出来，但鸭肥肝却有40%左右的脂肪外流，所以煎鸭肥肝的时间要更短一些。香煎肥肝也可以用无花果来代替葡萄做成果酱汁，装盆时连煎过的无花果装在一起。煎过鹅肥肝的平底锅中会留下不少鹅油，这些油大多由不饱和脂肪酸组成，其成分接近植物油中最好的橄榄油，弃之可惜，法国人常用以煎面包片佐餐，香脆可口、别具风味。

2. 黑松露香煎鹅肥肝　取一小只黑松露，用小刀将其桑葚状的外皮（Verrue）削去，加盐略煮后，切成薄片备用。然后将鹅肥肝片按上述香煎的方法煎好，洒上细盐和少许白胡椒粉，趁热装盆；再在每块鹅肥肝上面，盖上一小片黑松露，浇上一点黑松露酱汁，在盆子周围放一点欧芹叶和剥好略煎过的橘瓣或苹果片，即可上桌。黑松露在法国又称为佩里戈黑钻石，是当今国际市场价格最昂贵的食品，有一种特殊的香味和鲜味，还能促进性功能。这两种西方顶级的珍馐佳肴结合在一起，相得益彰，被誉为"餐桌上的皇帝"（King of the table）。

3. 罗西尼鹅肉卷配鹅肥肝　先取鹅去骨胸肉4块，再做4张春卷皮似的薄面饼，在饼内涂上一层黄油，随后用一张薄饼将一块鹅胸肉包裹卷成鹅胸肉卷，放入冰箱中冷冻2个小时，取出后，将胸肉卷切成大小适中的几段，再用细绳将切成段的胸肉卷扎牢。接着取半只鹅肥肝（重约300克），切成1.5厘米厚的肝片。在平底锅中加入鹅油或橄榄油，用文火将鹅肉卷两面煎熟装盆，浇上加过热的黑松露酱汁；再将鹅肥肝片煎好，洒上精盐和白胡椒粉，盖在煎好的鹅肉卷上面，最后在盆的一边，放上5段通心粉即可上桌。

4. *蔬菜鹅肥肝汤* 先将少量胡萝卜、白萝卜、胡瓜、卷心菜、芦笋与香葱切成段，加点青豆，放入锅内，加上一点橄榄油、黄油和鸡汤一起略炖。再加入鲜奶油、切碎的有喙欧芹、欧芹、马鞭草与一块鹅肥肝（重约25克），放点盐略煮一下。先将鹅肥肝片放入温热过的大汤盘中，上面盖上炖好的蔬菜，四周加上香草奶油，最后倒入热汤即成。

5. *鹅肉肥肝蔬菜馅饼* 馅饼（Pate）是法国人最喜爱的开胃菜，一般是指用面衣包住肝、肉、海鲜或蔬菜等，放入瓷制的长方形模子（Terrine）中烘烤成的派，可作冷盆，也可热食。在1789年法国的让·皮埃尔（Jean Pierre）创制了鹅肥肝馅饼，进贡给法王路易十六，因风味特佳而大受赞赏。这里介绍的不是上述纯鹅肥肝馅饼，而是普罗大众都能消费的鹅肉肥肝蔬菜馅饼。

先将土豆切片炖熟、茄子切成两半、整条胡萝卜和芹菜一起在烤箱中烤熟，再将香葱、青豆和去皮去子的西红柿等煮熟冷却。在瓷钵中放上薄膜，四周和底部铺上土豆片，随后将各种蔬菜按颜色填入钵的四周，钵的中间放入加盐煮熟去骨的两只鹅腿肉和半只鹅肥肝，在上面再盖上各色蔬菜，用薄膜封口、压紧，在冰箱中冷藏24小时，取出横切成片，放入盆中，倒上一点橄榄油、香醋，再洒上切碎的芫荽、有喙欧芹和西红柿丁，这样的馅饼，荤素肥瘦搭配合理，色香味形俱全，端上桌来十分诱人。

6. *菜包鹅肉肥肝黑松露* 取半只鹅肥肝、150克鹅胸肉、

200克香肠、50克熏火腿丁、3只鸡蛋、100毫升牛奶、400克去皮黑面包和卷心菜、洋葱头、黑松露、胡萝卜各一只，再准备一点蒜泥和芹菜。先将黑松露削去粗糙的外皮，一半切成片，余下的切成丁，放在盐水中略煮后取出备用。再将卷心菜一片一片放在浓盐水中煮片刻后取出，放在一边备用。随后将鹅胸肉和黑面包切成1.5厘米×1.5厘米的小块，和切碎的火腿、欧芹、松露丁、鸡蛋、牛奶、松露汁、食盐等一起放在圆锅中搅碎拌匀做成馅。将一片煮过去掉中间菜梗的卷心菜叶子，放入一只圆形的烤模中，里面填入少量做好的馅，切一块鹅肥肝放在上面，再将卷心菜叶包好后，从烤模中取出。把鹅油在锅中加热溶化，加入胡萝卜丁、洋葱块、蒜泥和一支麝香草，把填好馅的菜包放入锅中，倒上胡桃油，盖好锅盖，放在烤箱中烤15～20分钟。随后把卷心菜包装入一只热的餐盆中，四周浇上松露汁等调味料即成。

7. 鹅肥肝黑松露鸡汤饺　取鹅肥肝一块（约40克）、黑松露4小片（约5克）、馄饨皮6张、莴苣叶2片、鸡蛋1只。将鹅肥肝切成约半厘米厚的三片，在3张馄饨皮上，各放一片鹅肥肝和盖上一小片黑松露，涂上一层蛋黄，洒上一些精盐，再盖上一张馄饨皮，用压饼模将肥肝饺子压成带皱边的圆形，放在煮沸的鸡汤中炖约2分钟；同时将莴苣叶子切碎放入平底锅中，加点胡桃油略炒片刻，将肥肝饺倒入，洒上松露丁和精盐，煮一分钟即可装入餐盆。以上是一份量。

8. 半熟鹅肥肝沙锅　这种制作方法很适合私人家宴。制作方法简单，吃法很像北方的凉菜。取鹅肥肝一只，将其放入彩釉沙锅内压实，适量撒上盐、黑胡椒，加入法国阿尔马涅克（Armagnac）烧酒少许等调料后，盖上锅盖，把沙锅放入120℃的蒸锅内隔水炖25分钟，关火后将沙锅取出，待沙锅冷却后冷藏保存；待冷却成型后取出切片，整齐装入盘中，四周再配以香芹、樱桃点缀，红、绿、黄相间，很为餐桌平添喜庆气氛。

9. 姜汁鹅肥肝　取鹅肥肝一只切成1厘米薄片，放入较大的器皿中，加入一茶勺姜汁、一茶勺白兰地酒腌制20分钟，首先用橄榄油在平底锅内将鹅肥肝煎至两面微黄，撒上香草、精盐后盛入盘中。再取姜汁、白兰地酒各两茶勺与黑提子醋一起放入锅中小火煮成汁，加入少许白糖、勾芡稍稀，趁热用茶隔过滤成清酱汁，淋在煎好的鹅肝上即可。其实个人也可根据自己喜欢的口味煮制不同的汤汁，淋在鹅肥肝上也行，盛入小碟中个人蘸食也可。各有不同风味。

10. 柳橙法国鹅肝　新鲜鹅肝适当地调味，什锦香料、白兰地酒，腌8小时、慢火隔水烤60～80分钟。取出鹅肝，待冷却切片置于盘内，柳橙一个，取部分果肉装盘，柳橙汁拌橄榄油、苹果醋、淋于冷鹅肝周围即可。

（二）中式鹅肥肝的烹饪

鹅肥肝原来是法式西餐中的佳肴，引入我国也只有20余年的历史；以往鹅肥肝主要用于出口和提供给国内高级宾馆与西式餐厅，作为西菜的原料。但我国西餐业毕竟有限，所以，国内的鹅肥肝企业又把眼光对准面广量大的中餐业，创新了鹅肥肝的中菜做法。

1. 清蒸鹅肥肝　国内供应的鹅肥肝因为考虑到运输与贮存方便，目前绝大多数采用“冻肝”，但以往出口日本则要求供应“鲜肝”，因为鲜肝具有一种特殊的清香味，能促进食欲，所以建议国内高档的餐厅，虽然鲜肝的价格要比冻肝高30%，今后还是要改用鲜肝为佳。采用冻肝首先要在前一天将冻肝放在冰箱的冷藏室内“解冻”，清蒸时将整只鹅肥肝放入盘中，盖上保鲜膜以防蒸煮时水汽进入盘中。用49kPa的蒸汽，蒸30～40分钟后取出，蒸的时间随鹅肥肝大小而定。待鹅肥肝稍凉后，用快刀切成薄片装盆，盆旁配上几朵边花和有喙欧芹，再加上一小碟精盐和白胡椒粉做的蘸料，将鹅肥肝片蘸点调料吃。清蒸鹅肥肝一般作为冷盆中的主菜上桌，口味清淡、香气扑鼻、鲜美可口、肥而不腻，这种做法能充分展现鹅肥肝原汁原味的特色。

2. 白煮鹅肥肝　取鹅肥肝一只，按肝叶纵切成两块，把锅中清水煮沸，然后将鹅肥肝放入锅中，改用文火煮 5～8 分钟（煮的时间视肥肝大小而定），将鹅肥肝捞出、稍凉后，用快刀切成薄片装盆；盆边可用边花装饰，盆底也可填几片绿色的生菜作点缀，再放一小碟精盐拌胡椒粉作蘸料，就可作冷盆上桌。煮鹅肥肝的清汤，上浮一层肥肝中溶化出来的油，这层油就像咸鸭蛋蛋黄中流出的油一样漂亮，使清汤具有一种特有的清香味和鲜味，而且肥肝中的油主要由不饱和脂肪酸组成，有软化血管、预防心血管疾病的功能，可用来煮汤或用作火锅的汤料。

3. 煎鹅肥肝片　这是人民大会堂国宴中的一道主菜。将鲜鹅肥肝切成片，在平底锅中放黄油，用旺火将锅烧热黄油熔化，放入鹅肥肝片两面翻煎一下，改用文火略煎成八成熟即起锅，将鹅肥肝两小片装入小盆子，旁边放两圈生的洋葱圈和两根欧芹叶点缀，每位来宾一小盆，分而食之。

4. 烧烤鹅肥肝　这种方法大概是从日本引进改良而成，在上海很受青年食客们的青睐。将鹅肥肝化冻后切成薄片装入小盆，食客们在餐桌中特制的烤炉上自烤自吃，将鹅肥肝烤成几分熟，用什么口味的调料，完全由食客自行决定，使青年们吃得不亦乐乎。

5. 鹅肝酱焗肥菇　准备肥香菇 300 克，肉馅 100 克，香葱、胡萝卜花、鹅肝酱、盐、味精、糖、老抽、色拉油、干淀粉、湿淀粉各适量。在香菇中均匀酿入肉馅，拍上干淀粉。将香菇放入油锅滑熟待用。香葱切段，放入热油锅煸香，捞出葱，放入鹅肝酱炒香，添上汤，再下入滑好的香菇，用盐、味精、糖、老抽烧至入味，勾芡淋明油即可。香菇滑嫩，肉馅鲜美。

6. 肥鹅肝配老油条　取永和油条 1 根、法国大鹅肝 60 克。将油条切成两段，放盘中待用。在鹅肝两面拍上脆粉，用煎锅把鹅肝煎至外脆里嫩，放在切好的油条上。取锅，下姜、葱、辣酱等调料，调成鱼香汁淋在鹅肝上即可。西餐中做，将中餐中最普通的油条与法餐最极致优雅的鹅肝搭配在一起，极具味道。

7. 涮鹅肥肝片　这是一些高档的火锅店中最近新流行的一种食法，将鹅肥肝片放在火锅中滚烫的汤中涮食。据食客们的经验：最好放在白汤中涮，如放在红汤中涮，辣味往往会将鹅肥肝的真正口味掩盖掉；其次，火锅中的汤一定要滚沸的，涮的时间要短，否则，肥肝中的脂肪会大量流失，就吃不出鹅肥肝的肥嫩口感。还有一种类似日本火锅的吃法，将鹅肥肝片放在生的蛋白中裹一下，再放入火锅中涮，这样裹在肥肝片外面的蛋白首先凝固，就能防止肥肝中脂肪的外流，使鹅肥肝更肥嫩。

8. 蜜炙鹅肥肝　蜜炙是我国传统的中药炮制工艺技术，具体工艺是：在取鹅肥肝工艺流程的基础上，增加灌洗工艺，即用含消毒剂的生理盐水将鹅肥肝中的残血、苦味胆汁灌洗干净，然后用配有天然香辛料的蜂蜜进行蜜炙。蜜炙前应先“炼蜜”。将石菜、少许孜然以及一些可使肉类去腥、增香的天然调料，用优质白酒提取、过滤、浓缩，再按一定比例加到蜂蜜中，然后将其加热（文火），按中药炮制法进行“炼蜜”。“炼蜜”的温度控制在巴氏消毒的温度范围内，再将经过灌洗的鹅肥肝置于“炼蜜”中进行蜜炙，然后取出烘干、包装，即可获得蜜炙鹅肥肝产品。

六、鹅绒皮的剥取方法

鹅绒皮的剥取是生产鹅绒裘皮的关键，直接关系到绒裘皮的质量及效益。了解鹅绒皮生产过程中的技术要求，对于提高鹅绒皮质量、降低生产成本、增加收益有重要的现实意义。

（一）剥取绒皮鹅的选择

生产鹅绒皮所能利用的是鹅的绒羽。鹅的绒羽多少、好次，个别之间均有差异。鹅只个体含绒羽的多少和质量好次是决定绒皮质量的重要因素。鹅只个体含绒羽多，所剥取的绒皮质量好。所以，对屠宰剥皮的鹅只要进行检查。通过个体检查，才能得知个体含绒羽的情况，从中选择适宜剥取绒皮的鹅只，保证绒皮的质量。个体检查的具体做法是：将鹅抓住，把两翼翻起，一手握住两翼并将鹅提起，将胸腹向上，用另一只手逆翻起正羽，查看正羽下面的绒羽状况。主要查看绒羽疏密和长短，以及羽绒是否成熟、有无缺之处等。鹅的羽绒生长发育有成熟期和未成熟期之分。羽绒基本成熟的特征是：正羽的羽轴根血管已干枯，皮肤表面无血管毛露出，各条羽支仅羽轴根点散开。通过个体检查，选择个体较大、羽绒成熟且含绒较多的个体进行屠宰，剥取绒皮。

（二）鹅绒皮的剥取方法

屠宰剥取绒皮目前基本上有两种方法：一是拔羽宰杀法；二是宰杀拔羽法。

1. *拔羽宰杀法*　拔羽宰杀法是将需要剥绒皮的活鹅，首先活体拔鹅体表面的正羽，然后宰杀剥取绒皮。具体做法要分步进行：

（1）活体拔羽　操作人员坐在凳子上，抓起活鹅两翅放在两腿间，使鹅胸腹部向上横躺在操作人员的两腿上，将鹅头颈置于腋下，一只手保定鹅体，用另一只手拔取正羽。在一般情况下，拔取正羽的顺序是，从肛门区开始，到腹区、胸区、大小腿区、颈侧区，然后将鹅体翻过，使其背部向上横卧在操作人员腿上，两腿夹住鹅的两脚，一手保定鹅体，另一只手拔取正羽，从肩区开始，经背区到尾区结束。拔取正羽时，要用拇指和食指捏住正羽的上1/3处，顺毛快速拔出，一次只能拔取2～3根，不要贪多，严防将绒羽带出，也要防止拔破皮肤。

（2）宰杀沥血　宰杀沥血是用人工将鹅宰杀，鹅血流出体外使鹅致死的方法。在第七章中介绍了三种宰杀沥血方法，我们认为宰杀剥皮鹅以采用颈静脉宰杀沥血法较好。做法是，将活体拔取正羽后的鹅只，倒挂在屠宰架上，并将头颈拉直保定，屠宰人员用双手握抓鹅的头颈部，找准颈侧静脉位置。用一只手固定好并使静脉隆起，另一只手用较粗的空心针头，插入静脉管中，使血从空心针头流出（颈两侧静脉均要插入针头），沥血 2～3 分钟，鹅即死亡。在屠宰中应有接血设备，严防血或其他脏物污染皮绒。

（3）剥取绒皮　将宰杀沥血后的鹅体头向上挂在剥皮架上。剥皮首先从颈部开始，用尖刀割开口，将皮与肉分离，逐渐往下剥离，剥到翅膀时，将翅膀割下，继续往下剥，直到剥到小腿无绒处为止。将小腿割去。剥皮时要注意防止用刀捅破皮肤，也要防止使颈往下拉，撕破皮肤。据我们的经验，将绒皮剥成筒状为好，使绒毛在内，皮、肉在外，有利保护绒毛不被污染。如果是原绒皮出售，应割开撑展，绒羽在外，用钉订在墙上或木板上。如果开始剥皮时不剥成圆筒状，就从腹中线割开，向两侧剥取，剥完也要将皮撑展。

2. 宰杀拔羽法　宰杀拔羽法是先将鹅杀死，再拔取正羽，然后剥取绒皮。

（1）宰杀沥血　具体做法可按前文颈侧静脉宰杀沥血方法进行。

（2）拔取正羽　将宰杀沥血后的鹅体，放在操作平台上，一只手抓住鹅体，一只手拔取正羽。拔取正羽的顺序，可由操作人员自定，以操作方便为宜。拔取正羽的手法与活体拔取方法相同。

（3）剥取绒皮　剥绒皮方法和要求与前法相同。但是，死体拔羽因体温下降，皮肉冷却紧缩，给剥皮带来较大困难。为保证绒皮剥取质量，操作人员要耐心和细心，严防撕破和刺破皮张，也要防止将多余的油脂和肌肉带至绒皮上，影响绒皮质量。

（三）鹅绒皮质量的基本要求

目前检验和衡量鹅绒裘皮质量尚未有统一标准，各地试验试产要求也不一样，绝大多数均是自剥自用，没有进入购销绒皮的市场。我们依据试验情况，提出一个绒皮质量的基本要求，供业内参考。

1. 对毛板的质量要求　绒毛丰满厚实、富有弹性和光泽，手感绵软，表面无羽毛、无异色绒毛，绒毛无污染无虫蛀，用手轻抖不掉绒毛（抖时不敲不搓，不成朵往下掉即可）。

2. 皮板的质量要求　皮板平整，无缺损、无刀伤、无撕裂、无肌肉、无脂肪。皮板应从腹中线开口。

3. 皮板面积的计算　计算皮板面积应以平方厘米为单位。按照绒羽着生部位计算有绒羽的有效面积，一般脖子和尾部虽然有绒羽，但不计算面积，主要是为鞣制加工留有余地。计算价格应按面积计算，并参照其他质量综合考虑。

（四）剥取绒皮后对其他产品的整理

剥取绒皮后，对其他产品的整理是降低鹅绒皮成本、增加收益的主要措施，应引起重视。

1. 正羽的整理　在拔取鹅体正羽时，应将正羽按不同颜色收集起来。同时，要将鹅两翼的刀翎单独拔下保存，以供加工羽毛球或羽毛扇等。其他大翎羽也应收集起来，单独出售。鹅头、鹅翅经烫煺下来的小毛片，也可收集起来，供羽绒厂加工用。如果羽绒加工厂不能利用，可供加工饲料。

2. 鹅的内脏整理　屠宰剥皮后的鹅体应及时开膛取内脏，并把内脏分别整理出来。

鹅肫（肌胃）：去掉外包油，用刀横向切开（保持两个肉球的完整），取出内容物和角质膜，用清水洗净后，包装速冻冷藏单独销售。

鹅肠：取出鹅肠去掉肠油，倒出肠内容物，洗净肠壁内外，包装速冻冷藏，单独出售。

鹅肝：取出鹅肝摘除胆，用清水冲洗干净，随鹅肉出售或加工成熟制品出售。

鹅心：取出鹅心，挤出内余血，用清水冲洗干净，随鹅肉出售或单位加工成熟食出售。

3. 鹅头、翅、掌（蹼）整理　取出内脏后的屠体，将头、掌、翅分割下来，用热水烫煺掉头、翅上的羽毛及掌上的角皮，分别清洗干净，包装出售。如果鹅头不好销售，可供给饲料加工厂加工骨肉粉，饲喂畜禽。

4. 鹅胴体的整理　取皮后的胴体有两种整理方法：一是整体清洗包装冷冻出售。二是骨肉分离，将肉冷冻出售给肉食加工厂，加工肉制食品。骨骼出售给饲料加工厂，加工成骨肉粉做饲料。

（五）鹅绒裘皮的加工

鹅绒裘皮的加工是利用剥取的鹅绒皮，通过化学和物理方法鞣制成裘皮的过程。加工鹅绒裘皮与加工其他裘皮的原理相同，但要考虑鹅绒皮的特殊性，以保证鹅绒裘皮的质量。

1. 鹅绒裘皮的加工程序　加工鹅绒裘皮要经过分路净毛、浸泡软化、脱脂、鞣制和固定整形等过程。

（1）分路净毛　这是加工鹅绒裘皮的准备工作，称为分路净毛。分路是指按照皮板薄厚、干湿程度、皮脂的多少分开。净毛是指把皮张上的浮毛和杂质去掉。因为在加工过程中，不同厚度、不同干湿、不同脂肪量的皮板所需的浸泡、脱脂、鞣制等时间、做法均有差异。为使在相同的溶液中，利用相同时间和加工方法，使皮张达到相同的鞣制效果、相同的质量水平，就需要把不同的皮张分开加工。

（2）浸泡软化　就是用配制好的软化溶液浸泡绒皮，使皮及脂肪软化，从而脱去皮脂。浸泡软化绒皮是裘皮加工过程中的关键技术，它直接关系到鞣制效果和裘皮质量。如果绒皮浸泡软化程序不做好，就脱不尽皮脂，鞣制后的裘皮不仅皮板硬而脆，而且也抻不开，面积小，致使加工后的皮板质量差。浸泡软化过程中的关键技术是配制软化液。浸泡时要让每张绒皮均能浸在溶液中，使皮与脂肪尽量吸收溶液达到软化均匀。为使皮张软化均匀，应在一定的时间内用弱强度机械划动皮张，使其均匀吸收溶液。

（3）脱脂　脱脂也是裘皮加工过程中不可缺少的工序。脱脂程序对鞣制效果和裘皮质量有很大影响。其关键技术就是既要脱去皮板脂肪，又保持皮板和毛绒的完整，严防把皮板划破或撕裂等事故出现。首先将浸泡软化的皮板用机械脱去脂肪，然后再进一步软化、再脱脂，直至达到不影响鞣制效果和裘皮质量的目的为止。

（4）鞣制　鞣制是裘皮加工过程中的关键程序，对裘皮质量有决定性影响。鞣制程度决定裘皮的软硬和光滑平整。鞣制是利用某些吸附软化原料和机械的手段，将皮板鞣制软化，使皮板柔软、不变形、不变质。鞣制的关键技术是掌握好吸附软化皮板原料的运用和机械的操作方法，既做到软化、平整皮板，又不损伤皮板和毛绒。

（5）固定整形　这一过程主要适用于化学鞣制裘皮的程序。因为化学鞣制过程中，皮张均是在溶液中进行作业，鞣制后水分含量较大，须在晾干的过程中将皮板抻开，使皮张晾干后不收缩，故称固定整形。

2. *鹅绒裘皮加工的基本方法*　鹅绒裘加工虽然均要按照裘皮加工程序进行，但具体的操作过程与普通裘皮加工程序有较大差异，不论物理鞣制方法或化学鞣制方法，在加工技术和工艺流程方面均不一样。

物理鞣制方法是我国传统手工作坊式的鞣制法（俗称熟皮方法）。这种方法配料和工艺简单，是人们比较熟悉的，故在此不作介绍。下面主要介绍化学鞣制的基本做法。

化学鞣制方法的工艺流程：分路净毛→浸泡→洗皮→晾干→脱脂→浸酸→中和→鞣制→定形→加脂→除尘→打捆入库。

（1）分路净毛　按照皮板的薄厚、含脂肪多少、干湿程度将皮板分开，把相似或相近的皮板挑拣到一起，并除去皮张上的浮毛，方法是用手抖净浮毛和杂质。

（2）浸泡　浸泡需自配溶液和浸泡皮张的大缸、热水、取暖设备（夏季不需要）和测温的温度计。做法是用食盐、乳酸、渗透剂配制成溶液，按2∶10（溶液2份，水10份）比例配成水溶液。水温控制在32～34℃，放在大缸中。将绒皮放入大缸的水溶液中，使每张绒皮均浸在溶液中，使其均匀吸收溶液。一般浸泡时间是8～12小时，新鲜绒皮浸泡4～6小时。在浸泡过程中，每隔30分钟，用弱强度机械划动10分钟，加快吸收溶液和软化程度。浸泡好的绒皮就将水溶液甩出，注意不要将皮撕破或撕裂。

（3）洗皮　在大缸里放入食盐和中性洗涤剂配成水溶液，液比是20%，水温要求32℃左右。将浸泡甩去浸泡液的皮张放入缸中，水洗1～2小时。在洗皮过程中，每隔15分钟用弱强度机械划动2～3分钟。洗好后将皮沥干水，自然晾至六七成干，切勿过干。

（4）脱脂　脱脂一般有两种方法，脱脂机脱脂和转笼脱脂。如果有脱脂机，就是三氯乙烯在脱脂机中干洗脱脂。将三氯乙烯和皮张放入脱脂机内，将温度严格控制在35℃以下，洗涤3～5分钟，烘至七成干。无脱脂机就用转笼脱脂。每张皮用新鲜锯末500克，加入适量三氯乙烯，放入转笼内，滚转2～3小时。滚转后将锯末倒出，再转皮张，将锯末除净。

（5）浸酸　浸酸是再次软化皮板，为鞣制做好准备。要求温度是32℃左右，将偏酸性的水溶液放入缸中，再将脱脂后的绒皮放入，使溶液漫过皮张，要求溶液的pH2.5～3.2。在浸酸过程中，每隔1小时，用弱强度机械划动10分钟。浸好酸后，将皮张上的偏酸溶液甩干。

（6）中和　就是用偏碱的水溶液将皮张中的酸中和掉。用食盐、碱面等配制成pH7.5～8.5的水溶液，放入大缸中，再将浸酸后的皮张放入液中。要求温度是34℃，浸泡12～16小时。出缸前要测定缸中pH，如果低于7.5，要补加碱面，调制pH达到8，再浸泡4小时后方能出缸。出缸后将皮张上的溶液甩去。

（7）鞣制　将中和以后的皮张放入自配的溶液中浸泡，使皮板达到柔软、不变质、不变性的程度。用食盐、铵明矾、氯化铵、渗透剂等，将自配溶液 pH 达到 4～4.5，放入大缸中，再将皮张放入，要求温度 34℃，浸泡 6～8 小时。在浸泡过程中，每小时用弱强度机械划动 7～10 分钟，以达到鞣制的目的。鞣制好后，甩干皮张上的溶液。

（8）定形　定形是将鞣制好的皮张、抻开固定好形状。做法是将鞣制好的皮张钉在特制的木框架上，使皮板抻展抻平，并使其自然干燥至八成干即可。

（9）加脂　加脂是在皮板上刷阳离子加脂剂，使皮张软化富有弹性和芳香味。刷加脂剂时，严防污染毛绒。刷后应让皮张静置 16～24 小时。然后用新鲜锯末与皮张一同放在转笼内，滚转 3～4 小时。倒出锯末再转 1 小时，除净锯末。

（10）除尘　除尘是除去皮张上的锯末和其他残留物。一般用旋转干燥机，温度控制在 40℃左右，除尘 30 分钟。如果没有旋转干燥机可用吸尘器替代。

（11）打捆入库　当以上各道工序进行完毕，对所加工的皮张应逐个检查，有破皮、撕裂等应用手工缝好。并按皮张大小、质量好次分等，分别打捆，包装后入库待用或待售。

七、羽绒的收集加工

鹅的羽绒柔软轻松、弹性好、保暖性强，经加工后是一种天然的高级填充料，可制成各种轻暖的防寒服装，如羽绒服、羽绒背心、羽绒裤和羽绒大衣等；也可以加工成羽绒被、羽绒枕头、羽绒睡袋以及羽绒垫子等高档卧具。鹅毛还是制作羽毛球、羽毛扇和羽毛画的原料。鹅毛中的下脚料可加工羽毛粉，作为家禽的蛋白质补充料；或者粉碎后连灰沙杂质等一起作为农用的有机肥料。

（一）羽绒的收集

合理采集羽绒是提高羽绒产量、质量和利用价值、经济效益的关键。所谓合理采集羽绒就是按照羽绒结构分类及其用途分别采集，以使各类羽绒完整无损，不污染、不混杂，分别整理、包装，提高羽绒综合利用的价值。我国的鹅毛收集，历来沿袭宰杀后拔毛的方法，即宰杀后一次性把周身羽绒全部取下来的方法。就拔毛方式看，可分为干拔鹅毛、水烫鹅毛和蒸拔鹅毛等三种。

1. 干拔鹅毛　在宰鹅后放血将尽而屠体还温热之际，手工将鹅的羽毛迅速拔下。这样干拔的鹅毛，质量较好，色泽光洁，杂质也少，但较费人工，大批集中宰杀时不易做到，目前仅在少数地区的农家采用。随着养鹅专业户和专业屠宰场的兴起，为了提高鹅毛质量和售价，一种改进的干拔鹅毛法逐渐流行，就是在大量鹅集中宰杀放血后，分批将屠体放在70℃的热水中稍泡一下，然后挂起沥去水分，擦干毛片，使屠体受热皮肤毛孔舒张，然后趁热拔去羽毛，再将内层较干的绒朵用手指推下，从而大大提高拔毛的工效。这种方法对提高鹅毛的质量是有效的，值得推广。

2. 水烫鹅毛　这是我国绝大多数农家传统的拔毛方法。宰鹅放血后浸入70℃左右的热水中，水烫后再拔毛，这种方法羽毛容易拔下，但鹅毛经热水浸烫后，弹性降低，蓬松度减弱，色泽受到影响。加上白鹅毛、灰鹅毛混杂一起，鹅毛中最珍贵的部分——“绒朵”，混浮在浸烫的热水中常随水一起倒掉。一些家禽屠宰场，虽有屠宰流水线，屠体经浸烫后由脱毛机脱毛，但不少“绒朵”亦常随水一起流失；屠宰场往往又同时缺乏羽毛脱水烘干装置，依靠日光晒干。在湿毛晒干过程中，如遇到持续阴雨天气，鹅毛易结团、霉烂变质；即使天气晴朗，“绒朵”亦易随风飘失，同时又常混进灰沙杂质，严重影响鹅毛的质量。今以江苏和安徽一带收购的水烫鹅毛为例，把能够使用的“毛片”、珍贵的“绒朵”、使用价值很低的“翅梗毛”（其中部分可做羽毛球和羽毛扇原料）和灰沙杂质所占的比例，见表7-2。

表 7-2 水烫鹅毛原毛中各种成分比例（%）

名称	夏秋季鹅毛	冬春季鹅毛
毛片	40	41
绒朵	7	11
翅梗毛	27	32
灰沙杂质	26	16

由表7-2可见，虽然冬春季产的鹅毛含绒量高于夏秋季产的鹅毛，质量要好些。但其可以利用部分亦只占50%多点，其中含绒量也只有11%。而外贸部门出口鹅毛原毛的最低要求是："毛片"占70%，"绒朵"占15%，其他杂次品总量不超过15%（其中，最高允许量为"薄片"5%，鸡毛1%，灰沙杂质9%）。对照出口要求，目前国内收购的水烫鹅毛，质量是很差的，必须经过加工处理，把占羽毛重量一半左右的翅梗毛和灰沙杂质去掉，才能作为出口的原料，供加工使用。

3. *蒸拔鹅毛* 蒸拔鹅毛法是近几年来人们为了提高羽绒的利用价值，按羽绒结构分类和用途采用的一种采集羽绒的新方法。这种方法的工艺原理是活体拔取羽绒方法和水烫法的有机结合，达到分类采集羽绒的目的，提高含绒比例，做到羽毛和羽绒分别出售，提高经济效益。具体做法是：在大铁锅内放水加温沸腾。在水面10厘米以上放上蒸笼或蒸篦，把宰杀沥血后的鹅体放在蒸笼或篦子上，盖上锅继续加温，蒸1～2分钟。拿出来先拔两翼大毛，再拔全身正羽，最后拔取羽绒，拔完后再按水烫法，清除体表的毛茬。使用这种方法应该注意的是：

（1）往蒸笼内放鹅体时，不要重叠、挤压，要把鹅体放平，使蒸汽畅通无阻地到达每只鹅的每一个部位。

（2）鹅体不能紧靠锅边，防止烤焦羽绒。

（3）要严格掌握蒸汽的火候和时间，严防蒸熟肌体和皮肤。掌握蒸汽火候和时间的办法是：烧火人员和掌握熏蒸的人员要相互配合，特别是掌握熏蒸的人员要看蒸汽情况灵活掌握，蒸1min左右，应揭开锅盖将鹅体翻个儿，再蒸1min左右，拿出来试拔翅翼的大毛，如果顺利拔下，说明火候正好，可以拔取；如果费力大，拔不下，就再蒸1min左右。

（4）拔取羽绒顺序是先拔体羽，后拔绒羽。拔取手法同活拔羽绒的方法。

这种方法能按羽绒结构分类及用途分别采集和整理，也能使不同颜色的羽绒分开，不混杂，更主要的是能够提高羽绒的利用率和价值。但该方法比较费工，需要多道工序，用劳力较多，尤其是拔完羽绒后，屠体表面的毛茬难以处理干净。有时拔取羽绒操作人员技术不熟练或者应用手法不当，会将绒羽拔断，形成飞丝或半朵绒。

（二）活体羽绒收集

根据鹅的换羽生理特性，收集羽绒，是一项极有推广价值的实用新技术，但活体收集羽绒一定要和鹅的日龄、当地的气候、养鹅的季节相结合，尽量做到不影响产蛋、配种、健康，不影响或少影响鹅的生长发育。鹅换羽时，羽根毛细血管萎缩，毛囊退化，毛孔变松，羽绒会脱落，此时可用人工方法拔下收集。在换羽时拔下并收集羽绒，既可以增加羽绒收入，又可促使鹅的生产性能得到统一，还可以防止羽绒自然脱落影响环境。

1. 鹅的选择

（1）肉鹅　90日龄开始第一次拔毛，以后每隔5周拔毛一次，到9月份结束，可连续拔毛3～4次，如果最后一次拔毛后，季节已不再适于拔毛，可隔4～5周等鹅毛基本长齐后，雏鹅的肥度较好时，将鹅适时出售，作为烤鹅或鹅坯供填饲生长鹅肥肝之用。浙东白鹅等出栏日龄小的肉鹅不宜进行（浙东白鹅55～65日龄就开始换羽）。

（2）生产肥肝鹅　肉用仔鹅放牧饲养到70～80日龄时，如还不能立即用于填肥生产肥肝，要再养1个多月，恰好可以活拔

1次鹅毛，等新毛长齐后再填饲，如果这时恰值高温季节，不宜生产肥肝，也可以再连拔1～2次羽绒，等到秋凉以后新毛长齐再进行填肥。

（3）后备种鹅　早春孵出的雏鹅，到5～6月份毛已长齐，留作后备要到10月初新毛再长齐方开始产蛋，可以在换毛前开始拔毛，约可拔4次毛。

（4）休产、休配期种鹅　南方鹅种5月份左右产蛋结束后，种鹅开始陆续换毛时进行第一次拔毛，以后每隔5周拔毛一次，可连续拔毛3～4次，每次产毛约120克。如果种鹅采用二次产蛋制的，为了保证鹅群在10月份后第二次产蛋，就只能拔两次毛了。拔毛期一般在4～9月份。

2. 羽绒收集技术　羽绒收集依靠手工操作来进行，所以拔毛前的准备工作，拔毛时的操作技术与拔毛后的护理，都显得十分重要。

（1）收集前的准备　在开始羽绒收集前一天，应抽出几只鹅进行试拔，如羽毛容易拔下，而且毛根已干枯，无未成熟的血管毛，说明羽毛已经成熟，正好拔毛；反之，则应再饲养一段时间，等羽毛长足成熟时再拔。拔毛前2～3天饲料和饮水中能添加维生素C和抗应激的药物。拔毛前还得注意气象预报，选择天气晴和的日子，拔毛的当天从清晨开始就要停止喂料和饮水，以便排空粪便，防止拔毛时鹅粪的污染。如果鹅群羽毛很脏，可在清晨赶鹅群下河洗澡，随后上岸理干羽毛后再行拔毛。在拔毛前还要对鹅群检查一遍，将体质瘦弱发育不良，体形明显小的弱鹅剔除。

拔毛应选择避风向阳之处，最好在室内，以免羽绒飘失；同时地面要打扫干净，最好再铺上一层干净的塑料薄膜或者旧报纸，以防掉落到地面上的羽绒被尘土污染。至于设备是比较简单的，首先要准备好围鹅用的围栏等，以便把鹅群集中围在一起；其次要准备好放鹅毛绒的容器，一般常用的是木桶、木箱，也可以用塑料盆代替，但要求深一点的，以免将绒毛放入盆内时，飘散到盆外。还要准备一些塑料袋，把盆中拔下的鹅毛集中到塑料袋中贮存。另外还要准备几张凳子以便人坐在凳子上拔毛。最后要准备一瓶红汞药水，万一拔毛时拔破皮肤，就可在局部擦上红汞药水消毒，操作时要穿上工作裤。

（2）拔毛时的操作方法

①拔毛部位　生长在不同部位的鹅毛，其使用价值也不同。活拔的鹅毛绒，主要用作羽绒服装和卧具的填充料，需要的是含“绒子”量高的羽绒和长度在六厘米以下的“毛片”。所以拔毛的主要部位应集中在胸部、腹部、体侧和尾根等“绒子”含量较高之处。当然颈下部的羽毛也可以拔取，但产量较少；背部的羽毛同样可用，但“绒子”含量较低。因此，在国外活拔鹅毛仅限于颈下、胸部、腹部、体侧、腿侧和尾根部等羽绒丰盛之处。目前有人提出除掉拔上述部位外，再拔鹅翅膀上的羽毛和尾部的尾羽。这类羽毛主要是一些“翅梗毛”（大硬梗），羽片硬直，羽轴粗壮，轴管长大，不能用作羽绒被服的填充料，但可用于羽毛球和羽毛扇的原料。翅羽和尾羽除掉在种鹅休产，换毛期可拔一次外，原则上不宜多拔。因为只有少数羽绒厂生产羽毛球等产品，同时这类羽毛又不能用于羽绒生产，只能作为羽毛粉的原料，使用价值低，而生长恢复又需消耗大量的营养物质，所以除特殊需要外，不拔为宜。

②拔毛时要做好鹅体保定　保定有好几种方法，目的是把鹅固定住，拔毛时使鹅不易挣扎，容易拔毛；而操作人员又便于操作，不感到费劲，目前介绍的两种保定方法：一种是人坐在凳子上，用一只手抓住鹅的颈脖子，或者两脚、双腿夹住鹅体，使其腹部朝上，用另一只手拔毛。另一种方法是：拔毛者两脚轻轻的踏住鹅的两掌，鹅体靠在拔毛者双腿中间，一手抓住头颈，一手拔毛。笔者认为上述两种方法，除一手拔毛外，还需要用另一只抓住鹅的颈脖子，两脚或者两翅，这样做都是比较费劲的；而且

用一只手拔毛，连拔几只鹅后就会感到手酸，而匈牙利的保定方法比较合理。人坐在凳子上，把鹅胸腹部朝上，鹅头向人，平放在人的两腿上，把鹅头按在人的两腿下面，用两腿同时夹住鹅的头颈与两翅，使鹅不能动弹。这样拔毛者两只手都能空出来，就能一手按压皮肤，一手拔毛，二只手轮流操作，能避免手酸；同时用这种保定方法，鹅无法挣扎，人也不费劲，值得推广。

拔毛时先要从颈的下部，胸的上部开始拔起，从左到右，自胸至腹，一排排紧挨着用拇指，食指和中指捏住羽绒的根部，一把一把地往下拔。拔时不要贪多，特别是第一次拔毛的鹅，毛根紧缩，遇到较大的毛片时，每把最多拔2～3根，一次拔得过多，容易拔破皮肤。胸腹部的羽毛拔完后，再拔体侧、腿侧和尾根旁的羽绒，随后把鹅头从人的两腿下拉到腿上面，一手抓住鹅颈上部，另一只手再拔颈下部的羽毛；最后把鹅身翻过来，用两腿夹住鹅体与两翅，拔背部的羽毛。拔下的羽毛要轻轻放入身旁的木箱或塑料盒中，放满后要及时装入塑料袋中，装满，装实随后用绳子将袋口捆紧贮存。通常三个人拔毛，一个人负责把鹅捉住交给拔毛者，这样如果操作熟练，每6～8分钟就能拔完一只鹅，平均每人每天工作8小时，可活拔鹅毛绒50只左右。拔毛时要注意把灰鹅与白鹅毛分开存放，不能混淆，同时不能将绒子拔断，否则收购时售价就会降低。另外拔毛时常常因为操作时不小心，动作过快或一次拔得过多，而将皮肤连鹅毛一齐拔下，这时应在鹅的皮肤伤口上涂上红汞药水消毒，并注意改进拔毛方法，尽量避免鹅体受伤。拔毛结束，即应将鹅轻轻放下，让其自行去放牧地吃食、饮水，但在鹅舍内应多铺干净的垫草，保持温暖干燥，以免鹅的腹部受潮受凉。刚拔完毛的鹅不要急于放入鹅群中，特别是对于那些颈、背部都拔过毛的鹅，鹅群往往“欺生”群起而攻之，但等大多数鹅都拔过了毛，群鹅彼此也就是无所谓了。一般经拔毛后的鹅，无不良反应或死亡事故，但也有一些鹅因捕捉时动作粗暴，或保定时两腿把鹅的头颈与翅膀夹得过紧，把鹅放下后出现窒息现象，应让其自然躺下，一般会慢慢恢复；有些鹅会出现翅膀下垂，精神委靡的症状，2～3天后也会恢复正常。

活体收集羽绒一般不会造成鹅死亡（当然身体病弱的鹅和操作时过于粗暴外），在正常情况下，新鹅羽毛长足以后和种鹅休产期，遇到天气炎热或秋季，都会自动换毛，脱落旧羽，长出新毛，这是正常的新陈代谢现象，不会造成鹅的死亡；即使是拔破一点皮肤，擦上红汞药水后，只要鹅舍地面多垫些干净的垫草，伤口也会很快愈合的。

（3）药物脱毛　活体收集羽绒的另一种方法是药物脱毛，所用的药品叫复方脱毛灵，又称复方环磷酰胺。每千克体重用药剂量为45～50毫克。

使用时一人固定鹅并将鹅嘴掰开，另一个人将计算好的药物投入鹅舌根部。用25～30毫升清水送下。投药时，如用胃管将药直接送到胃内更好。服药后让鹅多次饮水。鹅服药后1～2天食欲减退，个别鹅排出绿色稀便，3天后即可恢复正常。

服药后13～15天拔毛绒。拔毛前，鹅要停食1天，拔毛前1天让鹅下水进行洗浴，使其身体干净，保证绒毛质量。拔毛后要护理。鹅药物脱毛的关键是掌握好药物的剂量；药品保管时要防潮，勿氧化失效；鹅服药后，要注意观察，不要让鹅把药片吐出来；弱、病、老鹅（5年龄以上的）及即将出口的鹅，不宜药物脱毛。

小规模的，还可灌酒麻醉，放松毛囊肌肉，有利于拔毛。拔毛前10分钟左右，给每只鹅灌45%浓度的食用酒精或白酒10～12毫升。

3. 活体羽绒收集后的饲养管理　活体羽绒收集虽是利用其换羽的生理特性，但是捕捉、拔毛对鹅来说是一个比较大的外界刺激，鹅的精神状态和生理机能均会因之而发生一定的变化：一般为精神委顿（俗称“发蔫”），活动减少，喜站不愿卧，行走时摇摇晃晃，胆小怕人，翅膀下垂，食欲减退，有的鹅甚至表现体温升高、脱肛等。上述反应一般在第2天可见好转，第3天就基本恢复正常，通常不会引起疾病或造成死亡。但经过活拔羽绒，鹅体失去了一部分体表组织，对外部环境的适应能力和抵抗力均有所下降。这时，如果不加强饲养管理，不给鹅只创造一个适宜的生活环境，它就易被淘汰。因此，为保证鹅的健康，使其尽早恢复羽毛生长，应加强拔毛后的饲养管理。

（1）创造一个适宜的生活环境　应将被拔去羽绒的鹅只放入舍内或屋内。舍内应保暖不透风，地面应平坦、干燥，并铺上新鲜干草。活拔羽绒后5～7天内，均应在舍内活动。如果是冬季，圈舍应盖塑料布保温或供热3～5天。

（2）防止烈日照射和下水　拔完毛的鹅全身皮肤裸露，3天内不要在强烈的阳光下放养，应在干燥温暖、清洁、地面铺以干净垫草的舍内饲养或舍附近放牧。3～7天内不要下水游泳和淋雨，放牧时不要在水源附近，防止透进水，使毛囊感染细菌而发病。夏季1～3天内还要防止蚊虫叮咬。

（3）加强营养　拔取羽绒后，鹅体不仅需要维持体温和各器官所需的营养，还需较足的营养成分供羽绒的生长发育，所以应加强鹅的营养，适当多给鹅精饲料，给足氨基酸，特别是增加含硫氨基酸含量。拔羽绒后1～7天内，每日饲喂100～150克混合精料。混合精料应该有豆饼、麸皮、玉米面、高粱粉、鱼粉、骨粉、羽毛粉等，以增加蛋白质和能量供给，促进羽绒生长发育。下列配方可供参考：玉米33%，麦麸30%，谷糠13%，豆饼（粕）15%，鱼粉5%，羽毛粉3%，微量元素0.5%和食盐0.5%。另外，加蛋氨酸0.3%～0.5%，每只每天130～180克。此外，还应有些青绿饲料。7天以后减少精料，增加粗饲料，多给青绿饲料。如果放牧，一定要去牧草丰盛的地方，让鹅吃好，另外应给予补饲。

（4）精心管理　活拔羽绒后要注意观察鹅只的动态，以便采取相应措施。鹅只在拔取羽绒后有不同的形态表现，如出现摇晃、长时站而不卧、食欲不振等，这种现象是鹅只应激反应，属正常现象，只要有适宜的环境及合理的营养，1～2天内就可好转。如果拔羽后鹅只摆头、鼻孔甩水、不食、甚至不喝水，这是感冒症状，说明舍温低，应采取措施，并进行治疗。拔取羽绒后，如果拔破皮肤，应上药防止感染。

（三）羽绒的贮藏与加工

1. 鹅羽绒的贮藏　拔下的鹅羽绒不能马上售出时，要暂时贮藏起来。由于鹅毛保温性能好，不易散失热量，如果贮存不当，容易发生结块、虫蛀、霉烂变质，影响毛的质量，降低售价。尤其是白鹅毛，一旦受潮，更易发热，使毛色变黄。因此，必须认真做好鹅羽绒的贮藏工作。

（1）鹅羽绒的初加工　对拔下的羽毛进行简单加工，有利于贮存安全，保证毛的质量，提高售价。为此，可将拔下的鹅毛先用温水洗涤1～2次，洗去尘土和其他杂质。然后在草席、薄膜上或筛子里摊薄晒干，有风天时要用纱布罩上，防止被风吹散、飘失。晒干后用细布袋装好扎好，放置在通风干燥的地方，以备出售或进一步加工。

（2）防潮防霉　羽毛保温性能很强，受潮后不易散潮和散热，在贮藏或运输过程中，易受潮结块霉变，轻者有霉味，失去光泽，发乌、发黄；严重者羽支脱落，羽轴糟朽，用手一捻就成粉末。特别是烫褪的湿毛，未经晾干或干温程序不同的羽毛混装在一起，有的晾晒不匀或冰冻后未及时烘干，或存毛场潮湿，遮雨不严，遭受雨淋漏湿等，均易造成霉变。一定要及时晾晒，干透以后再装包存放。存放毛的库房，地面要用木杆垫起来，地面经常撒新鲜石灰，有助于吸水。通风要良好，有助潮气排出。

（3）防热防虫　羽毛散热能力差，加上毛梗（羽轴）中含有血质、脂肪以及皮屑等，容易遭受虫蛀。常见的害虫有皮蠹、麦标本虫、飞蛾等。它们在羽毛中繁殖快，危害大。可在包装袋上撒上杀虫药水。每到夏季，库房内要用敌敌畏蒸气杀灭害虫和飞蛾，每月熏一次。

（4）包装说明　包装袋上要注明品种、批号、等级及毛色，按规定进行堆放，防止标签脱掉或丢失，并定期检查，发现问题及时处理。

2. 羽绒的加工程序　在一般情况下，羽绒加工有两种程序：一是水洗羽绒加工程序；二是不经水洗的羽绒加工程序。水洗羽绒的加工程序是：羽绒原料的质量检验→洗涤→甩干烘干→分选→质量检验。

（1）羽绒原料的质量检验　羽绒原料在加工前必须进行质量检验。因为加工前已知这批羽绒加工后的用途及质量要求，检验原料就能得知原料的质量，做到心中有数，并且，依据加工过程中各环节绒的损失率及羽绒的清洁度，可确定加工方法和投入原料的数量，以便达到或接近加工后的质量要求。这样，就可减少加工中的盲目性，以便提高加工质量，降低加工成本，提高加工中的经济效益。原料的质量检验，要按照羽绒质量检验程序和方法进行。

（2）洗涤　将质检后的原料放入水洗机，加入适量适温中性热清水和适量中性洗涤剂，将羽绒洗涤干净，达到所需求的清洁度标准。

（3）甩干与烘干　甩干与烘干就是去掉洗涤后羽绒中的多余水分，使羽绒干燥蓬松、易干分选。这一加工过程，在一般情况下是先用甩干机甩干，再进入烘干机烘干。

（4）分选　将干燥、蓬松和羽绒原料送入分选机内，控制分选机的风力，把绒子和大、中、小毛片分开，落入不同的集毛箱内。

（5）质量检验　羽绒原料加工后的质量检验是必不可少的程序。检验不仅仅是验证加工后的羽绒是否达到要求，而且也有助于判断检验各加工过程中所采用的方法是否得当及绒子的损失率是否合理，以便总结经验提高加工技术水平，降低加工成本，提高效益。更主要的是得知各箱羽绒含绒率，可选择不同的用途，提高羽绒的综合利用率，增加经济收入。一般羽绒分选机是四箱（也有两箱的），每箱均要检验含绒率，含绒率最高一箱应全面质量检验。

不经水洗的羽绒加工程序是：羽绒原料的质量检验→除尘→分选→质量检验。这个加工程序与水洗羽绒加工程序相同的部分按水洗羽绒程序进行。除尘是将羽绒放入除灰机内，除去羽绒的杂质，达到标准要求。

3. 羽绒制品加工的基本要求　羽绒制品加工除利用不同质量的羽绒外，就是利用特别的专用布料（即纺羽布）。这种布料经纬密度紧凑，坚固结实，毛片中的小硬梗或小毛片不能钻出。布料的颜色应该新颖多色，能够满足消费者的不同要求。

4. 羽绒饲料加工　利用羽绒及其下脚料，可生产畜禽所需的蛋白质饲料产品，如羽毛粉、氨基酸添加剂等。这一生产过程是综合利用羽绒资源不可缺少的环节，它可充分利用羽绒资源中的下脚料及废弃原料，变废为宝，增加社会财富，减少对环境的污染。

目前，我国用羽毛加工饲料产品有三种方法：一是水解法，二是酸解法，三是碱解法。

水解法是利用水为解质，在一定压力下加温将角蛋白的双键解开。做法是将羽毛放入水煮锅内，加入适量的水，在 196kPa 下高温蒸煮 2 小时左右，再经 24 小时左右烘干，然后磨成粉。这种羽毛粉是动物性蛋白饲料。有的在水解中加入适量的尿素或亚硫酸，以加速羽毛的水解。

酸解法是利用稀酸溶液经过加温，使羽毛溶解在溶液中的方法。这种方法虽然未在生产中应用，但仍有发展前景。试验室的做法是：将清除杂质后的羽绒，放入 10%的酸溶液中，浸泡 24 小时，再放入三颈烧瓶中，在常压下加温到煮沸，搅拌，使羽毛全部溶解，停止加热，自然冷却到常温，倒出溶液过滤，过滤液为氨基酸水溶液，可做饲料添加剂。

碱解法是利用碱溶液经过加温，使羽毛溶解在碱溶液中的方法。用工业烧碱与水配成2%的碱溶液。其他做法与酸解法相同。

重点、难点提示

1.鹅的屠宰要做好放血彻底和烫煺毛彻底两个关键环节，提高鹅肉的可加工性。

2.掌握盐水鹅、烧鹅、烤鹅、糟鹅、酱鹅、板鹅等传统鹅产品加工的选料，加工方法、食用方法，可作为养鹅生产产业化的基础。

3.鹅肥肝加工要掌握宰杀、取肝、包装、运输等关键环节，提高肥肝的商品率和肥肝生产经济效益。

4.鹅绒皮、绒羽等产品是鹅的重要副产品，其加工、贮藏好坏，直接影响养鹅的生产效益。应用活拔鹅毛技术可显著增加养鹅收入。活拔鹅应注意鹅的选择和拔后的饲养管理，并应兼顾鹅的其他生产性能。

附　录

一、浙东白鹅标准

范围

本标准规定了浙东白鹅的品种特征、生产性能、种鹅评定、选种和种鹅输出。

本标准适用于浙东白鹅品种鉴别、选育以及种鹅输出时的品种鉴定。

规范性引用文件

下列文件中的条款通过本标准的引用而成为本标准的条款。凡是注日期的引用文件，其随后所有的修改单（不包括勘误的内容）或修订版均不适用于本标准，然而，鼓励根据本标准达成协议的各方研究是否可使用这些文件的最新版本。凡是不注日期的引用文件，其最新版本适用于本标准。

NY 10—1995　种畜禽档案记录

GB 16549—1996　畜禽产地检疫规范

GB 16567—1996　种畜禽调运技术规范

GB 3095—1996　环境空气质量标准

NY/T388—1999　畜禽场环境质量标准

NY5027—2001　无公害食品 畜禽饮用水水质

品种特征

3.1 体形

中型鹅，结构紧凑，体态匀称，背平直，翅紧贴，尾羽上翘，呈船形。公鹅呈斜长方形，母鹅臀部宽大丰满。

3.2 羽毛

全身羽毛洁白，紧贴身躯。公鹅尾羽短而上翘，母鹅尾羽平伸，皮肤肉白色。

3.3 头、颈部

头大小适中，喙、肉瘤呈橘黄色，眼睑金黄色，虹彩灰蓝色。颈细长。头、颈、身躯连接呈流线型，比例协调。公鹅头颈强劲粗壮，肉瘤高大，眼睛明亮；母鹅头颈清秀灵活，肉瘤较低。

3.4 蹠、蹼

蹠、蹼粗壮厚实，呈橘黄色，爪玉白色。

3.5 形态

公鹅站立昂首挺胸，体格雄伟，步履稳健，鸣声高亢，有较强的自卫能力。母鹅行动敏捷，鸣声响亮，性情温和。

3.6 雏鹅

绒毛金黄色，体形较宽，头大颈长，蹠、蹼粗壮，眼大有神，动作活泼。

4 生产性能

4.1 体重、体尺

4.1.1 体重

4.1.1.1 成年体重公鹅6 000±500克，母鹅5 000±500克。

4.1.1.2 初生重102±10克。

4.1.2 成年体尺

4.1.2.1 背长

公30.0±2厘米，母28.0±2厘米。

4.1.2.2 胸深

公9.2±1厘米，母8.7±1厘米。

4.1.2.3 胸宽

公8.7±1厘米，母8.3±1厘米。

4.1.2.4　龙骨长

公16.0±1厘米，母15.0±1厘米。

4.1.2.5　颈长

公33.5±2厘米，母31.0±2厘米。

4.2　肉用性能

4.2.1　出栏日龄及体重

商品肉鹅饲养60～70天出栏，出栏均重4 100±200克，其中公鹅4 300±100克，母鹅3 800±100克。

4.2.2　饲料转化率

全舍饲全精料条件下料重比3.5～4.0∶1；种草养鹅半舍饲条件下精料料重比1.5～3.0∶1；放牧条件下精料料重比1.0～1.3∶1。

4.2.3　屠宰性能

4.2.3.1　全净膛率68%～71%。

4.2.3.2　半净膛率79%～83%。

4.2.3.3　胸肌率12%～14%，腿肌率16%～18%。

4.2.3.4　熟肉率60%～71%。

4.3　繁殖性能

4.3.1　开产日龄

开产日龄120～135天，产蛋达到50%开产日龄140～150天。

4.3.2　产蛋性能

4.3.2.1　年产蛋3～4窝，第3窝及以后每窝产蛋9～14个。

4.3.2.2　年产蛋数

35～42个。

4.3.3　种蛋品质

4.3.3.1　蛋重

162±15克。

4.3.3.2　蛋形指数

1∶1.45～1.55。

4.3.3.3　蛋壳颜色

白色。

4.3.3.4　蛋壳厚度

0.6±0.1毫米。

4.3.3.5　蛋壳强度

7.5±0.2千克/厘米^2。

4.3.4　种用年龄

4.3.4.1　适配月龄

公鹅10～12月龄，母鹅8～9月龄。

4.3.4.2　种用年限

公鹅2～3年，母鹅4～5年。

4.3.5　公、母比例

自然交配1∶6～10，人工授精1∶15～20。

4.3.6　受精率

水上自由配种75%～80%，人工辅助配种和人工授精80%～90%。人工采精的公鹅每次射精量0.25～0.45毫升。

4.3.7　孵化率

受精蛋孵化率85%～93%。

4.3.8　成活率

1周龄成活率85%～95%，10周龄育成率80%～92%。

4.4　产绒、羽性能

每只商品肉鹅的晾干羽毛重130～170克，羽质含量20%～40%。

5　种鹅评定

5.1　来源清楚，符合本品种特点，外生殖器官发育正常，少数鹅有极少量不明显的淡灰毛。

5.2　种鹅评定采用百分制。评定分初生、10周龄和成年3个阶段。

5.3 初生、10周龄种鹅按体重、背长、双亲年产蛋量平均成绩三项指标评分，分数权重各为30分、30分和40分。

5.4 成年种鹅按体重、背长、年产蛋量三项指标评分，分数权重各为30分、30分和40分。成年公鹅产蛋成绩按其双亲平均成绩评定。

5.5 评分标准

5.5.1 初生种鹅评分标准见表1。

表1 初生种鹅评分标准表

初生重（克，≥）	122	120	118	116	114	112	110	108	106	104	102	100
评分	30	29	28	27	26	25	24	23	22	21	20	19
背长（厘米，≥）	8.3	8.2	8.1	8.0	7.9	7.8	7.7	7.6	7.5	7.4	7.3	7.2
评分	30	29	28	27	26	25	24	23	22	21	20	19
双亲平均成绩（分）	40	37	34	32	31	29	27	26	25	24	23	22
总分	100	95	90	86	83	79	75	72	69	66	63	60

5.5.2 10周龄种鹅评分标准见表2。

表2 10周龄种鹅评分标准表

体重（克，≥）	公	4 550	4 500	4 450	4 400	4 350	4 300	4 250	4 200	4 150	4 100	4 050	4 000
	母	4 050	4 000	3 950	3 900	3 850	3 800	3 750	3 700	3 650	3 600	3 550	3 500
	评分	30	29	28	27	26	25	24	23	22	21	20	19
背长（厘米，≥）	公	29.9	29.7	29.5	29.3	29.1	28.9	28.7	28.5	28.3	28.1	27.9	27.7
	母	28.1	27.9	27.7	27.5	27.3	27.1	26.9	26.7	26.5	26.3	26.1	25.9
	评分	30	29	28	27	26	25	24	23	22	21	20	19
双亲平均成绩（分）		40	37	34	32	31	29	27	26	25	24	23	22
总分		100	95	90	86	83	79	75	72	69	66	63	60

5.5.3 成年种鹅评分标准见表3。

表3 成年种鹅评分标准表

项目													
体重（克，≥）	公	6 600	6 500	6 400	6 300	6 200	6 100	6 000	5 900	5 800	5 700	5 600	5 500
	母	5 600	5 500	5 400	5 300	5 200	5 100	5 000	4 900	4 800	4 700	4 600	4 500
	评分	30	29	28	27	26	25	24	23	22	21	20	19
背长（厘米，≥）	公	31.4	31.2	31.0	30.8	30.6	30.4	30.2	30.0	29.8	29.6	29.4	29.2
	母	29.2	29.0	28.8	28.6	28.4	28.2	28.0	27.8	27.6	27.4	27.2	27.0
	评分	30	29	28	27	26	25	24	23	22	21	20	19
年产蛋数（个，≥）	数量	38	37	36	35	34	33	32	31	30	29	28	27
	评分	40	37	34	32	31	29	27	26	25	24	23	22
总分		100	95	90	86	83	79	75	72	69	66	63	60

注：公鹅年产蛋量为其母亲产蛋量。

5.6 评定方法

5.6.1 评定时间

初生种鹅在出壳后24小时内评定；10周龄种鹅在达到10周龄时评定；成年种鹅在每年8月底或9月初评定。

5.6.2 种鹅分级

经评定测出实际评定分数后，确定86～100分为一级，70～85分为二级，60～69分为三级，59以下为等外级。

5.7 评定记录

各阶段评定时，按表4的要求进行记录，记录结果经技术人员签名有效。种鹅场其他档案记录按NY 10—1995要求进行。

表4 浙东白鹅评定分级登记表

单位　　　　　　　　　　　　　　　　　　　评定日期　　年　月　日

鹅号	性别	出壳日期	评定阶段	(1)			(2)		(3)		(4)		总分	等级
				父号及评分	母号及评分	双亲平均分数及等级	体重（克）	评分	背长（厘米）	评分	产蛋数（个）	评分		

技术员签名

注：初生、10周龄及成年种公鹅，登记时填写上表（1）、（2）、（3）项；成年种母鹅填写上表（2）、（3）、（4）项。

6 选种

6.1 选种适期

种鹅在饲养2～3年的母鹅所产的后代中选留。季节上应选留12月至翌年3月出壳的鹅（年夜鹅或清明鹅）。

6.2 选种方法

6.2.1 蛋选

种蛋来源于高产个体或群体，蛋重150～170克，蛋形指数符合4.3.3.2要求。

6.2.2 苗选

出壳不久的雏鹅先鉴别雌雄，再在鉴别雏中选择个体大，健康活泼，食欲旺盛的作种用。留作种用的初生种鹅评分在60分以上（三级以上）。

6.2.3 初选

70～80日龄时选留的后备种鹅，要求具有本品种特征，生长发育和健康良好，无杂毛。公鹅要求体形高大，眼凸有神，叫声洪亮，脚高粗，胸深宽，腹平，后躯长，自卫性强，生殖器官发育正常。母鹅要求体形大小适中，结构紧凑、匀称，性情温和，颈细长，胸腹宽深，后躯发达，两胫有力且间距宽。初选的后备种鹅的70天评分在60分以上（三级以上）。

6.2.4 复选

在将近性成熟的后备种鹅群中，淘汰体形不符合品种要求和不健康的种鹅。剔除生殖器官发育不良公鹅。

6.2.5 成年鹅选种

成年种鹅产蛋后，根据其实际产蛋成绩、后代生长速度等记录进行选种，并确定种鹅健康、无病，体形、形态符合本品种标准。所选种鹅的评定成绩在60分以上（三级以上）。

7 生产环境要求

种鹅场生产环境质量符合NY/T 388—1999要求，大气环境质量符合GB 3095—1996要求，种鹅饮用水水质符合NY

5027—2001 要求。

8　种鹅输出

8.1　输出种鹅符合本标准的品种要求。

8.2　种鹅输出时附有《种畜禽合格证》。

8.3　种鹅输出调运前，按 GB 16549—1996 和 GB 16567—1996 规定进行检疫，办理《动物产地检疫合格证明》或《动物及动物产品运载工具消毒证明》、《出县境动物检疫合格证明》。

二、象山白鹅标准

象山白鹅　第1部分：种鹅

略。象山白鹅系浙东白鹅的主产地象山县的地方名称，其种鹅标准与浙东白鹅同。

象山白鹅　第2部分：繁育

范围

本标准规定了象山白鹅生产的选种、繁殖。

本标准适用于象山白鹅的选种、繁殖。

规范性引用文件

下列文件中的条款通过本标准的引用而成为本标准的条款。凡是注日期的引用文件，其随后所有的修改单（不包括勘误的内容）或修订版均不适用于本标准，然而，鼓励根据本标准达成协议的各方研究是否可使用这些文件的最新版本。凡是不注日期的引用文件，其最新版本适用于本标准。

GB 16567　种畜禽调运检疫技术规范

GB 16549　畜禽产地检疫规范

DB 3302/T 074.1　象山白鹅　第1部分：种鹅

DB 3302/T 074.3　象山白鹅　第3部分：饲养管理

DB 3302/T 074.4　象山白鹅　第4部分：疾病防治

选种

选种要求

种鹅生产符合本标准1部分要求，来自有生产、繁殖和防疫记录的种鹅场，公、母鹅分别来自不同亲代。

种鹅应在饲养2～3年的母鹅所产的后代仔鹅中选留。季节上应选留12月至翌年3月出壳的鹅（年夜鹅或清明鹅），反季节繁殖种鹅应选留10月至翌年1月出壳的鹅。

3.1.3 繁殖种鹅的饲养管理、疾病防治符合本标准3、4部分要求。

选种方法

蛋选

种蛋来源于高产个体或群体，蛋重150～170克，蛋形指数1∶1.45～1.55。

苗选

出壳不久的雏鹅先鉴别雌雄，再在鉴别雏中选择个体大，健康活泼，食欲旺盛的作种用。留作种用的初生种鹅评分在60分（三级）以上。

初选

70～80日龄时选留的后备种鹅，要求具有本品种特征，生长发育和健康状况良好，无杂毛。公鹅要求体形高大，眼凸有神，叫声洪亮，脚高粗，胸深宽，腹平，后躯长，自卫性强，生殖器官发育正常。母鹅要求体形大小适中，结构紧凑、匀称，性情温和，颈细长，胸腹宽深，后躯发达，两胫有力且间距宽。初选的后备种鹅评分在60分（三级）以上。

复选

在将近性成熟的后备种鹅群中，淘汰体形不符合品种要求和不健康的种鹅。剔除生殖器官发育不良的公鹅。

成年鹅选种

成年种鹅产蛋后，根据其实际产蛋成绩、后代生长速度等记录进行选种，并确定种鹅健康无病，体形符合本品种标准。所选种鹅的评定成绩在60分（三级）以上。

配种

公、母比例

一般1∶6，实行人工辅助配种1∶8～10，实行人工授精1∶15～25。

配种适龄与种用年限

配种适龄

公鹅10～12月龄，母鹅8～9月龄。

种用年限

公鹅2～3年，母鹅4～5年。

配种方法

自然交配

鹅群自由交配。早上第1次放水时让鹅自由交配。

人工辅助交配

在自由交配的基础上，对刚产蛋后的母鹅用人工方法让公鹅交配。

人工授精

采精方法

按摩法。将公鹅仰置采精员膝上，左手掌心向下紧贴公鹅背腰部，向尾部方向按摩4～5次，同时用右手大拇指和其他四指握住泄殖腔按摩至充血膨胀，感觉外突时，有节奏地轻轻挤压泄殖腔上部，至阴茎勃起伸出后，引导至集精杯内射精。

引诱法。固定引诱用母鹅，让公鹅爬上母鹅背，待公鹅交配时将阴茎伸出泄殖腔后，用手迅速轻柔地引导入集精杯射精。

精液稀释

将采出的精液立即用现配的25℃ 0.9％氯化钠溶液（生理盐水）1∶1比例徐徐混合稀释精液。也可用技术人员指定的专用稀释液稀释。

输精

把稀释后的精液0.05～0.1毫升吸入输精器中，输精器插入母鹅泄殖腔左下方5～6厘米深处，将精液徐徐输入。

配种间隔

人工授精和人工辅助配种可每隔5～6天对母鹅配种1次。

人工孵化

种蛋保存

种蛋选择

要求蛋形标准，畸形、双黄、沙皮、薄壳及碎壳蛋不能入孵。

消毒

将当日所产的种蛋集中后用高锰酸钾加福尔马林熏蒸消毒20～30分钟，用药剂量为每立方米消毒空间高锰酸钾7克，福尔马林14毫升，水7毫升。消毒后放入贮蛋室。

保存

保存时间。夏秋季节不超过7天，冬春10天。

保存方法。按产蛋先后分批保存于温度适宜的贮蛋室（10～18℃）。天热时存放于阴凉处，上覆薄布或纱罩，天冷时覆棉絮保温。每天进行1～2次翻蛋。

入孵准备

种蛋孵前消毒

将种蛋置于0.2‰高锰酸钾或1‰新洁尔灭溶液中浸润消毒后晾干。也可用5.1.2方法熏蒸消毒。

孵化器准备

孵化器。采用的孵化器应适宜于象山白鹅种蛋的特性和人工孵化要求。

孵化方式。分全程机器孵化和机摊结合孵化二种方式。

孵化前孵化器经清洗消毒，消毒方法同种蛋熏蒸消毒。消毒后将种蛋按孵化器操作要求平放于蛋盘上。

孵化

孵化温度

采用变温孵化法，种蛋入箱后温度由36℃升至38℃预热6小时。孵化温度在孵化第1～4天为38.3℃（100.9℉）、5～7天为38℃（100.4℉）、8～16天为37.5℃（101.3℉）、17～23天为36.9℃（98.4℉）、24～31天为36.5℃（97.7℉）。孵化车间温度应保持在21～23℃，如超过24℃，则应适当调低孵化箱温度。

孵化湿度

1～9天将孵化器相对湿度控制在65%左右，10～26天为55%左右，开始出雏时提高到80%左右。为保证孵化器内湿度，入孵7天开始用少量20℃左右的温水进行喷水，每天1次，16～26天每天2次，27～31天每天4次。

通风换气

通风量随着日龄增大而增大，一般1～10天为1档，11～16天为2档，17～26天为3档（1档通风量为5毫米、2档为20毫米、3档为32毫米）。

凉蛋

入孵16天后开始凉蛋，每天2次，晾蛋时间由每次20～30分钟逐渐增至每次1～1.5小时，直至26天。

翻蛋

入孵后2小时翻蛋1次，直至26天。翻蛋角度为140°～180°。

照蛋

分别在入孵后7天、16天、23天进行三次照蛋，检查记录胚胎发育情况，剔出各期的无精、死精、死胚蛋等。并进行并箱处理。

出雏

全程机器孵化的到入孵后27天进出雏箱，出雏时将绒毛已干的雏鹅拣出，同时注意保持箱内孵化条件的稳定，31天出雏完毕。

机摊结合方式孵化的，种蛋二照后移入摊床孵化。

上摊后每天翻蛋3～4次，同时，对摊床中心和边上的蛋进行置换。

种蛋上覆棉毯，毯比摊床宽0.5米，盖上后将床边棉毯折叠。

人工助产

出雏困难时应人工将蛋壳大头轻轻撬开后，将头轻轻拉出，等头部毛干后，再将鹅体拉出。助产时发现细微出血，要立即停止助产，待血液吸收、血管干缩后再行助产。

胚胎发育检查

可根据胚胎发育要求对孵化温度适当调整，即看胚试温。一般胚胎发育缓慢可适当调高孵化温度0.2～0.5℃（0.4～0.9℉），发育过快则相应调低。

胚胎发育表

孵化3～3.5天，胚胎出现血管形状似樱桃，俗称“樱桃珠”。

孵化7天，胚胎眼珠内黑色素大量沉积，四肢开始发育，俗称“起珠”。

孵化8天，胚胎身体增大，可以看到两个小圆团，一是头部，一是弯曲的躯干部，俗称“双珠”。

孵化14～16天，胚胎体躯长出羽毛，尿囊在蛋的小头合拢，整个蛋布满血管，俗称“合拢”；二照时，合拢不及时，适当调高孵化温度，反之则调低。

孵化22～24天，胚胎蛋白全部输入羊膜囊中，照蛋时小头看不到发亮的部分，俗称“封门”；三照抽查，观察“封门”速度过慢时，适当调高孵化温度，反之则调低。

孵化24～26天，胚胎转身，气室倾斜，俗称“斜口”。

孵化27～28天，看到胚胎黑影在气室内闪动，颈部和翅部突入气室内，俗称“闪毛”。

孵化记录

孵化记录见表1、表2。

表1　孵化值班记录表

孵化时间 天	温度 ℃	湿度 %	翻蛋	凉蛋	室温,℃			备注
					上午	中午	下午	

表2　入孵蛋孵化成绩记录表

入孵蛋数 个	受精蛋数 个	受精率 %	死胚数 个	出雏数 只	受精蛋出雏率 %	备　注

照蛋记录

头照时记录种蛋受精率，胚胎发育情况，区分死精蛋、无精蛋。二照时记录胚胎发育情况，死胚情况。三照时抽查胚胎发育情况。出雏时，应记录出雏数、健雏数等出雏情况。

种鹅输出

输出种鹅符合 DB 3302/T 074.1 要求。

种鹅输出时附有《种畜禽合格证》。

输出调运前，按 GB 16549 和 GB 16567 要求检疫，办理《动物产地检疫合格证明》，调出县外的转办《动物及动物产品运载工具消毒证明》、《出县境动物检疫合格证明》。调出省外的应事先进行检疫审批。

包装

种雏用专用一次性纸箱。其他年龄种鹅用消毒后的专门金属或塑料笼具。

运输

时间

一般 5 小时内短距离汽车运输的，待雏鹅绒毛干后就可装箱。天冷时中午启运，热天时早晚启运，其他季节全天可运。

长距离运输的，尽量在出雏后 24 小时内运达饲养目的地。

注意事项

天冷运输时，尽量用箱式车辆，箱子上部用毛毯覆盖保温。天热运输时，应注意通风降温。

运输途中要经常停车观察，防止温度过高或过低，防止箱子挤压、侧翻。

中途变换运输工具的，不能粗暴装卸，箱子固定牢固确保安全。加强变换地的动物卫生安全工作。

象山白鹅　第 3 部分：饲养管理

范围

本标准规定了象山白鹅鹅场建筑与设施、饲养环境卫生以及育雏、育成、育肥、种鹅各阶段的饲养管理。

本标准适用于象山白鹅的饲养管理。

规范性引用文件

下列文件中的条款通过本标准的引用而成为本标准的条款。凡是注日期的引用文件，其随后所有的修改单（不包括勘误的内容）或修订版均不适用于本标准，然而，鼓励根据本标准达成协议的各方研究是否可使用这些文件的最新版本。凡是不注日期的引用文件，其最新版本适用于本标准。

GB 3095 环境空气质量标准

GB 8978 污水综合排放标准

GB/T 18407.3 农产品安全质量 无公害畜禽肉产地环境要求

GB 7959 粪便无害化卫生标准

GB 5749 生活饮用水卫生标准

GB 14554 恶臭污染物排放标准

GB/T 16569 畜禽产品消毒规范

GB 16548 病害动物和病害动物产品生物安全处理规程

NY 5266 无公害食品 鹅饲养兽医防疫准则

GB 16549 畜禽产地检疫规范

NY/T 388 畜禽场环境质量标准

NY/T 5267 无公害食品 鹅饲养管理技术规范

NY 5027 无公害食品 畜禽饮用水水质

DB 3302/T 074.1 象山白鹅 第1部分：种鹅

DB 3302/T 074.2 象山白鹅 第2部分：繁育

DB 3302/T 074.4 象山白鹅 第4部分：疾病防治

鹅场及饲养环境卫生

饲养环境

大气质量

符合GB 3095的要求。

水质

符合 GB 5749 的要求。饮用水还应符合 NY 5027 要求。

饲料

养鹅所用精饲料、青绿饲料生产环境符合 GB 3095、GB/T 18407.3、NY/T 388 的要求。无农药等污染。提倡种植人工牧草喂鹅。

饲养环境

符合 NY/T 388 的要求。肉鹅场还应符合 GB/T 18407.3 要求。

鹅场卫生

鹅场粪污处理符合 GB 7959、GB 8978、GB 14554 要求。病害鹅尸及其产品处理符合 GB 16548 要求。

场址选择

濒临水面、地势高燥、望北朝南、草源丰富、交通便捷。符合动物防疫条件。

鹅舍建筑

鹅场布局

内部布局合理，各功能区分布清晰，隔离、消毒设施齐全。

育雏舍

鹅舍高度 2 米以上，窗户与地面面积比 1∶10～15。具有较好的保温、通风性能。

育成舍

开放式鹅舍，下部适当封闭，上部敞开。并有运动场，鹅舍与运动场面积比例为 1∶2 或以上。

育肥舍

结构同 3.4.2，并保持环境安静，光线暗淡。

种鹅舍

鹅舍高度 1.8～2 米，采光面积与舍内地面面积比 1∶10～15。具有较好的防寒散热性能，光线充足。鹅舍、陆上运动场、水面的面积比例1∶2∶2。

孵化室

符合种蛋人工孵化室建设要求。

饲养设施

设施要求

饲养设施符合NY 5266、NY/T 5267要求，满足本标准1、2、3部分对生产设施的要求。

育雏

保温设施。采用地下坑（烟）道、电热保温伞等设施。网上、笼上育雏的还可用煤炉、电热棒等保温。

饮水、喂料器。用市场销售的禽用塑料饮水、喂料器。也可自制竹木材质饮水、喂料槽，但槽周边应插上间隔2～3厘米的隔离竹条。

围栏。将鹅分群隔离的围栏用竹篾编成。

产蛋

产蛋箱。箱高50～70厘米，宽50厘米，深70厘米。内铺柔软垫料。

其他。饲料加工器具、运输器具、放牧器具等。

育雏

育雏前准备

育雏舍消毒

进雏前2～3天将育雏舍清扫干净，空间熏蒸消毒，方法按本标准2部分中孵化室熏蒸消毒。地面、墙体用5%消毒威喷洒消毒。

预热

育雏室铺上垫料后，进雏前12小时进行预热，舍内温度达到育雏保温要求。

育雏方式

地面育雏

育雏舍地面垫上垫料，厚度冬季13～17厘米，其他季节7～10厘米。

网上育雏

网离地面高度20～100厘米。

笼上育雏

笼高25～30厘米，每笼面积60厘米×60～80厘米×100厘米。每笼育雏10～15只。

保温防湿

保温

1～5日龄室温27～28℃；6～10日龄25～26℃；11～15日龄22～24℃；16～28日龄18～22℃。

防湿

1～10日龄相对湿度60%～65%，11～28日龄65%～70%。

开食

开水。雏鹅进入育雏室后即行开水，水温25℃。水中可添加0.5%电解多维素和5%～10%葡萄糖。

开食。开水后1小时开食，10天内每昼夜喂7～8次，以后逐渐减少饲喂次数，至21天后4～5次（其中晚上1～2次）。

开食饲料用雏鹅或雏鸡用商品颗粒饲料与切碎的青绿饲料按1∶1比例拌和饲喂。3天后逐渐增加青饲料比例，21天后比例为1∶3。

放牧管理

1天后雏鹅可进行适度放牧。选择晴暖天气放牧，放牧时间和距离由短到长，由近到远。放牧3天后可自由下水，游水时间每次3～5分钟。

其他管理

育雏期间注意用具垫料的清洁、干燥和卫生，定期消毒，定期通风。育雏舍通夜照明，光照强度以雏鹅能采食、活动为度。

饲养密度

1～5日龄每平方米室内20～25只，6～10日龄15～20只，11～15日龄12～15只，16～20日龄8～12只，21～28日龄6～8只。

群体大小视实际情况而定，小群饲养每群25～30只，大群饲养150～200只。放牧群体300～600只。

育成

放牧

上午各放牧1次，中午赶回鹅舍。夏天上午早放早归，下午晚放晚归；冬天上午晚放晚归，下午早放早归。放牧时间随日龄增大延长。放牧场地大、饲草充裕的，45日龄后可全天候放牧。

放牧注意事项

雷雨、大雨、酷暑中午不放牧。

避免高举竹竿、突然打伞等动作。

不让兽类接近鹅群。

补饲

放牧期间不喂饲料，牧归后和晚上进行补饲。补饲饲料用青绿饲料加适量米糠、秕谷及漕渣类粗饲料。

育肥

方法

不作种用的育成鹅在主翼羽长出后（60天左右，体重3～3.5千克）进行育肥后，作商品肉鹅出售。育肥时间10～14天。育肥期舍饲，自由采食。育肥前期用配合饲料与青绿饲料1∶1混合饲喂，育肥后期先喂配合饲料，后喂青绿饲料。每天喂4次，其中夜间1次。

配合饲料

配合饲料一般大小麦、稻谷等谷粒饲料占30%，玉米粉占30%，豆粕等饼粕类占5%，糠、漕渣类占35%。适量添加矿物质，场地堆放沙砾供自由采食。

管理

限制活动，控制光照，保持安静。环境清洁、干燥，定期消毒。饮水充足。

种鹅

后备种鹅

从育成期转入的后备种鹅放牧后每天补饲2～3次精料。100天后逐步转入粗饲，粗饲期只放牧或喂青草，不喂精料。开产前30天开始由少到多加喂精料。

成年母鹅

休蛋期

前期停喂精料，吃足青料，加大放牧强度，减轻体重，适时换羽。开产前15天，逐渐加喂精料。产蛋前7～10天检查腹部，查看泄殖腔括约肌是否松弛，并进行探蛋。括约肌松弛，要进行配种，加喂钙、磷等矿物质饲料。

以舍饲为主，放牧为辅，喂足青料的同时，每天加喂精料120～180克。精料由谷物、玉米粉、番薯丝、米糠和少量豆粕等组成。运动场堆放蛎壳、螺蛳壳和沙砾自由采食。

赖抱期

按时不进行自然孵化的赖抱母鹅及时醒抱。醒抱方法一般将鹅隔离，只喂水，不喂料，可同时喂醒抱药物。醒抱后日夜加料，尽快恢复体质。

公鹅

休配期喂足青料，不喂精料，加强放牧游水，保持体质健壮。配种前1个月（立秋前5天左右）开始加喂精料，恢复膘情。配种期加强运动。

象山白鹅　第4部分：疾病防治

范围

本标准规定了象山白鹅疾病的预防措施、免疫程序和主要疾病防治方法。

本标准适用于象山白鹅的疾病防治。

规范性引用文件

下列文件中的条款通过本标准的引用而成为本标准的条款。凡是注日期的引用文件，其随后所有的修改单（不包括勘误的内容）或修订版均不适用于本标准，然而，鼓励根据本标准达成协议的各方研究是否可使用这些文件的最新版本。凡是不注日期的引用文件，其最新版本适用于本标准。

GB 16548　病害动物和病害动物产品生物安全处理规程

GB 16549　畜禽产地检疫规范

GB 16567　种畜禽调运检疫技术规范

GB/T 16569　畜禽产品消毒规范

NY 5266　无公害食品　鹅饲养兽医防疫准则

NY/T 5038　无公害食品　家禽养殖生产管理规范

DB 3302/T 074.3　象山白鹅第 3 部分：饲养管理

预防措施

疾病预防措施符合 GB 16548、GB/T 16569、NY 5266 的要求。

防疫设施

鹅场大门设消毒池和消毒室。消毒池中消毒液保持有效消毒浓度。

鹅场有兽医室、隔离舍等防疫功能区。

配备疫病防治常用的药品、疫苗储藏、冷藏设备，诊疗器械和消毒用具。

防疫要求

科学饲养管理

鹅场选址、环境卫生和饲养管理符合 NY/T 5038、本标准 3 部分要求。

健全档案

建立养殖档案，完善档案数据记录。免疫、用药、发病、治疗、病死鹅无害化处理、产品出场情况必须记录清楚。

疫情监测

做好鹅群健康动态观察，对主要疫病定期实验室监测。开展疫情分析，掌握疫情动向。

引种

不到疫区购买雏鹅或引种。引种按 GB 16549、GB 16567 规定进行。

消毒

消毒制度

鹅场建立日常卫生消毒制度和紧急消毒预案。

消毒方法

物理消毒

保持用具、舍内外环境清洁，利用日晒、紫外线消毒。

生物消毒

粪便、污物或其他废弃物堆积发酵处理。

化学消毒

利用化学消毒药剂进行消毒处理。

用药

商品肉鹅不得使用《食品动物禁用的兽药及其他化合物清单》规定的药物。商品肉鹅出售前用药必须执行《兽药休药期规定》。

免疫程序

肉鹅

12 天禽流感首免，28～30 天禽流感二免。其他疫病预防免疫根据当地疫情或动物防疫部门要求确定。

种鹅

后备种鹅 90 日龄前按 4.1 要求免疫，90～100 日龄禽流感加强免疫，产蛋前 1 月龄小鹅瘟免疫。

成年种鹅

小鹅瘟每年 1 月中旬和 8 月中旬各免疫 1 次；禽流感每年 5

月底和8月中旬各免疫1次；禽霍乱每隔3～6月龄免疫1次。

其他疫病预防免疫根据当地疫情或动物防疫部门要求确定。

主要疾病防治

小鹅瘟

按4.2.1和4.2.2的免疫程序预防。对未获得母源抗体的雏鹅，可用抗小鹅瘟血清注射，以预防或治疗小鹅瘟，每只雏鹅注射1毫升。

禽流感

按4的免疫程序预防。发生疫情时，按《中华人民共和国动物防疫法》和GB/T 17823规定上报疫情，组织扑疫。

小鹅流行性感冒

小鹅发病后，首先做好保温工作，隔离病鹅，加强消毒。治疗用每千克饲料添加2%环丙沙星1.5克，连用3～5天。严重病鹅每只肌内注射青霉素5万～10万单位，每天2次，连用2～3天。

禽霍乱

按4.2.2的免疫程序预防。发病时进行全群投药治疗，用磺胺类或土霉素等药物拌入饲料中内服。病鹅发病严重或病情较重时，全群注射青霉素、链霉素，每只各用10万～15万单位，一日2次，连用3天。

禽沙门氏菌病

发病时在饮水中每t加倍福星1.5克，每千克饲料中加2.5%氟哌酸1克，连用3天；复方敌菌净每千克饲料加1克，连用2～3天。也可用其他抗菌药物，但应进行药敏试验。

绦虫病

每千克体重用吡喹酮5～10毫克或灭绦灵60毫克或丙硫咪唑50毫克口服，投药前禁食12小时，一般上午8时左右空腹投喂，服药后供给足够饮水。一般1月龄驱虫1次，2月龄再驱虫1次，母鹅每两月驱虫1次。

鹅虱

用灭虱精每支加水1千克混合后涂抹鹅身，隔10天后重复1次。场地用除虫菊类农药定期喷洒灭虱，喷洒时场地不得留有鹅只。

象山白鹅　第5部分：鹅肉及熟制品

范围

本标准规定了象山白鹅屠宰、加工辅料要求，鹅肉及加工产品的感官、理化、微生物指标，分类试验方法及检验规则，以及标志、标签、包装、运输和贮存等要求。

本标准适用于象山白鹅屠宰、鹅肉及加工产品的监测。

规范性引用文件

下列文件中的条款通过本标准的引用而成为本标准的条款。凡是注日期的引用文件，其随后所有的修改单（不包括勘误的内容）或修订版均不适用于本标准，然而，鼓励根据本标准达成协议的各方研究是否可使用这些文件的最新版本。凡是不注日期的引用文件，其最新版本适用于本标准。

GB 2760　食品添加剂使用卫生标准

GB/T 5009.11　食品中总砷及无机砷的测定

GB/T 5009.12　食品中铅的测定

GB/T 5009.17　食品中总汞及有机汞的测定

GB/T 5009.15　食品中镉的测定

GB/T 5009.44　食品中肉与肉制品卫生标准的分析方法

GB 7718　食品标签通用标准

GB 9687　食品包装用聚乙烯成型品卫生标准

GB/T 4456　包装用聚乙烯吹塑薄膜

GB/T 6543　瓦楞纸箱

GB 191　包装贮运图示标志

GB/T 6388　运输包装收发货标志

GB 16549　畜禽产地检疫规范

GB 16869　鲜、冻禽产品

NY 5034　无公害食品　禽肉及禽副产品

GB 2726　熟制品卫生标准

NY 467　畜禽屠宰卫生检疫规范

GB 12694　肉类加工厂卫生规范

NY/T 5028　无公害食品　畜禽产品加工用水水质

DB 330225/TXX.1　象山白鹅　第1部分：种鹅

DB 330225/TXX.2　象山白鹅　第2部分：繁育

DB 330225/TXX.3　象山白鹅　第3部分：饲养管理

DB 330225/TXX.4　象山白鹅　第4部分：疾病防治

动物源食品中兽药残留检测方法（农牧发〔2001〕38号）

动物源食品中兽药残留检测方法（农牧发〔2003〕236号）

要求

加工要求

肉鹅屠宰

屠宰场地要求

屠宰加工和场地符合GB 12694的规定。

肉鹅要求

屠宰加工的肉鹅为按本标准1、2、3、4部分要求所饲养的商品肉鹅，并根据GB 16549、GB 467规定检疫检验合格。

屠宰用水要求

屠宰加工用水要求符合NY/T 5028的规定。

熟制加工

鹅肉熟制品加工原料符合NY 5034的规定。熟制加工生产过程的卫生要求符合GB 12694的规定。

辅料

鹅产品加工辅料及使用符合GB 2760的卫生标准和辅料质量标准规定要求。

感官要求

冻、鲜鹅肉的感官要求符合GB 16869规定，熟制品符合GB 2726规定，并达到表1要求。

表1　感官要求

项　　目	要　　求
色泽	鲜肉肌肉鲜红，皮肤肉白色。加工产品肉色正常
滋味及气味	鲜肉无异味，加工产品具有象山白鹅肉经加工调味后应有的滋味和气味，无异味
组织形态	呈全鹅或鹅块状，肉质紧密，有坚实感，无羽毛及内脏
杂质	不允许存在

理化指标

理化指标符合表2规定。

表2　理化指标

项　　目	冻、鲜肉	熟肉制品
挥发性盐基氮，毫克/千克　≤	15	—
无机砷，毫克/千克　≤	0.05	0.05
铅（以Pb计），毫克/千克　≤	0.1	0.1
汞（以Hg计），毫克/千克　≤	0.05	0.05
镉（以Cd计），毫克/千克　≤	0.1	0.1
土霉素，毫克/千克　≤	0.10	0.10
金霉素，毫克/千克　≤	0.10	0.10
磺胺类（以磺胺类总量计），毫克/千克　≤	0.10	0.10
恩诺沙星（恩诺沙星＋环丙沙星），毫克/千克　≤	0.10	0.10

注：兽药、农药最高残留量和其他有毒有害物质限量应符合国家相关规定。

微生物指标

微生物指标符合表3规定。

表3 微生物指标

项　目	冻、鲜	熟制品
菌落总数，CFU/克 ≤	5×10^5	1×10^4
大肠菌群，MPN/100克 ≤	1×10^4	30
致病菌（沙门氏菌、金黄色葡萄球菌、志贺氏菌）	不得检出	不得检出

试验方法

感观要求

冻鲜肉按 GB 16869 中规定的方法检验，熟制品按 GB/T 5009.44 中规定的方法检验。

理化检验

解冻失水率

按 GB 16869 中 5.2 规定的方法测定。

挥发性盐基氮

按 GB/T 5009.44 中 4.1 规定的方法规定。

砷

按 GB/T 5009.11 中规定的方法测定。

铅

按 GB/T 5009.12 中规定的方法测定。

汞

按 GB/T 5009.17 中规定的方法测定。

镉

按 GB 5009.15 中规定的方法测定。

土霉素

按 NY 5029 中规定的方法测定。

金霉素

按 NY 5029 中规定的方法测定。

磺胺类

按《动物源食品中兽药残留检测方法》中规定的方法测定。

恩诺沙星、环丙沙星

按《动物源食品中兽药残留检测方法》中规定的方法测定。

微生物学检验

按 GB/T 4789.17 中规定的方法检验。

检验规则

原料检验

原料用待宰肉鹅及宰后胴体经持证动检人员宰前检疫、宰后检验合格。

组批

以同一产地、同一生产周期、同一工艺流程所生产的产品为同一批次。

抽样方法

每一批次采取随机多点抽样，抽样量应满足检验需要。将抽取样品至少分3份，一份由被抽样单位保存，其他供检测单位留样和检测分析。

检验分类

检验分出厂检验和型式检验。

出厂检验

每批产品必须按标准规定进行检验，经检验合格后并附上质量检验部门签署的质量合格证方可出厂。

出厂检验项目为 3.3、3.4 中的净含量及 3.5。

型式检验

型式检验项目为 3.3、3.4、3.5。

有下列情况之一时，必须进行形式检验：

a）新产品定型或工艺有较大变动时；

b）当辅材料或工艺有较大变动时；

c）每半年进行一次型式检验；

d）当供需双方发生质量争议时；

e）当产品质量监督部门提出型式检验要求时。

判定规则

检验结果符合本标准要求的则判定该批产品为合格。检验结果中任何一项不符合本标准的，可重新自两面三刀倍量的包装中抽样复检，复检结果若仍不合格，则判定该批产品为不合格。但感官要求和微生物指标不合格，不得复检。

受货方有权从该批产品中抽样按本标准规定进行检验，如有异议可共同协商解决。

当供需双方对产品质量发生争议时，由法定质量监督部门进行仲裁检验。

标志、标签、包装、运输、贮存

包装

包装材料符合 GB/T 4456、GB/T 6543、GB 9687 的规定。

标志

内包装（销售包装）标志符合 GB 7718 的规定；外包装符合 GB 191 和 GB/T 6388 的规定。

贮存

鲜鹅肉产品应贮存在－1～4℃的环境中，冻鹅肉产品应贮存在－18℃以下的冷冻库，库温最高温度不得超过－15℃；鹅肉熟制产品应贮存在干燥、25℃以下、通风、无腐蚀性物质的环境中。

运输

产品运输时应使用符合食品卫生要求的冷藏车（船）、保温车或专用车辆，不得与有毒、有害、有气味的物品混放。

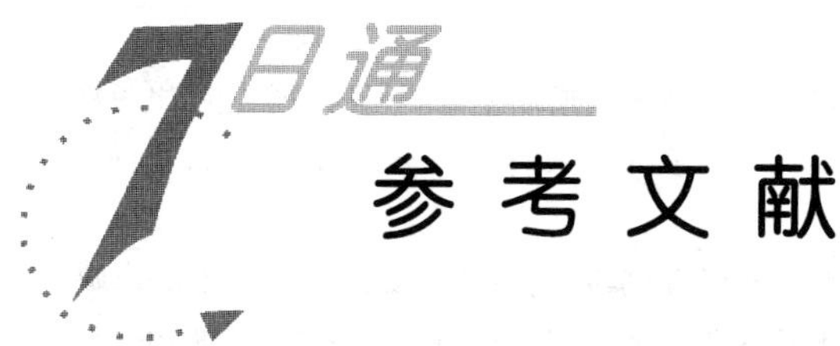

参 考 文 献

B. W. 卡尔尼克，等．1991. 禽病学．高福，等，译．第9版．北京：中国农业大学出版社．

P. P. 斯托凯，等．1982. 禽类生理学．北京：科学出版社．

蔡平，等．1997. 畜禽药物中毒的防治．合肥：安徽科学技术出版社．

曹霄．1992. 鹅的养殖及加工．南京：江苏科学技术出版社．

曹霄，掌子凯，何正东．2000. 肉用仔鹅高产饲养新技术．上海：上海科学技术出版社．

曹致中，等．2002. 优质苜蓿栽培与利用．北京：中国农业出版社．

陈烈，等．1996. 科学养鹅．北京：金盾出版社．

陈默君，张文淑，周平．1999. 牧草与粗饲料．北京：中国农业大学出版社．

陈维虎．2004. 浙东白鹅．北京：中国农业出版社．

陈耀王．2001. 快速养鹅与鹅肥肝生产．北京：科学技术文献出版社．

戴旭明，等．2000. 种草养鹅技术．浙江省种草养鹅丰收计划项目组．

杜文兴，等．2000. 科学养鹅一月通．北京：中国农业大学出版社．

方原生，徐宏树，丁迎伟，等．1990. 鹅的饲养与活拔毛技术．上海：上海科学技术出版社．

甘孟侯，等．1995. 禽流感．北京：北京农业大学出版社．

哈尔滨兽医研究所．1999. 动物传染病学．北京：中国农业出版社．

韩建国，马春晖．1998. 优质牧草的栽培与加工贮藏．北京：中国农业出版社．

韩占兵，朱士仁，等．2000. 良种鹅高效生产技术．郑州：中原农民出版社．
何大乾，等．2007．鹅高效生产技术手册．上海：上海科学技术出版社．
蒋永清，周卫东，黄新．2001．实用高效种草养畜技术．北京：金盾出版社．
焦华，陈国宏，等．2001．科学养鹅与疾病防治．北京：中国农业出版社．
李景泉，等．2001．养鹅实用技术400问．长春：吉林科学技术出版社．
李世云，等．2001．鹅养殖及产品加工．北京：科学技术文献出版社．
刘怀野，等．1998．畜禽塑膜暖棚饲养新技术问答．北京：中国农业出版社．
刘建新，等．2003．干草、秸秆、青贮饲料加工技术．北京：中国农业科学技术出版社．
刘禄之．2000．青贮饲料的调制与利用．北京：金盾出版社．
马美湖．2002．珍禽野味食品加工工艺与配方．北京：科学技术文献出版社．
农业部农民科技教育培训中心．2001．鸭鹅饲养与疾病防治技术．北京：中国农业出版社．
王继文，等．2002．养鹅关键技术．成都：四川科学技术出版社．
王建辰，章孝荣，等．1998．动物生殖调控．合肥：安徽科学技术出版社．
王永坤，等．2002．水禽病诊断与防治手册．上海：上海科学技术出版社．
吴伟，等．2000．高效养鹅新技术．长春：吉林科学技术出版社．
徐银学，谢庄，等．1997．肉用鹅饲养法．北京：中国农业出版社．
杨茂成．1999．肉鹅快养60天．北京：中国农业出版社．
尹兆飞，余东游，祝春雷．2001．养鹅手册．北京：中国农业大学出版社．
张曹民，丁卫星，刘洪云．2002．鹅疾病防治诀窍．上海：上海科学技术文献出版社．
张宏福，张子仪．1998．动物营养参数与饲养标准．北京：中国农业出版社．
张泽黎，郭健颐，张让钧．1984．鸡鸭鹅病防治．北京：金盾出版社．
赵玉民，等．2000．肉鹅饲养与经营实用技术．长春：吉林科学技术出版社．
周勤宣，等．1993．中外养禽新技术全集．南宋：江苏省家禽科学研究所．

图书在版编目（CIP）数据

高效养鹅7日通/陈维虎主编．—2版．—北京：中国农业出版社，2012.4
（养殖7日通丛书）
ISBN 978-7-109-16632-5

Ⅰ.①高… Ⅱ.①陈… Ⅲ.①鹅－饲养管理 Ⅳ.①S835.4

中国版本图书馆CIP数据核字（2012）第047338号

中国农业出版社出版
（北京市朝阳区农展馆北路2号）
（邮政编码100125）
责任编辑　黄向阳　肖　邦

中国农业出版社印刷厂印刷　新华书店北京发行所发行
2012年5月第2版　2012年5月第2版北京第1次印刷

开本：850mm×1168mm　1/32　印张：8.5
字数：212千字
定价：22.00元